Vorwort.

Eine gesonderte Darstellung der Funktionen von Körper- und Sinnesorganen bei Flugzeugsteuerung erscheint aus verschiedentlichen Gründen gerechtfertigt. Sind doch die an den gesunden Organismus gestellten Anforderungen ganz besondere; sie unterscheiden sich grundsätzlich von denen anderer Berufe. Wenn schon die Physiologie der körperlichen Arbeit heute nicht nur gebührende Aufmerksamkeit, sondern auch bereits weitgehende Bearbeitung gefunden hat, so möge auch der Beruf des Fliegers nicht vergessen werden. Bei diesem ist das Bedürfnis nach Rationalisierung besonders dringend. Dabei handelt es sich jedoch nicht allein um bestmögliche Ausnützung menschlicher Arbeitskraft sowie um zweckentsprechende Verwertung überaus kostspieliger technischer Errungenschaften: es geht auch um das Wohl und Wehe vorzüglichen Menschenmaterials!

Will man von den Anforderungen, die der Fliegerberuf an den Menschen stellt, ein klares Bild erhalten, so ist die Kenntnis des Zusammenspiels spezieller Organfunktionen, von denen jede einzelne bedeutsam ist, unerläßlich. Dem kann nur eine einheitliche Darstellung gerecht werden. Nur eine solche kann dem als orientierende Unterlage dienen, dem die allgemeine ärztliche Betreuung des Fliegerpersonals sowie die Auswahl von Anwärtern für diesen Beruf anvertraut ist. Aber auch den Technikern gilt es, aus dem physiologischen Wissensschatze schöpfend, einheitlich die Leistung und Beanspruchung der Maschine „Mensch" — wenn auch nur im Prinzipe — vor Augen zu führen.

Da für den Fliegerberuf ein gesunder Organismus Voraussetzung ist, kann der Kernpunkt einer einheitlichen Betrachtung nur der sein: die beim Fluge auf den normalen Organismus einwirkenden Energieverschiebungen qualitativ und quantitativ klarzustellen und ihren physiologischen Effekten nachzugehen. Dabei ist nicht gesagt, daß bestimmte physikalische Faktoren nur dem Motorfluge als solchem eigentümlich sind. Ich möchte diesen aber — als heute praktisch und hinsichtlich der Beanspruchung von Körper- und Sinnesorganen am bedeutsamsten — der Darstellung zugrunde legen, Ballon- und Segelflug daher nur nebenbei berücksichtigen.

Was der Physiologie des Flugzeugführers eine besondere Stellung in der Arbeitsphysiologie zuweist, sind besondere Leistungen der

Sinnesorgane. Dies gilt auf allen Gebieten der Fliegerei. Ganz besondere Beanspruchungen aller Körperorgane treten dann auf, wenn Beschleunigungen bestimmte kritische Werte erreichen und wenn der Flug in Höhen vor sich geht, in welchen die veränderten atmosphärischen Verhältnisse ihre Wirkung zu entfalten beginnen. Demgemäß berücksichtigt meine Darstellung weniger den Verkehrs- und Sportflug, als vielmehr den Hochleistungsflug, das ist den praktischen Flugbetrieb mit besonders leistungsfähigen Apparaten, wie sie in jüngster Zeit dem allgemeinen Gebrauche übergeben wurden. Hier erlangen die genannten Faktoren ausschlaggebende Bedeutung.

Hingegen halten mich verschiedene Gründe davon ab, die bei Eignungsprüfungen der Flieger verwendeten Funktionsprüfungen und sog. „Fliegertests" ausführlich zu erörtern. Liegen doch hierüber bereits zusammenfassende Darstellungen vor. Was den praktischen Wert der „Tests" betrifft, so halte ich diesen für sehr bedingt, da es bei ihrer Anwendung weniger auf die Methode und Apparatur, als vielmehr auf die Erfahrung des Untersuchers ankommt. Zudem fehlt für manche, in praktisch fliegerischer Hinsicht überaus wichtige Organfunktionen jede Grundlage für ein methodisches Erfassen derselben.

Wenn ich schon jetzt eine Gesamtdarstellung der Physiologie des Menschen im Flugzeug gebe, so weiß ich wohl, daß noch viel experimentelle Arbeit, vor allem im Flugzeug selbst, zu leisten ist, um völlige Klarheit zu schaffen. Wenn ich trotz des Bewußtseins des Unfertigen den Versuch wage, einen Überblick über den derzeitigen Stand des Wissens zu geben, so veranlaßt mich dazu lediglich dessen große Bedeutung für die praktische Fliegerei. Ich erachte daher den Zweck meiner Ausführungen schon dann erreicht, wenn sie zur Weiterarbeit anregen, aber auch die zwischen Technik und Physiologie heute noch bestehende Kluft überbrücken helfen — zum Nutzen einer der wesentlichsten technischen Errungenschaften der Menschheit. Persönliche Erfahrungen auf dem Gebiete des Versuchsfluges ermutigen mich, eine zusammenfassende Darstellung zu bringen. Daß ich diese Erfahrungen sammeln konnte, verdanke ich der Anregung und Förderung meines hochverehrten Lehrers Professor Dr. A. TSCHERMAK-SEYSENEGG. Besonderer Dank gebührt auch meinem Freunde Chefpilot FRITSCH, welcher bei den meisten meiner Versuche am Steuer saß und mir Lehrer im Steuerführen war.

Prag, im November 1935.

G. SCHUBERT.

Inhaltsverzeichnis.

Erster Teil.

Seite

I. **Beanspruchung und Leistung der Atmungsorgane** ... 1
   Allgemeine flugtechnische Vorbemerkungen 1
   a) Beanspruchung der Atemorgane durch Winddruck und Beschleunigungen 11
   b) Sonstige Ansprüche 16
   c) Die Gesamtbelastung................... 17
   Literatur 18

II. **Beanspruchung und Leistung der Kreislauforgane** ... 19
   a) Beanspruchung durch Zentrifugalbeschleunigungen 20
   b) Kreislaufregulation bei Einwirken von Zentrifugalbeschleunigungen 22
   c) Erträglichkeitsgrenzen von Zentrifugalbeschleunigungen ... 32
   d) Sonstige Ansprüche an den Kreislauf 37
   e) Die Gesamtbelastung des Kreislaufes 40
   f) Atmung und Kreislauf bei Fallschirmabsprung 45
   Literatur 46

III. **Wasser- und Wärmeansprüche, Stoffwechselfragen**... 48
   a) Wärme- und Wasserhaushalt 48
   b) Wärmeregulation.................... 52
   c) Allgemeine Stoffwechselfragen 56
   Literatur 59

IV. **Beanspruchung und Leistung der Sinnesorgane**..... 60
   Einleitung....................... 60
   A. Stellungs- und Bewegungssinn 62
   B. Kraft- und Drucksinn 63
   Literatur 68
   C. Vibrationsempfindungen 68
      a) Allgemeines..................... 68
      b) Mechanische Beanspruchung des Organismus durch Verkehrsmittel..................... 70
      c) Erschütterungsbeanspruchung des Organismus und Vibrationsempfindungen beim Motorfluge. 74
   D. Temperatursinn 76
   Literatur 77
   E. Gesichtssinn...................... 77
      a) Sehschärfe und Akkommodation 77
      b) Tiefenschärfe und Entfernungsschätzung. 80
      c) Bewegungssehen 89
      d) Optokinetischer Schwindel und Höhenschwindel 93
      e) Optische Orientierung und optische Täuschungen 94

		Seite
	f) Der sog. Blindflug	103
	g) Licht- und Farbensinn	104
	Anhang: Über Fliegerschutzbrillen	110
	Literatur	113
F.	Das Labyrinth als Sinnes- und Reflexorgan beim Fluge	114
	a) Labyrinth und Bewegungsempfindungen	115
	b) Labyrinth und Lageempfindungen	123
	c) Labyrinthäre Reflexe	125
G.	Der Gleichgewichtssinn des Fliegers und das „fliegerische Gefühl"	133
	Anhang: Die Luftkrankheit	135
	Literatur	140
H.	Gehörsinn	141
	a) Die normale Hörfläche	142
	b) Der akustische Störspiegel	143
	c) Der Einfluß des akustischen Störspiegels auf die normale Hörfläche	145
	d) Professionelle Hypakusie der Flieger und Hörschutz	150
	Literatur	154
V.	Beanspruchung und Leistung des Zentralnervensystems	154
	a) Die zentralnervösen Funktionen bei Flugzeugsteuerung	154
	b) Die praktische Bedeutung der Reaktionszeiten	157
	c) Psychische Faktoren	159
	d) Nervöse und psychische Störungen im Fliegerberufe	161
	Literatur	164

Zweiter Teil.
Der Höhenflug.

A.	Definition des Höhenfluges	165
B.	Die Organreaktionen beim Höhenflug und die sog. Höhenkrankheit	166
C.	Die physiologischen Faktoren des Höhenfluges	175
	a) Das Akapnieproblem	175
	b) Strahlungen und Luftelektrizität als Höhenfaktor	181
	c) Mechanische Wirkungen der Luftdruckschwankungen	184
D.	Höhenschutz des Fliegers	189
E.	Die physiologischen Höhengrenzen	192
	Literatur	198
Sachverzeichnis		200

Erster Teil.
I. Beanspruchung und Leistung der Atmungsorgane.
Allgemeine flugtechnische Vorbemerkungen.

Um die Beanspruchung und Leistung der Körper- und Sinnesorgane überhaupt beim Motorflug entsprechend würdigen zu können, ist eine genaue Analyse der physikalischen Vorgänge notwendig. Diese bestehen vor allem in Beschleunigungen oder richtiger in den aus diesen resultierenden Kraftwirkungen, ferner aus plötzlichen Veränderungen der atmosphärischen Verhältnisse. Letztere begegnen besonders beim Höhenfluge, als welchen ich einen Flug über 4000 m Höhe bezeichne. Er soll aus praktischen Gründen in einem besonderen Abschnitte zusammenfassend dargestellt werden. Da Größenordnung und Wirkungsrichtung der Beschleunigungen von den Flugzuständen abhängen, müssen dieselben insoweit erörtert werden, als es für die physiologische Betrachtung notwendig ist.

Einem Motorflugzeuge kann — wenn auch zum Teil nur momentan und in Abhängigkeit vom vorhergehenden Flugzustande — jede beliebige Lage im Raume erteilt werden. Außer den einfachen Manövern, die jeder, der den Führerschein erwerben will, beherrschen muß, ist eine Reihe von Flugfiguren entwickelt worden, welche man als Kunstflug bezeichnet und in deren Erlernung die sog. „hohe Schule" des Fliegers besteht. Gewiß sind darunter Manöver, welche lediglich flugsportliche Bedeutung besitzen. Abgesehen von diesen muß aber die Mehrzahl von jedem Berufsflieger beherrscht werden, da ihre Kenntnis unbedingte Voraussetzung ist für die Beherrschung der Maschine in jeder beliebigen Lage. Ganz besondere praktische Bedeutung besitzen die Flugzustände, die geeignet sind, die Wendigkeit wie die Flugeigenschaften überhaupt eines bestimmten Flugzeugtypes zu erproben. Vom physiologischen Standpunkte beurteilt, interessiert jedoch weniger die Art der Durchführung und die praktische Bedeutung der einzelnen Flugfiguren bzw. Fluglagen als vielmehr die hierbei auftretenden Kräfteverschiebungen. Hohe Werte erreichen diese nur beim Hochleistungsflug. Als solchen bezeichne ich den Flug mit Maschinen, welche eine normale Geschwindigkeit von mindestens 250 km/h besitzen, eine Höhe von 5000 m in längstens 10 Minuten erreichen können, deren obere Fluggrenze in 10000 m Höhe gelegen ist und welche eine derartige Festigkeit aufweisen, daß sie vollkommen kunstflugtauglich sind. (Daß es noch leistungsfähigere Flugzeuge gibt, ist bekannt.) Nur beim Flug mit solchen Apparaten treten im Vergleiche zu anderen Verkehrsmitteln besondere Reaktionen von seiten des Organismus auf, welche eine gesonderte Darstellung berechtigt erscheinen lassen.

Die physiologisch bedeutsamen Beschleunigungen, welche beim Fluge auftreten, sind:

1. Zentrifugal- oder Radialbeschleunigungen. Diese treten fast bei jeder Änderung der Flugrichtung, so z. B. beim Kurven, auf. Sie bilden hierbei mit der Erdbeschleunigung (g) eine in der Richtung der Hochachse des Flugzeuges gelegene Resultierende, die als *Normalbeschleunigung* (b_n) bezeichnet wird (s. Abb. 1). Die resultierende, gegenüber der Norm auf das xfache von g erhöhte Massenbeschleunigung greift also in kranio-caudaler Richtung, das ist in Richtung Kopf → Sitzfläche des Führers an; dieser wird daher beim Kurven mit dem xfachen seines Körpergewichtes auf den Sitz gedrückt. Die Größe der resultierenden Normalbeschleunigung in m/sec² errechnet sich aus dem Kurvenradius (r in m) und der Winkelgeschwindigkeit ($\omega = \frac{\pi n}{30}$; $n =$ minutliche Drehzahl) mit

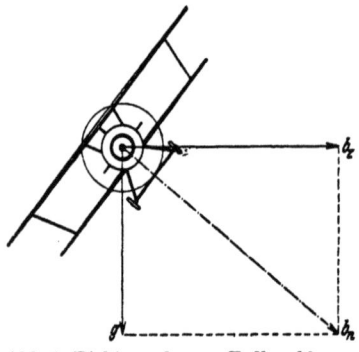

Abb. 1. Richtung der aus Erdbeschleunigung (g) und Zentrifugalbeschleunigung (b_g) resultierenden Massenbeschleunigung (b_n) bei „richtig" geflogener Rechtskurve.

$$b_n = \sqrt{g^2 + (r\omega^2)^2}$$

oder aus dem Kurvenradius und der Fluggeschwindigkeit v (in m/sec) mit

$$b_n = \sqrt{g^2 + \left(\frac{v^2}{r}\right)^2}.$$

Über die Größenordnung und den zeitlichen Ablauf bei einer scharfen Rechtskurve mit einer leistungsfähigeren Maschine (siehe unten) gibt Abb. 2 Aufschluß. Von längerer Einwirkungsdauer ist diese Beschleunigung beim Fliegen von Steilspiralen, das ist beim andauernden Kurven mit engem Radius unter Höhenverlust.

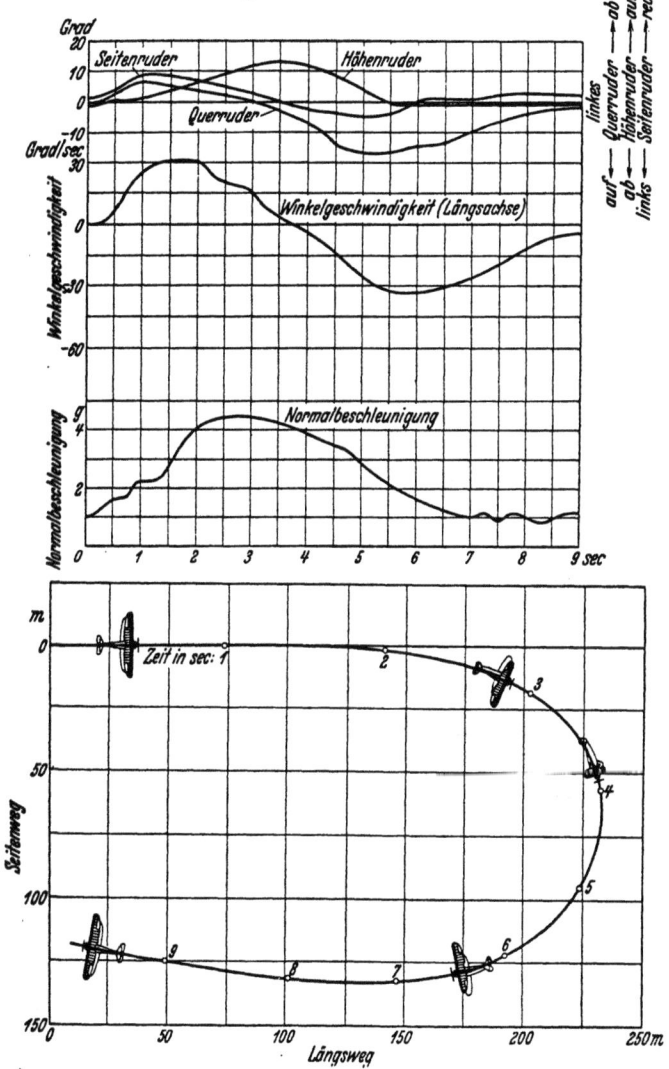

Abb. 2. Ruderausschläge, Beschleunigungswerte und Flugbahn beim Fliegen einer Rechtskurve.

Die größten Werte werden bei hartem Abfangen der Maschine aus Sturzflug erzielt (über $9 \times g$, s. Abb. 3).

2. *Progressivbeschleunigungen.* Positive treten besonders beim Katapultstart auf; hier erreichen sie den Wert von 2 bis 4 × g

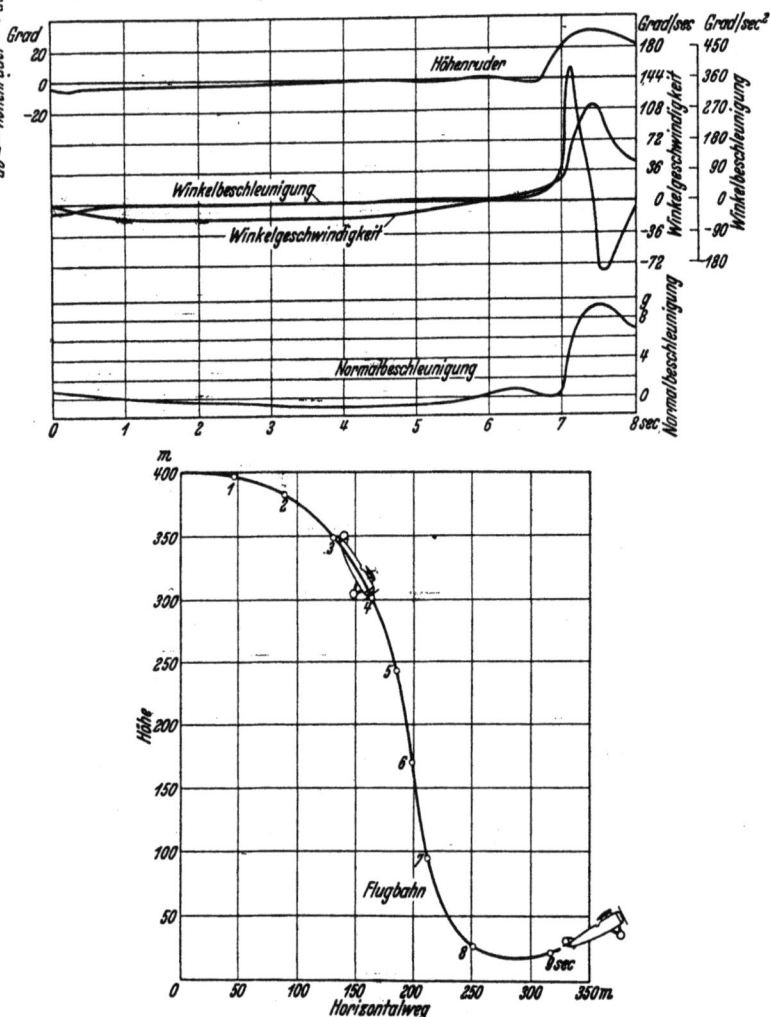

Abb. 3. Ruderausschlag, Beschleunigungswerte und Flugbahn bei scharfem Abfangen des Flugzeuges aus dem Sturzflug. (Höhenangaben sind Relativwerte.)

mit einer Einwirkungsdauer von 0,5—1 Sekunde. Werte von 2 × g werden auch bei Aufziehen aus Sturzflug wie aus Geradeausflug erzielt. Die Beschleunigungen wirken hierbei in Richtung der Längs-

achse des Flugzeuges, also in ventro-dorsaler Richtung auf die
Flugzeugbesatzung ein. Hohe negative Progressivbeschleunigungen
treten bei raschem Bremsen auf, so z. B. bei Öffnung des Fall-
schirmes (bis $4 \times g$, s. S. 45), höchste Werte erreichen sie bei schweren
Bruchlandungen (bis $20 \times g$); für die Größe der negativen Beschleunigungen b ist die Länge des Bremsweges maßgebend. Die
Formel zwecks Berechnung lautet:
$$b = \frac{v_a^2 - v_e^2}{2\,s},$$
worin v_a die Anfangs-, v_e die Endgeschwindigkeit in m/sec und
s den Bremsweg in Meter bedeuten.

Die Messung der Radial- und der Progressivbeschleunigungen
erfolgt mittels sog. 3-Komponenten-Accelerometer, die in be-
bestimmter Stellung im Flugzeuge montiert werden und mit Dauerregistrierung arbeiten [REID (1)]. Als Progressivbeschleunigungen
niederer Größenordnung wirken auch die Erschütterungen vom
Getriebe her, sowie die Stöße, die insbesondere beim Landungsmanöver auftreten.

3. *Winkelbeschleunigungen* treten ebenfalls bei jeder Änderung
der Flugzeugrichtung auf. Ihre Größe und Wirkungsrichtung ist
von der Art des Manövers, dem Typ des Flugzeuges, der individuell
verschiedenen Durchführung einer Flugfigur usw. abhängig. Die
praktische Bestimmung erfolgt mittels Winkelgeschwindigkeits-
messern [REID (2)], deren Kurven rechnerisch ausgewertet werden.
Winkelbeschleunigungen bei Geradeausflug kommen durch Böen-
wirkung zustande; infolge Gegensteuerbetätigung treten hierbei
Schwingungen besonders um die Längs- und die Querachse der
Maschine auf.

4. *Zusätzliche Beschleunigungen* oder CORIOLIS- (3) *Beschleunigungen* treten dann auf, wenn in einem sich drehenden System
(Winkelgeschwindigkeit $= \omega$) ein Körper eine Relativbewegung
(v_{rel}) ausführt, welche nicht parallel der Drehachse verläuft. Die
Wirkungsrichtung der CORIOLIS-Beschleunigung (b_{cor}) erhält man,
indem man die Richtung der Relativbewegung um 90^0 im Sinne
von ω dreht; ihre Größe ergibt sich (nach CORIOLIS) mit:
$$b_{\mathrm{cor}} = 2\,\omega\,v_{\mathrm{rel}}.$$
Die CORIOLIS-Beschleunigungen wirken, wenn die Relativbewegung
durch eine Bewegung des Kopfes gegeben ist, wie Winkelbeschleunigungen auf den Bogengangsapparat; ihre physiologische Wirkung
wird unten (s. S. 127) näher zu erörtern sein.

6   Beanspruchung und Leistung der Atmungsorgane.

Anschließend sollen die gebräuchlichsten Flugfiguren und Fluglagen an Hand von Beschleunigungs-Steuerausschlagdiagrammen und Flugbahnen kurz erörtert werden. Die Daten sind der Arbeit

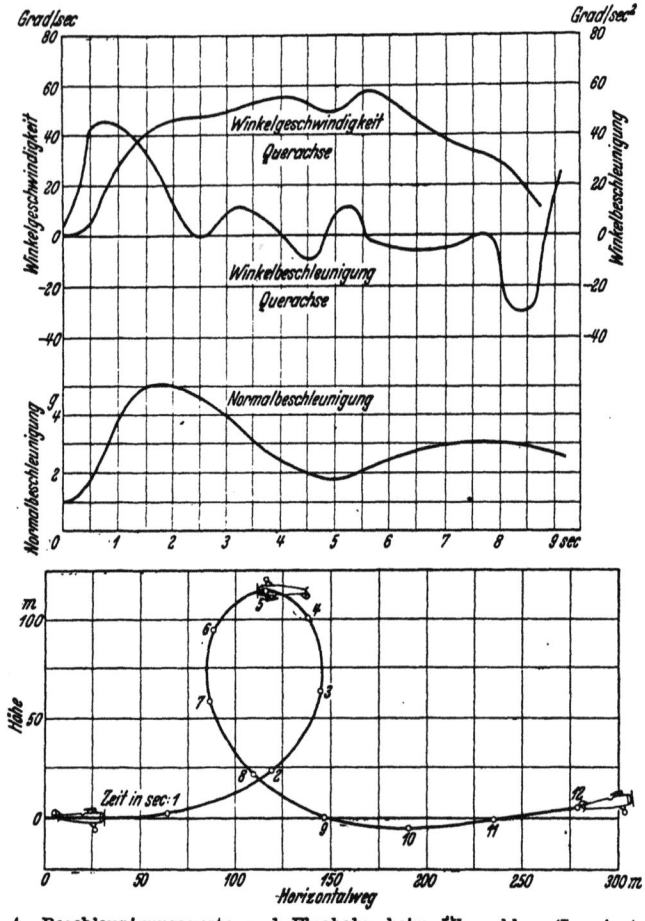

Abb. 4. Beschleunigungswerte und Flugbahn beim Überschlag (Looping) nach rückwärts. (Höhenangaben sind Relativwerte.)

von DEARBORN und KIRSCHBAUM (4) entnommen, wobei die Kurven im Grad- und Metermaßstab umgezeichnet wurden. Zwecks leichterer Orientierung sind in den angegebenen Flugbahnen die Flugzeuglagen markiert. Bei dem verwendeten Flugzeuge handelt es sich um ein F6B-4-Kampfflugzeug älteren Types (Doppeldecker

mit 425 PS bei 1400 Umdrehungen, Fluggewicht 1200 kg, Maximalgeschwindigkeit 260 km/h).
Bei Kunstflug geübte Manöver sind:
1. *Der Überschlag (Looping)* (Abb. 4); er kann als eine um eine horizontale Achse geflogene Schleife angesehen werden. Die Normalbeschleunigung wirkt in gleicher Richtung wie beim gewöhnlichen Kurvenflug ein; sie wechselt ihre Größe in Form einer Sinuskurve.
2. *Die Rolle (seitlicher Überschlag, Tonneau, Roll)*. In Abb. 5 ist eine sog. schnelle, ungesteuerte Rolle dargestellt; hierbei dreht sich das Flugzeug um eine in der Flugrichtung liegende Achse. Die auftretende Normalbeschleunigung erreicht hohe Werte, sie wirkt wie beim Kurven vornehmlich längs der Hochachse, in Richtung Kopf → Sitzfläche ein. Winkelbeschleunigungen treten um Hoch-, Längs- und Querachse auf. In Abb. 5 ist auch die vektoriell errechnete resultierende Winkelgeschwindigkeit verzeichnet.
3. *Trudeln in Normallage (Vrille, Spinn)*. Hierbei [Abb. 6: Fluglagen in Anlehnung an FIESELER (5) dargestellt] stürzt das Flugzeug mit dem Motor voran nach unten, wobei es eine enge Schraubenlinie um eine außerhalb gelegene senkrechte Achse beschreibt. Die Winkelgeschwindigkeit und die Drehradien schwanken je nach Flugzeugtyp. Die Normalbeschleunigung wirkt annähernd in gleicher Richtung wie beim Kurvenflug, das ist in Richtung Kopf → Sitzfläche, ein.
4. *Seitliches Gleiten (Glissade, Side-Slip)*. Hierbei schiebt das Flugzeug seitlich aus der Flugrichtung. Ungewollt entsteht es, wenn die Kurve schlecht durchgeführt wird. Absichtlich wird es dann herbeigeführt, wenn die Sinkgeschwindigkeit bei gleicher Vorwärtsgeschwindigkeit vergrößert werden soll. Nennenswerte Änderungen der Normalbeschleunigung treten nicht auf; auch die Progressivbeschleunigung ist bedeutungslos.

Looping und Rolle lassen sich kombinieren. Ein praktisch wichtiges Manöver ist z. B. die Durchführung eines halben Loopings; hat die Maschine die Rückenlage erreicht, so wird sie durch eine halbe Rolle in die Normallage gebracht (s. Abb. 7). Damit wird eine rasche Richtungsänderung unter gleichzeitigem Höhengewinn erreicht. Diese kombinierte Flugfigur wird von manchen Autoren auch als Immelmann-Turn bezeichnet. Auch die umgekehrte Durchführung: aus Normallage halbe Rolle und anschließend aus Rückenlage halber Looping wird geübt.

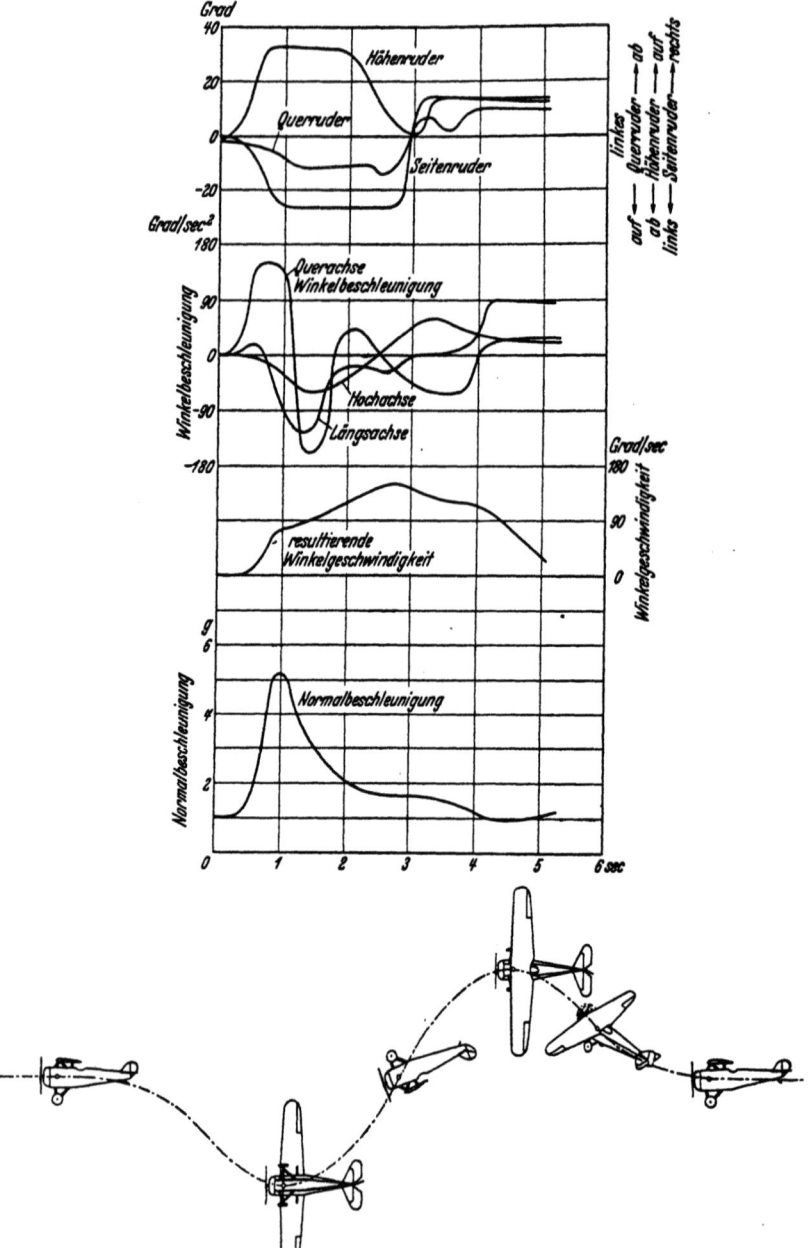

Abb. 5. Ruderausschläge, Beschleunigungswerte und Flugbahn bei einer „ungesteuerten" Rolle nach rechts.

Allgemeine flugtechnische Vorbemerkungen.

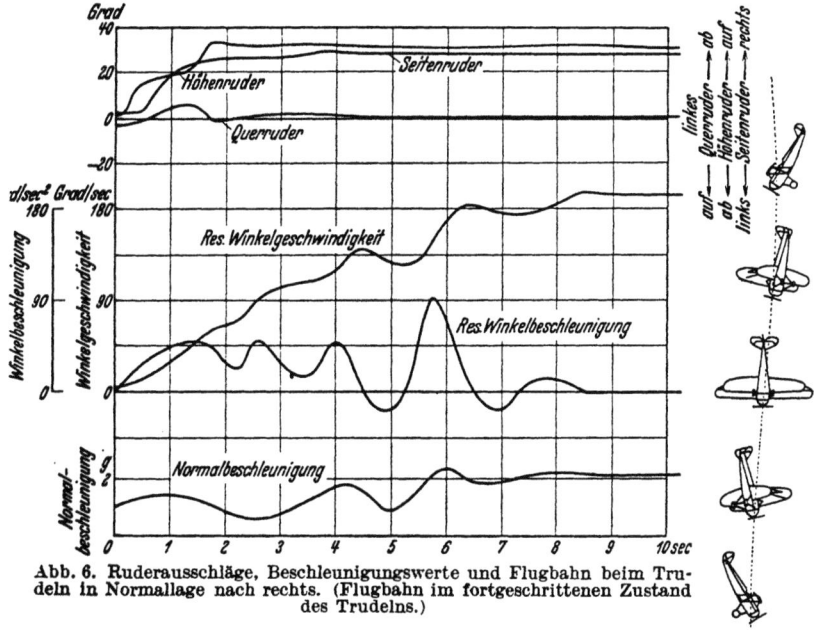

Abb. 6. Ruderausschläge, Beschleunigungswerte und Flugbahn beim Trudeln in Normallage nach rechts. (Flugbahn im fortgeschrittenen Zustand des Trudelns.)

Bezeichnet man die längs der Hochachse des Flugzeuges, und zwar in der Richtung: Kopf → Sitzfläche einwirkende Normalbeschleunigung als positiv, so besteht eine negative, also in Richtung Sitz → Kopf angreifende, in der Größe von $1 \times g$ beim unbeschleunigten Rückenfluge. Positive und negative Werte von $1 \times g$ wechseln in Form einer Sinuskurve bei genauer Durchführung — die allerdings praktisch nicht erreicht wird — der sog. gesteuerten oder langsamen Rolle; hierbei dreht sich das Flugzeug um die Längsachse, ohne aus der Flugrichtung zu kommen. Höhere Werte negativer Normalbeschleunigung treten bei starkem Drücken auf. Die schnelle Rolle sowie das Trudeln können auch in Rückenlage durchgeführt werden; hierbei steigt besonders bei ersterer die Beschleunigung zu hohen negativen Werten an, die den Führer in die Schultergurten drücken. Gleiches ist der Fall beim „Looping nach vorne".

In nachstehender Tabelle sei zwecks Übersicht eine Zusammenstellung der bei den verschiedensten Flugzuständen auftretenden, physiologisch wichtigen Beschleunigungs- und Zeitwerte gegeben. (Dauer bedeutet die Zeitspanne zwischen Einleitung des Manövers

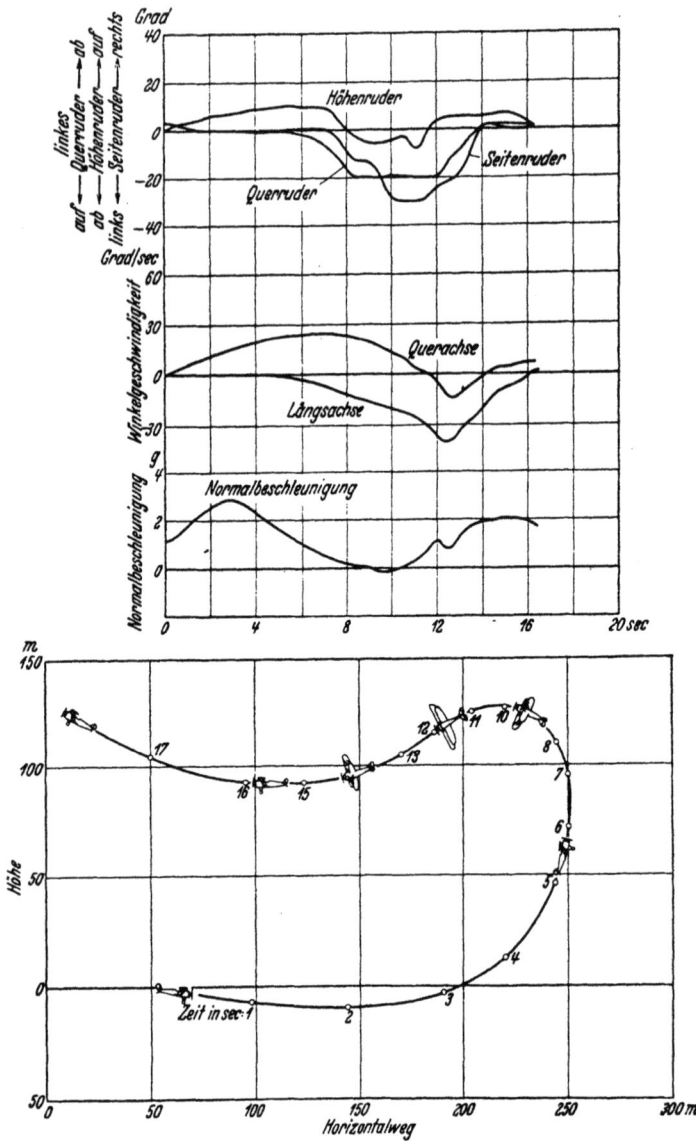

Abb. 7. Beschleunigungswerte und Flugbahn bei einem sog. Immelmann-Turn.
(Höhenangaben sind Relativwerte.)

und dem Erreichen des Maximums.) Außer den aus den verschiedenen Beschleunigungen resultierenden Kräften wirken noch

Beanspruchung der Atemorgane durch Winddruck und Beschleunigungen.

Luftkräfte (Winddruck) auf den Organismus; ihre Größe wechselt je nach Typ des Flugzeuges, Anordnung und Verkleidung des Führersitzes. All diese Kräfte entfalten nicht nur mechanische Wirkungen; sie setzen auch Reflexe in Gang und lösen Sinnesempfindungen aus, wie in den einzelnen Abschnitten gezeigt werden wird. Andere Reize, wie Temperaturerniedrigung, veränderte Strahlungs- und luftelektrische Verhältnisse, gewinnen, wie bemerkt, beim Höhenfluge große Bedeutung. Damit erscheinen die physikalischen Reizqualitäten festgelegt; ihre physiologischen Reizeffekte sollen in den folgenden Abschnitten erörtert werden.

	Normaler Looping	Drücken aus Geradeausflug	Aufziehen aus Sturzflug	Trudeln rechts	Rolle links
Maximum: Normalbeschleunigung (g)	4	—1,65	9,3	2,3	5,15
Dauer (Sek.)	9,75	0,8	0,82	6	1
Maximum: Winkelgeschwindigkeit Längsachse (Grad/sec)	—			139,23	117,46
Dauer (Sek.)	—			6,5	3,1
Maximum: Winkelgeschwindigkeit Querachse (Grad/sec)	45,84	34,95	114,59	45,84	79,07
Dauer (Sek.)	7	0,8	0,75	3.75	1,1
Maximum: Winkelgeschwindigkeit Hochachse (Grad/sec)	—			134,65	75,63
Dauer (Sek.)	—			8	2,5
Maximum: Winkelbeschleunigung Längsachse (Grad/sec^2)	—				126,05
Dauer (Sek.)	—				1,25
Maximum: Winkelbeschleunigung Querachse (Grad/sec^2)	25,21	91,67	401,07		148,97
Dauer (Sek.)	10,5	0,35	0,4		0,75
Maximum: Winkelbeschleunigung Hochachse (Grad/sec^2)					57,296
Dauer (Sek.)					1,25
Maximum: Resultierende Winkelgeschwindigkeit (Grad/sec)				191,94	143,24
Dauer (Sek.)				8,75	2,75
Maximum: Resultierende Winkelbeschleunigung (Grad/sec^2)				94,54	272,16
Dauer (Sek.)				5,75	0,75

a) Beanspruchung der Atemorgane durch Winddruck und Beschleunigungen.

Schon beim unbeschleunigten Geradeausflug in niederen Höhen vermögen die Luftkräfte, also der Winddruck, den Atmungsvorgang zu beeinflussen. Er kann bei einer gegebenen Fluggeschwindigkeit voll oder zum Teil auf den Atmungsöffnungen liegen. Durch geschlossene Führersitze oder durch entsprechend profilierte Schutzscheiben sucht man seine Wirkungen auf ein Minimum herabzudrücken. Der Pilot ist aber öfter aus verschiedenen Gründen gezwungen, den Kopf außerhalb der geschützten Zone zu bringen. Dabei bildet sich bei Gesichtsorientierung in Flugrichtung eine Staudruckzone über den Atmungsöffnungen, die bei Seitenwendung des Kopfes in eine Unterdruckzone übergehen kann. Die Beeinflussung der Atmung durch Winddruck ist bereits experimentell untersucht [AGGAZZOTTI und GALEOTTI (6)]. Es zeigt sich bei einer Windgeschwindigkeit von 40 km/h: Irregularität und Beschleunigung des Rhythmus mit Ungleichheit der einzelnen Phasen und irregulärem Verlaufe der Atmungstiefe; die Ventilationsgröße ist erhöht (verminderte alveolare CO_2-Spannung bei erhöhter O_2-Spannung).

Bezüglich der Veränderung der Atemmechanik durch Winddruck sei folgendes bemerkt: Der Überdruck wird bei offener Glottis auf die Innenfläche der Lunge übertragen. Nach GEIGEL (7) ist die hierdurch entstehende Atmungsbehinderung darauf zurückzuführen, daß die exspiratorischen Kräfte den gesteigerten Innendruck zu überwinden haben; nach SENNER (8) ist es hingegen die Inspiration, welche bei kritischen Werten des Überdruckes ungenügend oder gar unmöglich werden kann. Letztgenannter Autor zeigte nämlich an Versuchstieren, daß sich der Thorax entsprechend den Änderungen des auf der Innenfläche der Lunge lastenden Druckes auf andere Mittellagen einstellt, und zwar ist diese Umstellung eine frei elastische. Inwieweit eine Atmung von der neuen Gleichgewichtslage möglich ist, hängt also im wesentlichen von dem Verhalten der inspiratorischen Atemkräfte in der betreffenden Thoraxstellung ab. Durch die elastische Verschiebung können Dehnungslagen der Lunge erreicht werden, über die hinaus eine weitere Inspiration nicht mehr möglich ist.

Von SENNER wurden auch am Menschen die Druckwerte bestimmt, welche, auf der Innenfläche der Lunge lastend, diese — bei vollkommen erschlaffter Atmungsmuskulatur — in verschiedene Füllung zu bringen imstande sind. So wird z. B. bei Ausgang von maximaler Exspirationsstellung durch einen Druck von 22 mm Hg eine Füllung von 4000 ccm zustande gebracht. Andererseits ergab die Messung der bei beliebiger Füllung der Lunge zur Verfügung stehenden in- und exspiratorischen Kräfte, gemessen in Druckdifferenzen, daß dieselben mit der Füllung allmählich abnehmen: die exspiratorischen von 42 mm Hg auf 34 mm Hg, die inspiratorischen von — 48 mm Hg auf — 39 mm Hg. Obgleich die frei elastische Umstellung des Thorax nur für Meerschweinchen und Hunde nachgewiesen ist, ist doch ein derartiges Verhalten nach SENNER auch am Menschen zu erwarten. Nach diesem Autor kann bei einer Fluggeschwindigkeit von 126 km/h = 35 m/sec mit einem Winddruck von 11 mm Hg (berechnet nach der Formel $p = 0{,}125\ v^2$) von einem Versagen der Atmungskräfte noch keine Rede sein; es wird durch diesen Winddruck eine Thoraxfüllung von 3000 ccm bewirkt, bei welcher aber diese Kräfte nur wenig von ihren normalen Werten abweichen. Hingegen würde — wenn man die SENNERschen Werte der Berechnung zugrunde legt — bei einer Fluggeschwindigkeit von 250 km/h = 69 m/sec, das ist bei einem Winddruck von 43 mm Hg, nicht nur der Thorax auf über 4000 ccm aufgefüllt werden, sondern es würden auch die bei dieser Füllung zur Verfügung stehenden in- wie exspiratorischen Kräfte viel zu klein sein, um die Atmung suffizient zu erhalten; nach GEIGEL beträgt die eben noch erträgliche Windgeschwindigkeit 220 km/h = 61 m/sec.

Diese Betrachtung gilt natürlich nur, wenn ein konstanter Winddruck vorliegt; für den praktischen Flugbetrieb hat sie wenig Wert. Mit den heute in Gebrauch stehenden Maschinen werden Geschwindigkeiten von weit über 300 km/h erreicht. Hier kann der Führer aus naheliegenden Gründen sein Gesicht nie dem vollen Winddrucke aussetzen, auch bei weit geringeren Geschwindigkeiten höchstens nur wenige Sekunden. Es wird also nur mit momentanen, starken Behinderungen der Respiration zu rechnen sein. Dauernd bestehen aber leichtere Behinderungen, besonders bei offenen Führersitzen. Denn hier liegt die Kopf-Schulterregion in einer Turbulenzzone. Dabei besteht dauernd — besonders bei schlechter Profilierung der Schutzscheiben — das Gefühl, als ob die Atemzüge mit Unterbrechungen (sakkadiert) verliefen, einmal erscheint die In-, dann wieder die Exspiration erschwert. Die aus der turbulenten Luftströmung resultierenden Unter- und Überdruckzonen über den Atmungsöffnungen erfordern korrigierende Gegenkräfte. Ihre Auslösung erfolgt auf dem Reflexwege. Die von FLEISCH (9) nachgewiesenen propriozeptiven Atmungsreflexe, welche bei plötzlich auftretenden Widerstandsänderungen dosierend, kompensierend und adaptierend in den Ablauf der einzelnen Respirationsphasen eingreifen, sind wohl hier von größter Bedeutung. Es handelt sich dabei um Eigenreflexe der In- und Exspirationsmuskeln, welche, durch plötzliche Spannungsänderungen beansprucht, mit Gegenspannungen reagieren; sie folgen gleichen Gesetzen wie die propriozeptiven Reflexe der Extremitätenmuskulatur. Diesen Eigenreflexen gegenüber spielen die von anderen reflexogenen Zonen, also die via Trigeminus oder Vagus ausgelösten

Atmungsreflexe praktisch eine weniger bedeutsame Rolle, wenn es sich nicht um besonders starke Erregungen oder um überempfindliche Individuen handelt. Diesbezüglich beschreibt HERLITZKA (10) einen Fall, welcher bei Einwirkung des Luftschraubenwindes schwere respiratorische Störungen zeigte, die aber nach Kokainisierung von Mund- und Nasenöffnungen fast vollkommen schwanden.

Der Schwerpunkt der Frage nach den Atmungsverhältnissen liegt jedoch nicht allein in der mechanischen Erschwerung der Atmung durch Luftströmung. Mir erscheint das Problem der Lufterneuerung in geschlossenen Kabinen und in ganz oder teilweise gedeckten Führersitzen ebenfalls sehr wichtig. Insbesondere ist der Sammlung und Abführung der Auspuffgase Aufmerksamkeit zuzuwenden. Das gefährlichste derselben ist das Kohlenoxyd, da es eine 300mal höhere Affinität zu Hämoglobin besitzt als der Sauerstoff. Die sog. Kohlenoxydanoxämie kann Höhenanoxämie, also Höhenkrankheit, vortäuschen sowie den Eintritt derselben beschleunigen. Vor Abgasen, wie unverbrannten Kohlenwasserstoffen, ferner vor Benzin- und Öldämpfen ist der Kabinenraum der Verkehrsflugzeuge auch deshalb unbedingt zu schützen, weil sie auf dem Wege des Geruchssinnes das Auftreten von Luftkrankheit begünstigen. Diesbezüglich bedarf es noch sehr der Zusammenarbeit von Medizin und Technik; allerdings wird sich nicht immer eine einwandfreie Durchlüftung der Kabine ohne Einbuße an Leistungsfähigkeit des Flugzeuges durchführen lassen.

Ebenso wie die auftretenden Luftkräfte erfordern auch *Vibrationen,* die bei starkmotorigen Hochleistungsflugzeugen vom Getriebe her oft in ganz enormer Größenordnung auf den Körper des Führers übertragen werden, die Entwicklung von Gegenkräften von seiten der Atmungsmuskulatur, und zwar dauernd. Die Vibrationen, die ihre Wirkung auch auf die Kreislauforgane entfalten, bilden die Hauptursache der raschen Ermüdung beim Fliegen starkmotoriger Apparate. Eine genaue Analyse der physiologischen Effekte dieser Kräfte im Flugzeuge steht meines Wissens noch aus. Mir war dieselbe mangels geeigneter Vibrationsmeß- und Registrierapparate nicht möglich (vgl. auch S. 74).

Auch durch *Beschleunigungen* wird die Atmung beeinflußt, vor allem durch *Zentrifugalbeschleunigungen.* Winkelbeschleunigungen bleiben meist — dies gilt auch für die Mehrzahl der akrobatischen Evolutionen — unterschwellig. Ebenso sind hohe Progressivbeschleunigungen, wie sie beim Katapultstart auftreten, an sich nicht imstande, die Atmung zu erschweren, da sie nur sekundenlang einwirken. Der Einfluß erhöhter Massenbeschleunigung auf den Atmungsvorgang war bereits Gegenstand genauer experimenteller Untersuchung [Pneumotachogrammaufnahmen von H. und B. v. DIRINGSHOFEN (11)]. Dabei handelte es sich um Steilspiralen mit allmählich ansteigender Normalbeschleunigung. Die

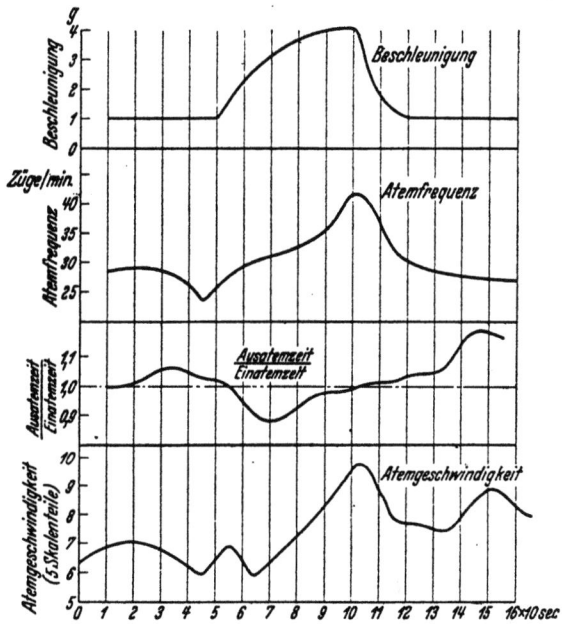

Abb. 8. Atmung im Flugzeug bei Einwirken von Zentrifugalbeschleunigung.

durch diese ausgelösten respiratorischen Reaktionen sind aus Abb. 8 (nach v. DIRINGSHOFEN) klar zu ersehen: Beträchtliche Zunahme der Frequenz und Geschwindigkeit der Atemzüge, Verschiebung der respiratorischen Relation im Sinne einer Verkürzung der Inspiration. Wie sich dabei das Atemvolum verhält, ist nicht ohne weiteres zu ersehen, da die pneumatischen Kurven nicht geeicht sind, da ferner die Änderung der Geschwindigkeit mit Änderungen der Frequenz einhergeht. Als Ursache dieser Reaktionen kommen verschiedene Momente in Frage. Nicht nur der sofortige Beginn, sondern auch die Verminderung von Frequenz und Geschwindigkeit noch vor Auftreten der Beschleunigung weisen auf zentrale Impulse hin, wie ja bekanntlich Anspannung der Aufmerksamkeit und seelische Emotionen derartige plötzliche Effekte zeitigen. Bei Beginn der Beschleunigungswirkung spielen zentrale Impulse sicher ebenfalls mit herein, welche zur Körpermuskulatur gesandt werden und die zugleich auf das Atmungszentrum wirken. Ferner ist daran zu erinnern, daß auch die im Körper verteilten Organe der Oberflächen- und Tiefensensibilität, die durch Zentrifugaldruck erregt werden, ebenfalls auf dem Reflexwege die Atmung beeinflussen. Bei längerer Einwirkung erhöhter Massenbeschleunigung, wie es bei dieser Untersuchung der Fall war, tritt natürlich auch eine veränderte chemische Regulation der Atmung in Erscheinung. Schon geringgradige Muskelspannungen erhöhen den Umsatz (vgl. die Frequenzsteigerung durch erhöhte statische Arbeit beim Stehen gegenüber Sitzen). Auch mechanische Momente sind in Betracht zu ziehen. Verändert doch der Zentrifugaldruck die Druckschichtung im Abdomen.

b) Sonstige Ansprüche.

Was die Änderung der atmosphärischen Verhältnisse in ihrer Wirkung auf die Atmung anbelangt, sei erwähnt, daß schon bei Aufenthalt in geringen Höhen (ab 1000 m) die veränderte O_2-Tension Veränderungen der Frequenz und des Minutenvolumens hervorrufen kann; dies zeigen Erfahrungen im Höhenklima [LOEWY (12)] wie in der Unterdruckkammer [KAISER (13), FLEISCH (14), JONGBLOED (15) u. a.]. Jedoch sind die bezüglichen Untersuchungsergebnisse, die an sich ein wechselvolles Bild bieten, nicht ohne weiteres auf die Verhältnisse im offenen Flugzeuge zu übertragen. Diesfalls wiesen SCHNEIDER und CLARKE (16) zwar nach, daß in der Mehrzahl der Fälle schon ab 1000 m die Lungenventilation erhöht ist; dabei erscheint die alveolare O_2- ebenso wie die CO_2-Tension herabgesetzt (bei Aufstieg bis 5000 m jene um 50%, diese um 28% gegenüber der Norm). — Jedoch sinkt die O_2-Spannung viel weniger als unter gleichen Bedingungen in der Unterdruckkammer. Die Ursache liegt in dem die Ventilation erhöhenden Einfluß der Luftströmung im offenen Flugzeug.

Einen weiteren, die Herabsetzung des O_2-Druckes in seiner Bedeutung für die Atmung beim Fluge in geringen Höhen weit übertreffenden Faktor stellt die Temperaturerniedrigung dar, in ihrer Wirkung noch gesteigert durch die bewegte Luft. Wohl in keinem anderen Berufe als in dem des Fliegers ist mit so krassen

Temperaturschwankungen zu rechnen (Steigezeit moderner Flugzeugtypen: 8 Minuten auf 8000 m; Jahresmittel in dieser Höhe: — 36⁰ C). Der Einfluß länger dauernder Kälteeinwirkung ist bekanntlich eine Erhöhung des Stoffwechsels mit der Folge einer Vergrößerung des Minutenvolumens der Atmung. Hervorzuheben ist, daß schon beim Tourenfluge, der z. B. in einer Höhe von 500 m vor sich geht (Berlin—Danzig), trotz des schweren Kleidungsschutzes die an der Haut des Fliegers angreifenden wärmeentziehenden Kräfte meist die höchsten für das winterliche Hochgebirge geltenden übertreffen [DORNO (17)]. Dabei überwiegt wieder in dieser geringen Flughöhe der Windeinfluß weit den der Temperatur. Fehlt starke Luftströmung, wie z. B. bei Ballonfahrten, dann gewinnt natürlich mit wachsender Höhe neben Temperatureinflüssen auch Strahlung größere Bedeutung.

Die von vorne her angreifenden Luftströmungen, die an die Rückenlehne des Führersitzes stoßen und in Turbulenz vor allem den Oberkörper des Führers treffen sowie die Beschleunigungen sind die Faktoren, welche die Atmung im offenen Flugzeug bestimmen — vorausgesetzt, daß eine Höhe von 4000 m nicht überschritten wird. Herabsetzung des O_2-Druckes, Trockenheit der geatmeten Luft sowie Strahlenwirkung sind demgegenüber bedeutungslos. Wird aber die genannte Grenze überschritten, dann treten plötzlich andere Verhältnisse auf, deren Darstellung einem gesonderten Abschnitt vorbehalten bleiben soll.

c) Die Gesamtbelastung.

Zusammenfassend läßt sich sagen: Wenn auch verschiedene Faktoren den Atmungsvorgang, und zwar besonders den mechanischen im Flugzeuge zu modifizieren imstande sind, so ist doch die Leistung der hierfür in Betracht kommenden Organe — wenn Höhenflüge vermieden werden — auf jeden Fall suffizient. Daß jedoch an diese Organe beträchtliche Anforderungen gestellt werden, geht aus Vorstehendem klar hervor. Dementsprechend kann die Frage aufgeworfen werden, ob sich etwa eine Ermüdung der Atemorgane nach länger dauernden Flügen zeigt und nachweisen läßt. Eine solche wäre deshalb zu erwarten, weil ja gegen Widerstände (Winddruck, Vibrationen) geatmet werden muß. Es ist auch von FLACK (18) bei erschöpften Piloten eine Abnahme der Vitalkapazität nachgewiesen, bedingt durch Abnahme der Reserveluft der Lunge. Daraus aber auf eine Ermüdung der Atmung und speziell der Atemmuskulatur zu schließen, geht meines Erachtens zu weit. Denn die Vitalkapazität wird keineswegs durch die Kraft und Ausdauer der Atmungsmuskeln bestimmt, sondern hängt von Atemtechnik, Kreislaufverhältnissen, Zustand der nervösen Zentralorgane usw. ab. Objektive Ermüdungserscheinungen, welche die Lunge selbst betreffen, so besonders eine vorübergehende Lungendehnung (Volumen pulmonum auctum) wurden nie nachgewiesen. Gibt das Verhalten der Vitalkapazität schon kein sicheres Maß für eine Ermüdung der Atemorgane, so ist auch ihre Bestimmung als Test für Fliegereignungsprüfung von zweifelhaftem Werte — wenn auch zugegeben werden muß, daß leistungsfähige Individuen im allgemeinen eine erhöhte Vitalkapazität besitzen. Sie ist jedoch in Wirklichkeit nur ein Maß für den Bewegungsspielraum der Atemorgane, aber kein solches für Kraft und Ausdauer der Atemmuskeln, über die nur auf Grund einer Belastungsprobe eine Aussage möglich ist. Viel zweckmäßiger erscheint mir daher der von FLACK (19) angegebene Testversuch, bestehend in einer Bestimmung der Zeitdauer des Haltens einer Hg-Säule auf 40 mm (dosierter Valsalvaversuch).

Wenn insbesondere schon der Motorflug beträchtliche Anforderungen an die Organe stellt, welche dem mechanischen Atmungsvorgange dienen, so ist doch die Leistung der Kreislauforgane weit größer. Deren Belastung ist es, welche bei bestimmten Flugzuständen zu einem Versagen der inneren, das ist der Gewebeatmung, führen kann; sie soll daher anschließend einer kritischen Betrachtung unterzogen werden.

Literatur zum Abschnitt I:

1) REID, H. J. E.: National Advisory Committee for Aeronautics **1922**, Report Nr 112.
2) REID, H. J. E.: National Advisory Committee for Aeronautics **1922**, Report Nr 155.
3) CORIOLIS, G.: Traité de mechanique des corps solides et du calcul de l'effet des machines. II. éd. Paris 1845; deutsch von C. H. SCHNUSE. Braunschweig 1846.
4) DEARBORN, C. H. and H. W. KIRSCHBAUM: National Advisory Committee for Aeronautics **1931**, Report Nr 386.
5) FIESELER, G.: Geflügelte Worte. Hamburg: Vac. Oil. Comp. 1932.
6) AGGAZZOTTI, A. u. G. GALEOTTI: Giorn. Med. mil. **67**, 107 (1919).
7) GEIGEL, R.: Münch. med. Wschr. **1917 II**, 1253.
8) SENNER, W.: Pflügers Arch. **190**, 97 (1921).
9) FLEISCH, A.: Pflügers Arch. **219**, 706 (1928).

10) HERLITZKA, A.: Fisiologia ed Aviazione (Attualità scientifiche serie medica 16—17. Bologna 1923), p. 84f.
11) DIRINGSHOFEN, H. u. B. v.: Acta aerophysiol. 1, 48 (1933).
12) LOEWY, A.: Physiologie des Höhenklimas, Kap. Atmung, S. 162f. Berlin: Julius Springer 1932.
13) KAISER, W.: Über die Atmung des Höhenfliegers. Luftfahrtforsch. 6, H. 2 (1930).
14) FLEISCH, A.: Pflügers Arch. 214, 595 (1926).
15) JONGBLOED, J.: V^e. congr. intern. de la navigation aérienne. Haag 1930.
16) SCHNEIDER, E. C. and R. W. CLARKE: Amer. J. Physiol. 76, 354 (1926).
17) DORNO, C.: Acta aerophysiol. 1, 29 (1933).
18) FLACK, M.: Rep. of Air Med. Investig. Comm. 1918, Nr 7. Great Britain.
19) FLACK, M. and H. L. BURTON: J. of Physiol. 56, Proc. 50 (1922).

II. Beanspruchung und Leistung der Kreislauforgane.

Verschiedene Begleitumstände des Fluges sind es, welche die Tätigkeit der Kreislauforgane beeinflussen. Darunter sind solche, die dauernd wirken, während andere eine zeitlich begrenzte Rolle spielen. Nach ihrer Wertigkeit lassen sie sich — wenn ausgesprochene Höhenflüge vermieden werden — in zwei Gruppen ordnen: Beschleunigungen einerseits und sonstige Flugverhältnisse andererseits. Zu letzteren zählen: psychische Erregungen, Luftströmung, Temperatursturz, Erschütterungen durch den laufenden Motor, schneller Höhenwechsel. Jeder einzelne dieser Faktoren beansprucht das Kreislaufsystem, wie an einigen Beispielen kurz erläutert sei:

Es vermag vor allem das „Startfieber", das ist die psychische Spannung kurz vor Aufstieg nicht nur bei Neulingen, sondern auch bei erfahrenen Piloten Pulsfrequenz und vor allem Blutdruck in die Höhe zu treiben [H. v. DIRINGSHOFEN und B. BELONOSCHKIN (1)]. Die starke Luftströmung wiederum führt auf dem Reflexweg bald zu Beschleunigung, bald zu Verlangsamung des Pulses sowie zu Irregularitäten des Rhythmus [AGGAZZOTTI und GALEOTTI (2)]. Temperaturerniedrigung bewirkt eine Änderung der Blutverteilung, tiefgreifende Kälteeinwirkungen ändern Frequenz und Minutenvolum des Herzens [BARCROFT und MARSHALL (3)]. Die Luftverdünnung und der dadurch hervorgerufene O_2-Mangel macht sich ebenfalls schon in geringen Höhen am Kreislaufapparat bemerkbar, und zwar nach LOEWY (4) durch Erregungen im medullaren Vasomotorenkernlager. Es kommt, wie sowohl Unterdruckversuche wie Flugzeugaufstiege zeigen, zu Änderungen der Pulsfrequenz wie des Blutdruckes; sie sind auch bei Vermeidung von Beschleunigungen vorhanden, doch durchaus nicht immer einsinnig. Darauf wird unten noch näher eingegangen werden.

Wenn auch zuzugeben ist, daß der Einfluß eines jeden dieser Faktoren an sich nicht außergewöhnlich ist, und daß z. B. schwere Körperarbeit größere Ansprüche an das Kreislaufsystem zu stellen vermag, so muß doch bedacht werden, daß sie durch gleichzeitiges Auftreten summative Wirkung entfalten, ferner, daß jeder einzelne an Bedeutung gewinnt, je leistungsfähiger der im Gebrauche stehende Flugzeugtyp ist, weiter, daß durch die Erschütterungen vom Getriebe her an sich schon eine dauernde Erschwerung des Kreislaufes besteht. Aber trotzdem wird — wenn nicht über 4000 m Höhe geflogen wird — nie mit Erscheinungen totaler Insuffizienz zu rechnen sein. Einen verhängnisvollen Einfluß vermögen nur die aus den Beschleunigungen resultierenden Kraftwirkungen auszuüben.

a) Beanspruchung durch Zentrifugalbeschleunigungen.

Schon beim Kurvenfluge werden mit halbwegs leistungsfähigen Flugzeugen beträchtliche Zentrifugalbeschleunigungen erzielt. Werte der aus diesen und der Erdbeschleunigung resultierenden Normalbeschleunigung von $5 \times g$ sind nichts Außergewöhnliches. Dabei kann schon von einer Zentrifugalbeschleunigung von $4 \times g$ ab die Komponente der Erdbeschleunigung praktisch vernachlässigt werden, also die Zentrifugal- gleich der Normalbeschleunigung gesetzt werden. Während bei Durchführung von Kurven die Beschleunigungswerte binnen wenigen Sekunden steigen und fallen, können beim Fliegen von Steilspiralen (s. oben S. 3) Werte von über $4 \times g$ 1 Minute lang einwirken. Noch größer ist die Beschleunigung in gleicher Richtung, das ist Scheitel → Sitzfläche wirkend — bei hartem Abfangen der Maschine aus dem Sturzfluge. (Über absolute Größe und zeitlichen Verlauf orientiert Abb. 3). Die Normalbeschleunigung erreicht in diesem Fall den Wert von $9,3 \times g$. Derartige Beschleunigungen wurden durchgehalten. Es gilt nun, von den Wirkungen derselben ein klares Bild zu gewinnen.

Theoretisch sind folgende Fälle möglich: 1. Bei einem kritischen Wert von Zentrifugal- bzw. Normalbeschleunigung wird das Blut in deren Richtung verlagert, das ist in die Gefäße der unteren

Körperhälfte (Leerschlagen des Herzens). 2. Bei unterkritischen Werten wird durch aktive Kräfte der Gefäßwände jede passive Ausweitung verhindert; in diesem Falle würde sich das Blutgefäßsystem wie ein System aus starren Röhren verhalten. 3. Diese Regulation ist nur unvollkommen.

Aus Störungen, die jeder an sich bei Einwirkung von Zentrifugalkraft beobachten kann, sowie aus dem Verhalten des Blutdruckes und der Herzschlagfrequenz (s. unten) ist der Schluß zu ziehen, daß Beeinflussungen des Kreislaufes statthaben, und zwar schon bei Werten von $2 \times g$. Demnach kommt Fall 3˙ in Betracht. Die Regulationsmechanismen sind offenbar die gleichen wie die bei Einwirkung eines erhöhten hydrostatischen Druckes der Blutsäule. Dessen Effekte sind allgemein geläufig. Da es sich beim Gefäßsystem nicht um ein starres Röhrensystem handelt, können sich die hydrostatischen Kräfte nicht an allen Stellen das Gleichgewicht halten. So sammelt sich z. B. Blut bei Übergang aus liegender in aufrechte Körperstellung in den Gefäßen der unteren Extremitäten [Zunahme des Fußbolumens: ATZLER und HERBST (5), Abnahme des Herzminutenvolumens bei absolut ruhigem Stehen: TURNER (6)]. Dementsprechend nimmt die Durchblutung des Gehirns ab [Mosso (7)]. Für den im Flugzeug sitzenden, mit diesem kurvenden Führer kommen als Gefäßgebiete, die ein Ausweichen des Blutes gestatten, neben den Venen der Extremitäten vor allem die Venengebiete im Abdomen in Betracht.

Die Folge der passiven Ausweitung durch Zentrifugaldruck ist eine Widerstandsherabsetzung. In den Gefäßgebieten der oberen Körperhälfte tritt gleichzeitig eine Abnahme der Füllung und somit Verengerung ein, mit der Folge einer Widerstandserhöhung. Der dynamische Effekt ist also eine Umsteuerung des Blutstromes zugunsten der Gebiete der unteren Körperregion. Da diese unter anderem zugunsten der abdominalen Gebiete erfolgt, werden die abdominalen Blutspeicher, vor allem die Venen im Splanchnicusgebiete [bedingte Blutspeicher nach REIN (8)], aufgefüllt; die zirkulierende Blutmenge nimmt ab.

Mit zunehmender Beschleunigung muß diese Umsteuerung kritisch werden. Das ist bei noch genügender Herztätigkeit, also bei noch bestehendem Kreislauf, bereits dann der Fall, wenn das Zeitvolum für die Gefäße des Kopfes unter ein bestimmtes, mit der Ernährung der Gewebe unvereinbares Minimum absinkt. Nimmt die Beschleunigung weiter zu, so führt die Umsteuerung zu einem

„Versacken" des Blutes in die Venen des Abdomens. Leerschlagen des Herzens und Kreislaufstillstand ist die Endphase. Daß dieselbe keine theoretische ist, lehrt das Verhalten bestimmter Tiere, bei welchen dieser Zustand durch bloße Lageänderung erreicht wird.

Die Angabe, daß der hydrostatische Druck des Gehirns von normalerweise 10 mm Hg auf den Gefäßen der Schädelbasis laste und dessen Erhöhung bei $4 \times g$ auf 40 mm Hg eine entsprechende Drucksteigerung in diesen Gefäßen zwecks Aufrechterhaltung der Hirndurchblutung erfordere, ist nicht zutreffend. Tatsache ist, daß das Gehirn nicht mit seinem vollen Gewicht auf den genannten Gefäßen ruht, da es in den mit Liquor gefüllten Hyparachnoidealräumen gelagert ist. Ferner ist der Gewichtsdruck nicht gerichtet im Sinne von oben nach unten, sondern pflanzt sich infolge hydrostatischen Ausgleiches allseitig fort.

Eine Erhöhung des hydrostatischen Gewichtsdruckes des Gehirns kann aber an sich nicht zur Kompression der Gefäße der Schädelbasis führen, da ja nicht nur in der Schädelkapsel, sondern im gesamten Kreislaufsystem der hydrostatische Druck steigt. Es kommt demnach nur dann zu einer verminderten Füllung des in Frage stehenden Gefäßgebietes, wenn die Füllung der Gefäße außerhalb des Schädels abnimmt, d. h. wenn sich die allgemeine Blutverteilung ändert. Nicht der hydrostatische Druckanstieg im Schädel, sondern die Nachgiebigkeit außerhalb desselben gelegener Gefäßgebiete ist die primäre Ursache von Störungen der Zirkulation im Zentralnervensystem bei Einwirkung von Zentrifugalbeschleunigung in Richtung Kopf → Fuß.

Die Größenzunahme des hydrostatischen Druckes ergibt sich aus folgender Überlegung: Derselbe beträgt bei aufrechter Sitzlage für die Gefäße im kleinen Becken — die Distanz: Herz → Sitzfläche mit 45 cm angenommen — normalerweise etwa 33 mm Hg, bei $5 \times g$ 165, bei $9 \times g$ schon rund 300 mm Hg. Für die Gefäße der unteren Extremität erhöhen sich diese Werte um gewaltige Beträge. Wenn schon die Änderung der Angriffsrichtung der normalen Massenbeschleunigung die Blutverteilung nachwirkbar verändert, wie ist es da überhaupt möglich, daß derart hohe Beschleunigungsdrucke ausgehalten werden? Es treten eben eine ganze Reihe physiologischer Reaktionen auf, die kompensierend wirken.

b) Kreislaufregulation bei Einwirken von Zentrifugalbeschleunigungen.

Als Reiz, welcher bei erhöhter hydrostatischer Belastung eine Regulation auslöst, wirkt der Dehnungsreiz, welcher entweder direkt Reaktionen der Muskulatur der Arterien auslöst oder auf dem Reflexwege die Ausweitung verhindert. Nachgewiesen erscheint eine derartige Regulation bei Änderung der Schwerkraftrichtung. In diesem Fall kann sogar die Wirkung des veränderten Innendruckes, die Ausweitung, nicht nur verhindert werden, sondern es erfolgt sogar eine Überkompensation [Arterien der erhobenen Hand sind weiter, die der gesenkten enger: v. RECKLINGHAUSEN (9)]. Zahlreiche Untersuchungen machen es wahrscheinlich, daß die erhöhte Spannung der Ringmuskulatur der Arterien direkt — ohne Zwischentreten nervöser Elemente — durch den Dehnungsreiz zustande kommt [vgl. ATZLER und LEHMANN (10), WACHHOLDER (11)]. Bezüglich des funktionell wichtigsten Gefäßabschnittes, der Capillaren, sind wohl auch bei veränderter Schwerkraftrichtung Kaliberschwankungen nachgewiesen, jedoch in weit geringerem Ausmaße. Zudem besitzt dieses System in den von HOYER (11) entdeckten derivatorischen Kanälen sozusagen ein Ventil, welches die zarten Wände vor zu hohem Innendrucke schützt. Dabei werden die Capillaren allerdings mehr oder weniger ausgeschaltet (Stasenbildung). Besondere Verhältnisse finden sich im venösen Anteil des Kreislaufes: Hier ist die Wirkung erhöhten hydrostatischen Druckes infolge Weite und Wandbeschaffenheit der Gefäße am stärksten. Dabei ist erhöhte Füllung möglich, ohne daß die Wand durch Druck besonders beansprucht wird. Die Füllung hängt aber von der Zufuhr ab, das ist vom Verhalten der Arterien hydrostatischen Schwankungen gegenüber.

Im Gegensatz zu den angeführten Reaktionen der arteriellen Gefäße, die man als Reaktionen der contractilen Wandelemente bzw. der Muskulatur ansehen kann, hat die experimentelle physiologische Forschung eine Reihe von Reflexvorgängen aufgedeckt, die gerade bei Erörterung der statischen und dynamischen Beschleunigungswirkung in den Mittelpunkt des regulatorischen Geschehens rücken. Sie sind deshalb von ausschlaggebender Bedeutung, weil sie einen rasch wirksamen Mechanismus darstellen, während die direkten Reaktionen der Arterien ja nur in langsam vor sich gehenden Spannungsänderungen der Ringmuskulatur bestehen (Latenzzeit der Arterienkonstriktion bei plötzlicher Erhöhung des Innendruckes mindestens 8 Sekunden nach WACHHOLDER). Zwei Gefäßabschnitte sind es, von denen aus durch Änderung der Wandspannung gesetzmäßige Regulationen ausgelöst werden können. Es sind dies der Anfangsteil der Aorta und die bulbusförmige Ausweitung der Carotis interna bei ihrem Abgange von der Carotis communis. Beide Bezirke bilden die

Ursprungsstätten der sog. Blutdruckzügler oder Pressoregulatoren [v. CYON, TSCHERMAK, HERING, KOCH, HEYMANS (12)]. Ihre Funktion gehört mit zum Fundament der Kreislauflehre. Die in der Gefäßwand des Carotissinus liegenden sensiblen Elemente befinden sich normalerweise durch die dauernde Wandspannung in einem Zustand der Dauererregung. Diese wird durch Leitungen, welche der afferenten Glossopharyngeusbahn angehören, den in der Medulla oblongata und höher liegenden kreislaufregulierenden Zentren zugeführt. Diese umfassen neben der zentralen Vertretung der Herznerven das sog. Vasokonstriktoren- und Vasodilatatorenzentrum, über deren begriffliche wie anatomische Abgrenzung allerdings noch keine Klarheit herrscht. Wird die periphere Erregung durch Dehnungszuwachs im Carotissinus — im Experiment erreicht durch Erhöhung des Innendruckes oder durch künstliche Dehnung — gesteigert, so tritt reflektorische Hemmung der Herztätigkeit sowie Dilatation vor allem in den Gefäßgebieten ein, welche den Nervi splanchnici unterstehen, aber auch in denen der Extremitäten [Art. femoralis nach REIN (13)]. Auch die Venen im Abdomen, Milz (Volumvergrößerung) und Nebennieren (Abnahme des Adrenalingehaltes im Blute) bilden Erfolgsorgane dieses Reflexgeschehens. Der dynamische Erfolg der Herzverlangsamung und der Querschnittszunahme in großen arteriellen Stromgebieten ist nicht nur eine Umsteuerung des Blutlaufes im Sinne veränderter Blutverteilung: Infolge der Querschnittszunahme in venösen Gebieten sinkt das Blutangebot an das Herz und damit die Zirkulationsgröße. Der statische Effekt ist eine allgemeine Blutdrucksenkung. Diese wie die Herzentlastung bedeuten eine Entlastung des gesamten Zirkulationsbetriebes, daher die Bezeichnung „Entlastungsreflex" für dieses Reflexgeschehen [HESS (14)]. Eine ähnliche Entlastung wird durch Zunahme der Wandspannung in der Aorta und der dadurch erhöhten Erregung des Nervus depressor erzielt, dessen Fasern der afferenten Vagusbahn angehören. Andererseits zeigt das Experiment, daß bei Spannungsabnahme, also bei plötzlicher Druckentlastung, im Carotissinus eine reflektorische Steigerung der Herztätigkeit sowie eine Vasokonstriktion in den angeführten Gefäßgebieten eintritt, mit der Folge einer Zunahme der Zirkulationsgröße und einer Blutdrucksteigerung. Dabei handelt es sich nach Ansicht maßgebender Autoren nicht um einen direkten Blutdrucksteigerungsreflex (Pressoreflex), sondern um eine Enthemmung des dauernd bestehenden Entlastungsreflexes. Abb. 9

nach Kahn[1] möge dieses für das hier behandelte Problem so wichtige Reflexgeschehen illustrieren: örtliche Spannungszunahme oder -abnahme löst gegensinnige Änderungen des Blutdruckes aus.

In dieser Enthemmung besteht die Regulation bei einer Wirkungsrichtung der Zentrifugalkraft, welche praktisch fliegerisch die Hauptrolle spielt, nämlich die in kranio-caudaler Richtung.

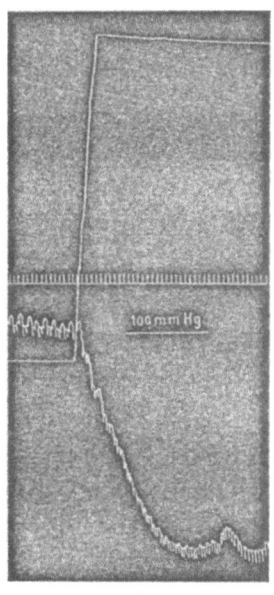 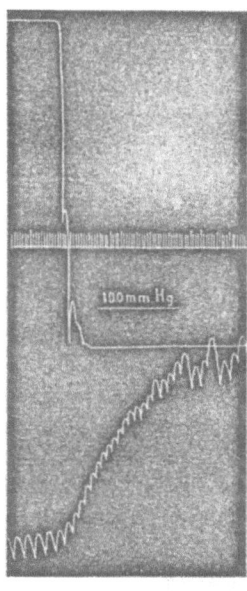

a b

Abb. 9a und b. Verhalten des Blutdruckes bei Erhöhung (a) und bei Herabsetzung (b) des Binnendruckes im Carotissinus.

Ihr Effekt ist — wie bereits auseinandergesetzt — Füllungsabnahme und damit Entspannung der oberhalb des Herzens gelegenen Gefäße, also auch im Carotissinus. Der hierdurch ausgelöste Reflexerfolg besteht in einer Beschleunigung der Herztätigkeit und in einer Verengerung arterieller Stromgebiete im Abdomen und — nach Rein — in den Extremitäten. Diese Gefäßgebiete sind es aber, zu deren Gunsten die durch Zentrifugaldruck ausgelöste Blutverteilung statthat. Es wird also den einwirkenden Kräften ursächlich entgegengearbeitet. Die durch erhöhten hydrostatischen Druck belasteten Arterien werden verengert. Es wird dadurch

---

[1] Kahn, R. H.: Z. exper. Med. 68, 201 (1929).

nicht nur der Zufluß zum venösen Reservoir gedrosselt, sondern der Blutstrom auch in die übrigen Gefäßgebiete, das ist vor allem in die des Kopfes, ungesteuert. Daß auch die abdominalen Venengebiete Erfolgsorgane des Reflexes sind, zeigen Untersuchungen von FLEISCH (15): Blutentzug aus der Carotis führt zu einer reflektorischen Kontraktion der nervös intakten, sonst aber isolierten Vena colica oder einer Mesenterialvene. (Allerdings kann, wie FLEISCH betont, die reflektorische Anpassung des Venenquerschnittes an die Blutmenge auch von anderen, noch unbekannten Receptorenfeldern her ausgelöst werden.) Es wird also nicht nur die Auffüllung des venösen Reservoirs verhindert, sondern dieses wird auch entleert, wodurch die Füllung des Herzens gesichert ist. Analoge, das arterielle Kreislaufgebiet betreffende Effekte können auch vom N. depressor ausgelöst werden, und zwar durch Wegfall seiner Dauererregung infolge plötzlicher Druckentlastung durch die einwirkende Zentrifugalkraft.

Daß diese etwas ausführlicher geschilderten Eigenreflexe des Kreislaufes bei Beschleunigungsdrucken nicht nur theoretische Schlußfolgerungen sind, beweisen die Versuchsergebnisse von JONGBLOED und NOYONS (16). Die Arbeit dieser beiden Autoren ist übrigens die einzige exakt-experimentelle, die auf diesem Gebiete vorliegt. Sie unterwarfen Kaninchen konstanten Zentrifugalbeschleunigungen in Richtung der Körperlängsachse. Die Versuche ergaben, daß die durch verminderten Carotisdruck reflektorisch ausgelösten Gefäßverengerungen im Splanchnicusgebiet ein günstiges Resultat auf die Carotisdurchblutung (mittels Thermostromuhr verfolgt) zur Folge haben, allerdings nur bei geringen Beschleunigungswerten; denn Kaninchen regulieren äußerst schlecht auf statische Druckänderungen. Auch der Zusammenhang zwischen Herzfrequenz und Carotissinusdruck trat klar hervor: jene ist erhöht, wenn dieser abnimmt und umgekehrt. Versuche nach Entnervung des Carotissinus bewiesen, daß die Änderung der Herzaktion nicht etwa durch abdomino-kardiale Reflexe zustande kam. Wurden die Tiere kritischen Zentrifugaldrucken unterworfen (2,5 × g), dann wurde die Herzfüllung schlecht (Herzschatten stark verkleinert), trotz erhöhter Frequenz sinkt das Minutenvolum usw. Auf die sonstigen interessanten Ergebnisse kann hier nicht näher eingegangen werden. Wichtiger ist die Frage: Läßt sich am Menschen eine analoge Bedeutung der Blutdruckzügler bei veränderten hydrostatischen Druckverhältnissen dartun? Diesbezüglich möchte ich auf die

Untersuchungen von HERING (17) und MARK (18) verweisen, nach deren Ergebnissen bereits Änderungen der Körperstellung die Erregungsgröße der Aorten- und Sinusnerven ändert. Auch die Atmung wird hierdurch beeinflußt, doch besteht diesbezüglich noch keine Klarheit über die Bedeutung des Zusammenhanges mit den Kreislauforganen. In jüngster Zeit haben auch H. und B. v. DIRINGS-HOFEN (19) am Menschen bei Kurven- und Spiralflügen durch Dauerregistrierung des Ekg und des Blutdruckes mittels besonderer, für die Verhältnisse im Flugzeug geschaffener Apparaturen Befunde erhoben, welche sich wohl als durch die Blutdruckzügler ausgelöst

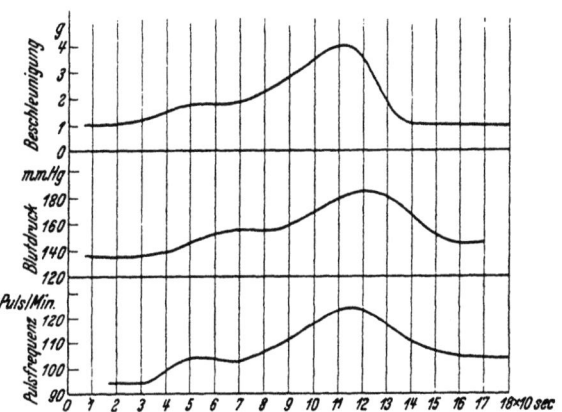

Abb. 10. Blutdruck und Pulsfrequenz im Flugzeug bei allmählich ansteigender Zentrifugalbeschleunigung.

deuten lassen. Es zeigt sich nämlich mit Beginn der Einwirkung von Zentrifugalkraft (s. Abb. 10 nach DIRINGSHOFEN) ein Ansteigen der Herzfrequenz sowie des maximalen Druckes. Beide nehmen zu, je länger eine gegebene Zentrifugalkraft einwirkt (s. Abb. 11 nach DIRINGSHOFEN).

Diese Ergebnisse können jedoch auch von einem anderen Gesichtspunkte aus gedeutet werden. Als auslösender Reiz der Kreislaufreaktionen kann auch die plötzliche Ernährungsstörung des Gehirnes angesehen werden, verursacht durch die Verschlechterung, ja Unterbrechung der Durchblutung. Bei Störung der Ernährung, der „Nutrition" eines Organes steigt dessen zeitliche Durchblutungsgröße. Diese erhöhte Durchblutung ist nicht nur die Folge einer direkten Gefäßerweiterung durch abnorme Anhäufung von Stoffwechselprodukten, sondern auch die von mehr oder weniger große Gefäßgebiete betreffenden Reflexen, der sog.

Nutritionsreflexe nach HESS. Das gegen Ernährungsstörungen überaus empfindliche Gehirn ist aber für die Auslösung dieser Reflexe ein reflexogenes Gebiet 1. Ordnung. Steigerung der Herztätigkeit, Vasokonstriktion minder wichtiger arterieller Gefäßgebiete, Verengerung der venösen Strombahn, Mobilisierung des Adrenalinmechanismus sind die vornehmlichsten Reflexerfolge einer Hyphämie oder gar Anämie des Gehirnes. Die beobachtete Frequenzsteigerung des Herzens und die Blutdrucksteigerung finden

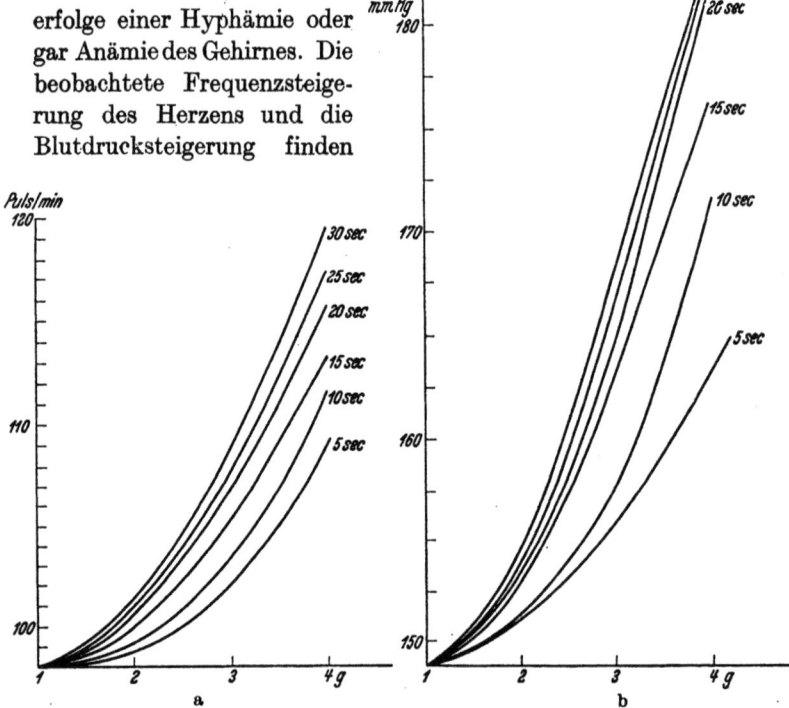

Abb. 11a und b. Blutdruck und Pulsfrequenz im Flugzeug in Abhängigkeit von der Einwirkungsdauer der Zentrifugalbeschleunigung.

demnach als durch Nutritionsreflexe des Zentralnervensystems ausgelöste Kreislaufreaktionen ihre zwanglose Erklärung. Die Frage, ob Enthemmung der Entlastungsreflexe oder Nutritionsreflexe bei Einwirkung von Zentrifugalkraft in Richtung Kopf → Fuß dem regulatorischen Geschehen zugrunde liegen, bedarf eigentlich keiner Entscheidung. Hemmung der Entlastung bedeutet stärkere Belastung. Stärker wird bei bestehenden normalen Ernährungsverhältnissen, die ja beim Flieger vorliegen, der Kreislauf nur dann belastet, wenn hochwertige Ansprüche an ihn gestellt werden. Der höchstwertige Anspruch ist die Gewebsernährung. Dieser liegt vor, und zwar von seiten eines Organes, welches besondere Dignität besitzt. Demnach ist es nicht Entlastung der durch hohen Innendruck beanspruchten, im gegebenen Falle minderwertigen Gefäßgebiete in Abdomen und Extremitäten, worauf das Reflexgeschehen gerichtet ist, sondern die Aufrechterhaltung der normalen Blutverteilung und damit die Sicherstellung der Ernährung eines der wichtigsten Organe des Körpers. Sowohl Carotissinus- wie Depressorreflexe stehen in diesem Falle im Dienste der Nutrition.

Anders hingegen liegen die Verhältnisse bei umgekehrter Wirkungsrichtung der Zentrifugalkraft, das ist in Richtung Herz → Kopf, wie es bei Trudeln in Rückenlage, Rolle in Rückenlage oder beim Looping nach vorne der Fall ist. In diesem Falle werden durch die plötzliche Drucksteigerung, d. h. durch die Erhöhung der Wandspannung an beiden Rezeptionsstellen der arteriellen Bahn reine Entlastungsreflexe ausgelöst werden, welche der mechanischen Verdrängung des Blutes vor allem in die Kopfgefäße ursächlich entgegenwirken. Daß diese Entlastungsreflexe beim Menschen auftreten, beweist das Verhalten trainierter Individuen, bei welchen in Kopfhängelage kaum Anzeichen einer venösen Stauung auftreten. Bekannt ist auch, daß die unangenehmen Symptome, besonders stechende Kopfschmerzen, einige Zeit nach Übergang in die Lage „Kopf unten" auch bei Nichttrainierten vollkommen schwinden. Andererseits treten nach lang andauernden Rückenflügen bei Übergang in die Normallage wiederum Kopfschmerzen, auch Schwindelanfälle auf, ein Zeichen dafür, daß in der Kopfhängelage der Kreislauf umgesteuert war. Während der Rückenflug, auch ein stundenlanger, physiologisch harmlos ist, lehrt die Erfahrung, daß Zentrifugalbeschleunigungen in der Richtung Herz → Kopf viel schlechter ertragen werden als die umgekehrt gerichteten, daß die regulatorischen Mechanismen hier also bald insuffizient werden. Schon bei $3 \times g$ treten Sehstörungen auf [Rotsehen nach WILLIAMS (20)] mit einer Nachwirkung von 7—9 Sekunden. Auch FIESELER [zitiert nach DIRINGSHOFEN (21)] führt an, daß er seine Rückenkunstflugfiguren mit möglichst geringer Beschleunigung zu fliegen versucht, um Sehstörungen und stundenlang anhaltende Kopfschmerzen zu vermeiden. Diese anhaltenden Nachwirkungen sprechen für Stauungserscheinungen in den Venen des Oberkörpers und vor allem des

Gehirnes durch die erhöhte hydrostatische Druckbelastung. Dieselbe beträgt für die Hirngefäße, wenn man die Blutsäule des Körpers in sitzender Stellung in Rechnung zieht, bei $3 \times g$ rund 300 mm Hg. Diese Belastung betrifft nicht allein die Hirn-Kopfgefäße, sondern auch infolge erhöhten Gewichtsdruckes des Gehirnes die mit Liquor gefüllten Hyparachnoidealräume, die das Hirn umschließen. Auch in den Ventrikeln und im kranialen Abschnitte des Duralsackes wird der Druck steigen, da die Wand des letzteren nicht starr ist. Die Nachgiebigkeit ist jedoch beschränkt, sodaß die Beeinflussung der Hirndurchblutung durch die Ausweitung der Gefäße, besonders der Venen, zustande kommt; die Drucksteigerung in diesen beeinflußt wieder rückläufig den Liquordruck. Ähnliche Verhältnisse wie in der Schädelkapsel liegen beim Auge vor, wo die hydrostatische Überlastung der Venen zu Netzhautblutungen führen kann.

Wie eben angeführt, versagen die nervös-reflektorischen Regulationen bei bestimmten Flugzuständen. Die Flugpraxis muß also berücksichtigt werden, wenn man den Wert der Entlastungsreflexe wie der Enthemmung derselben richtig einschätzen will. Es zeigt sich, daß die Zentrifugalbeschleunigung meist nicht nur rasch ansteigt, sondern auch binnen weniger Sekunden auf den Nullwert fällt. Insbesondere ist dies bei dem praktisch wichtigsten Manöver, bei raschem Kurven der Fall, aber auch beim Abfangen, beim Looping, bei der Rolle (vgl. Abb. 3, 4, 5). Obgleich die Latenzzeit der genannten Reflexe eine kurze ist (kaum 0,5 Sekunden nach Tierexperimenten), beansprucht doch die volle Entfaltung des Kreislaufeffektes Zeit; unter 10 Sekunden wird im Experiment kaum der Endwert der Kreislaufumstellung erreicht. Auch die in Abb. 12 dargestellten Versuchsergebnisse am Menschen lehren, daß bei einer Beschleunigung von $4 \times g$ nach 15 Sekunden der volle Reflexerfolg, charakterisiert durch den Blutdruck, noch nicht eingetreten ist. Derartige während so langer Zeit gleichmäßig andauernde höhere Beschleunigungswerte treten in praxi nur bei andauernden Kurven, das ist bei Durchführung von Steilspiralen, auf. Bei der Mehrzahl der anderen Flugzustände, insbesondere bei raschem Kurven, wird infolge des schnellen Steigens und Fallens der Beschleunigungswerte die nervöse Regulation versagen. Die praktische Flugerfahrung lehrt aber, daß auch diese binnen weniger Sekunden steigenden und fallenden Zentrifugalbeschleunigungen mit fortschreitender Flugpraxis besser ertragen werden als anfangs. Es müssen also noch andere Regulationen möglich sein. Die Selbstbeobachtung erfahrener Flieger war es, welche die wichtige Erkenntnis brachte, daß eine kräftige Anspannung der Bauchmuskulatur im Momente des Hineinlegens der Maschine in eine scharfe Kurve Gesichtsfeldausfall (Schwarzsehen) zu verhindern vermag [ORLEBAR (22)]. Es wird auch hervorgehoben, daß das eigentliche Beschleunigungstraining der Piloten in einem Training der Bauchmuskeln bestehe mit dem praktischen Erfolge der Erhöhung der Erträglichkeitsgrenze von $4 \times g$ auf 5 bis $6 \times g$ [STAINFORTH (23)]. Wichtig ist, daß bei Betätigung der Bauchpresse der Atem nicht angehalten, sondern daß weiter geatmet wird (ORLEBAR). Auch v. DIRINGSHOFEN (24) betonte in jüngster Zeit die praktische Bedeutung dieser mechanischen Regulation (unter Einbeziehung der Anspannung der Extremitätenmuskulatur). Das Wesen derselben besteht darin, daß durch die Erhöhung des intraabdominalen Druckes eine arterielle und venöse Vasokonstriktion erzielt wird, wodurch bei Beschleunigungseinwirkung in der Richtung Kopf → Fuß dem Ausweichen des Blutes Widerstand entgegengesetzt wird. Tierexperimentelle Versuche (Hund, Kaninchen) zeigen nämlich, daß auch nach Durchschneidung des Vagus, Sympathicus und Depressor Kompression des Abdomens zu arterieller und venöser Drucksteigerung führt. Diese läßt sich auch am Menschen nachweisen [PORGES und ADLERSBERG (25)]. JONGBLOED und NOYONS berichten von einer günstigen Wirkung, wenn bei Zentrifugieren das Abdomen des Versuchstieres durch Binden komprimiert wird. Statische Kontraktion der Extremitätenmuskulatur wirkt in gleicher Weise. Insbesondere die Anspannung der Bauchmuskeln kann und soll von Piloten geübt werden, welche plötzlich zu hohen Werten ansteigenden Beschleunigungen ausgesetzt sind, die also scharfe Kurven mit hochwertigen Flugzeugen und Sturzflüge durchführen müssen. Diese anfangs willkürliche Regulation läuft später bei vielen Individuen automatisch ab. Wichtig ist dabei, wie schon ORLEBAR betont, daß möglichst normal weiter geatmet wird, weniger wegen der Gefahr der mangelnden O_2-Aufsättigung des Blutes, als vielmehr deshalb, um den venösen Abstrom des Blutes zum rechten Herzen durch eine intrathorakale Drucksteigerung nicht zu erschweren. Ein dosierter Valsalva bzw. Preßatmung ist also nicht angezeigt.

Diese praktisch wichtigste Regulation erfüllt zugleich eine andere Aufgabe, nämlich die Feststellung der beweglichen Organe im

Abdomen bei plötzlicher Einwirkung von Zentrifugalkraft. Subjektiv unangenehme Sensationen werden dadurch verhindert. Dies ist auch dann der Fall, wenn andere Beschleunigungen einwirken, z. B. bei plötzlichem Durchfallen der Maschine bei böiger Luft. Darauf wurde bereits von FLAMME (26) hingewiesen. Dieser Autor sucht auch in der Zerrung der Eingeweideorgane, hervorgerufen durch plötzliche Änderungen der Richtung der Zentrifugalkraft, einen für den Kreislauf schwerwiegenden Faktor. Er nimmt an, daß durch die starken sensiblen Erregungen besonders kardiale Reflexe ausgelöst werden, welche für den Kreislauf verhängnisvoll werden können. Derartige Reflexe, bekannt als ,,Reflexe coeliaque hypotenseur" (27) und ,,Reflexe solaire" (28) sind aber meines Erachtens von keiner besonderen Bedeutung; denn JONGBLOED und NOYONS haben an einem in dieser Hinsicht besonders empfindlichen Tier, am Kaninchen, klar erwiesen, daß sie bei Beschleunigungseinwirkung bedeutungslos sind.

c) Erträglichkeitsgrenzen von Zentrifugalbeschleunigungen.

Die Widerstandsfähigkeit gegen diese Beschleunigungen ist individuell sehr verschieden. Neben konstitutionellen Verschiedenheiten des Kreislaufsystems spielt vor allem das Training eine Rolle. Dabei ist nicht allein die absolute Größe der Beschleunigung in Rechnung zu stellen, sondern auch deren Einwirkungsdauer. Diesbezüglich zeigen die Zusammenstellung der Versuchsergebnisse in Abb. 11, daß die durch die Blutdrucksteigerung charakterisierte Kreislaufumstellung bei gegebener Beschleunigung um so vollständiger ist, je länger diese einwirkt. Andererseits zeigt ein Vergleich von Abb. 11a und b (gleiche Versuchsperson), daß schon bei $4 \times g$ eine über 25 Sekunden währende Einwirkungsdauer kaum mehr von einer Drucksteigerung gefolgt ist, während die Pulsfrequenzsteigerung noch ausgesprochen ist. Das bedeutet, daß hier die Regulation bereits unvollkommen wird. Daß dieser kritische Grenzwert auch bei einer Einwirkungsdauer von über 30 Sekunden gar nicht weit oberhalb $4 \times g$ liegen kann, beweist der Kurvenverlauf in Abb. 11b, in welcher die 15-, 20- und 30-Sekunden-Kurven einen Wendepunkt zwischen den Werten 3 und $4 \times g$ vermuten lassen. Da in der Nähe von $4 \times g$ die Regulation versagt, muß die Adaptationsgrenze, innerhalb welcher Beschleunigungen beliebig lange Zeit ertragen werden, tiefer liegen. Wo sie liegt, ist unbekannt. Außerhalb dieser Grenze muß jede Beschleunigung den Kreislauf um so schwerer beeinträchtigen, je länger sie andauert. Werte über $4 \times g$ sind demnach bei kurzer Einwirkungsdauer durchaus nicht verhängnisvoll. Denn es werden ja auch geringere Beschleunigungsgrade, z. B. $3 \times g$, durchgehalten, auch wenn der Kreislauf noch nicht voll angepaßt ist, was dann der Fall ist, wenn dieser Wert z. B. schon in 5 Sekunden erreicht wird. Wirken aber höhere Werte als $4 \times g$ lange Zeit ein, dann muß Kreislaufinsuffizienz auftreten. Andererseits muß aber betont werden, daß Zentrifugalbeschleunigungen, die innerhalb einer Sekunde steigen und fallen, keinen Kreislaufeffekt haben können, da ja das Gefäßsystem eine gewisse Trägheit besitzt. Dies ist auch meines Erachtens der Grund, daß Beschleunigungen, deren Wert weit außerhalb des Anpassungsbereiches liegt, wie z. B. $9,3 \times g$, überhaupt durchgehalten wurden. Ein Blick auf Abb. 3 zeigt eben, daß jener Wert in 0,5 Sekunden erreicht wurde und nach 1 Sekunde wieder auf einen unterkritischen Betrag abfällt. Doch auch in dieser Richtung besteht natürlich eine Grenze, bedingt durch rein mechanische Schädigungen der Organe, vor allem des Gehirnes (Erschütterungen). Diese sollen nach amerikanischen Berichten bei $10,5\ g$ aufgetreten sein. Daß sie bei plötzlich zu sehr hohen Werten ansteigenden Beschleunigungen auftreten müssen, ist selbstverständlich. Sie wurden durch Zentrifugieren an Hunden [GARSAUX (29)] nachgewiesen, wobei sich bei der Sektion auch die Blutverdrängung in die Organe des Abdomens bei vollständiger Hirnanämie feststellen ließ.

Die in den Abb. 11a und b dargestellten Ergebnisse können, als an einer einzigen Versuchsperson gewonnen, nicht ohne weiteres verallgemeinert werden. Es sei daher in nachstehender Tabelle eine Zusammenstellung von Literaturdaten gegeben, wobei die

Tabelle 1. **Richtung und Betrag der eben noch erträglichen Zentrifugalbeschleunigung.**

Autor	Kopf → Fuß	Fuß → Kopf
WILLIAMS		$3 \times g$
FLAMME	4 bis $5 \times g$	
SCHEUBEL (30)	$4 \times g$	$2,4 \times g$
MARSHALL (31)	$3,5$ bis $4 \times g$	$2 \times g$
STAINFORTH	$4 \times g$; nach Training 5 bis $6 \times g$	
DIRINGSHOFEN (24)	$4 \times g$, wenn länger als 3 Sekunden; nach Training bis $5 \times g$	

Erträglichkeitsgrenze nach subjektiven Symptomen bestimmt wurde, und zwar nach dem Auftreten von Schwarzsehen bei Beschleunigungswirkung in Richtung Kopf → Fuß bzw. von Rotsehen bei umgekehrter Wirkungsrichtung. Bei den hierbei in Frage kommenden Flugzuständen handelte es sich meistens um scharfe Kurven bzw. um Loopings nach vorne. Aus der Tabelle geht hervor, daß bei ersteren die Grenze in der Nähe von $4 \times g$, bei trainierten Fliegern bei $5 \times g$ gelegen ist. (Diese Beschleunigung wurde nach Angabe von DIRINGSHOFEN von Fliegern 30 Sekunden lang durchgehalten.) Im allgemeinen Flugbetriebe kann man den Flugzeugführern keine Vorschriften machen, wie mit einem gegebenen Flugzeugtyp Kurven zu fliegen sind, um Gesichtsfeldausfall zu vermeiden. Bei Wertungsprüfungen oder bei Flugzeugrennen ist dies aber möglich. Nimmt man bei trainierten Piloten — und um solche handelt es sich in diesem Falle — als obere Grenze der eben noch erträglichen Beschleunigung $5 \times g$ an, dann ergibt sich der kritische Kurvenradius in Meter aus der Näherungsformel:

$$r = \frac{v^2}{5 \times 9{,}81} \sim \frac{v^2}{50},$$

wobei v die Fluggeschwindigkeit der Maschine in m/sec bedeutet. Bei Beschleunigungswirkung in Richtung Fuß → Kopf liegt die Grenze in der Nähe von $2 \times g$.

Was die Erträglichkeit zeitlich gehäufter hoher Zentrifugalbeschleunigungen betrifft, so sei betont, daß sich dieselbe ebenfalls durch Training steigern läßt. So wurden z. B. nach 6 Wochen Übung von einem Heeresflieger 12 Sturzflüge an einem Tage aus 3000 m Höhe durchgeführt. Ein anderer führte 7 Angriffe aus 4000 m Höhe an einem Tage aus. Die Endgeschwindigkeiten der Maschine erreichten hierbei 400 bis 500 km/h, die Zentrifugalbeschleunigungen Werte von $9 \times g$.

Da sich heute mit jeder halbwegs leistungsfähigen Maschine Zentrifugalbeschleunigungen erreichen lassen, welche ihrer Dauer und Größe nach die Erträglichkeitsgrenze weit überschreiten, begegnet man immer häufiger Aussagen von Piloten, dahin lautend, daß „sie sich bei gewissen Flugzuständen nicht mehr sicher fühlten", daß ihnen „dunkel vor Augen wurde". Besonders unangenehm machen sich die durch die ungenügende Hirn- und Netzhautdurchblutung verursachten Sehstörungen bei den Luftkampfübungen, das ist vor allem bei raschem Kurven mit den heutigen Jagdmaschinen bemerkbar. „Gerade dann sieht man nichts mehr, wenn geschossen werden soll" ist eine oft wiederkehrende Aussage. Dementsprechend kann die Wendigkeit moderner Spezialflugzeuge nicht mehr voll ausgenützt werden. Körperliche Übelstände haben ja bereits gelehrt, daß derartige Flugzeuge besonders geflogen werden müssen, daß „weiche" Steuerbetätigung Haupterfordernis ist, d. h. daß hohe Zentrifugalbeschleunigungen zu vermeiden sind, wenn man volle geistige und körperliche Leistungsfähigkeit erhalten will. Auch von technischer Seite ist insofern Vorsorge getroffen worden, als die Ruder, besonders das Höhenruder, nicht allzusehr entlastet werden, d. h. daß mit geringer Steuerkraft nicht allzu große Steuerausschläge erzielt werden.

Gesichtsfeldausfall und Bewußtseinsstörungen bei in Richtung Kopf → Fuß angreifenden Zentrifugalbeschleunigungen finden ihre physiologische Erklärung durch die momentane Benachteiligung des Kreislaufes in den Kopfgefäßen. Das Zentralnervensystem mit Einschluß der Retina ist ja besonders empfindlich gegen plötzlichen O_2-Mangel. Der Gesichtsfeldausfall kann sehr gut beobachtet werden. Viele Flugzeugführer sagen dementsprechend aus: Man kann den schwarzen Vorhang mit dem Steuer auf- und zuziehen, d. h. er schwindet und kommt mit dem Herausnehmen und Hereinlegen der Maschine in die Kurve. Aus der Bezeichnung „Vorhang" geht hervor, daß der Ausfall nicht in allen Teilen des Gesichtsfeldes gleichmäßig beginnt, sondern zuerst im nasalen Abschnitte, wie ich in Gemeinschaft mit GOLDMANN (32) nachweisen konnte. Die Ursache ist die normalerweise bessere Durchblutung der Netzhaut in ihrem nasalen Gebiete. Wirkt die Beschleunigung in umgekehrter Richtung, dann wird von einigen Beobachtern angegeben, daß hierbei ausgesprochenes Rotsehen (Erythropsie) auftrete. Ich selbst habe dieses Phänomen trotz darauf gerichteter Aufmerksamkeit nicht beobachten können. Die Ursache dieser Erscheinung liegt vielleicht darin, daß der für gewöhnlich nicht sichtbare gelbrote Farbenton des Eigenlichtes der Augen (das ist das durch die Augenhüllen verfärbte und von den Medien unter anderem auch zur Retina reflektierte Licht) bei plötzlicher und starker Blutüberfüllung der Retinalgefäße überschwellig, also wahrgenommen wird [A. TSCHERMAK (33)]. Daß Seh- und Bewußtseinsstörungen, auch wenn sie nur vorübergehend sind, das Schicksal des Flugzeugführers unabwendbar besiegeln können, ist für jeden, der praktischen Flugbetrieb kennt, selbstverständlich. Der Beweis der verheerenden Wirkung hoher Zentrifugalbeschleunigung ergibt sich aus der Tatsache, daß die unaufgeklärten Abstürze erfahrener Flieger immer bei Durchführung von Flugmanövern auftraten, welche mit hoher Beschleunigung einhergehen (eigenes Beobachtungsmaterial). Doch auch dem, der dem praktischen Flugbetrieb fernsteht, muß der Ernst der Situation klar werden, wenn er z. B. hört, daß bei den Schneiderpokalrennen in geringer Höhe mit über 600 km/h geflogen wird.

Nun ist bereits nach Mitteln gesucht worden, mit deren Hilfe man den Flieger vor Einwirkung hoher Zentrifugalkraft schützen kann, bzw. die auch überkritische Zentrifugalbeschleunigungen längere Zeit auszuhalten gestatten. Diesbezüglich wurde unter anderem von G. S. MARSHALL ein selbstregelndes Stützkorsett in Vorschlag gebracht, welches die Verlagerung der Baucheingeweide sowie die Überfüllung der Venengebiete daselbst verhindern soll. Es besteht im Prinzip aus einem breiten Bauchgürtel, in welchem je nach Zentrifugaldruck, das ist nach Eigengewicht des Fliegers, aus einem als Sitz ausgebildeten Kissen Luft gepreßt wird. Ich lehne eine derartige Vorrichtung ab. Einmal steht der Effekt einer künstlichen Kompression dem einer Anspannung der Bauchdecken weit nach. Ferner verliert der Flieger durch das elastische Sitzkissen jede Fühlung mit der Maschine — von der körperlichen Behinderung durch das Korsett ganz abgesehen. Man soll Flugzeugführer, welche schon zur Genüge mit notwendigen Ausrüstungsobjekten (Fallschirm, Atemgerät usw.) versehen sind, nicht auch noch mit Vorrichtungen belasten, zu denen sie kein Vertrauen haben können! Selbstverständlich ist, daß ein in sagittaler Richtung angreifender Zentrifugaldruck das Kreislaufsystem nicht oder doch bedeutend weniger belastet als ein solcher in Richtung der Körperlängsachse wirkender. Dementsprechend wurde wieder von ärztlicher Seite der Vorschlag gemacht [s. bei GILLERT (34)], daß der Pilot eine mehr liegende Haltung im Flugzeuge einnehmen solle; eine diesbezügliche Lage wurde auch genauer dargestellt. Allzuviel darf man auch von diesem Vorschlage nicht erwarten. Schon normalerweise sitzt der Flugzeugführer etwas nach hinten geneigt. Eine Lage des Oberkörpers, welche sich weitgehend der Horizontalen nähert, ist aber abzulehnen, von rein technischen Gründen ganz abzusehen. Gewiß wird in diesem Falle das Gefäßsystem bei Kurven weniger belastet, dafür aber der Thorax (Erschwerung der Inspiration) um so mehr! Dabei treten z. B. schon bei $4 \times g$ Schmerzen im Kehlkopf und den Augen auf, da diese

Organe jetzt vom Zentrifugaldruck beeinflußt werden. Es gelangt zudem die Längsachse des Körpers mehr in die Richtung der Längsachse der Maschine und damit derselbe mehr unter den Einfluß von Winkelbeschleunigungen und Zentrifugalkräften, die durch Drehungen um Querachsen, das ist durch Rumpfschwenken, entstehen. Ich erinnere hier nur an den englischen Typ eines Kampfflugzeuges, bei welchem der Beobachter in liegender Stellung mit dem Kopf in Richtung der Steuerorgane in einem aerodynamisch verkleideten Raume unterhalb des Rumpfes untergebracht war. Der Betreffende wurde durch Zentrifugal- wie Winkelbeschleunigung derart mitgenommen, daß diese Anordnung aufgegeben werden mußte. Ein vernünftiges und sicheres Mittel, den Menschen unempfindlich gegen hohe Zentrifugalbeschleunigungen überhaupt zu machen, gibt es eben nicht. An der Wahrheit des Ausspruches L. BLERIOTs: „Ce n'est pas la résistance de la matière, qui sera la limite des performances acrobatiques de l'oiseau artificiel, mais bien la résistance physiologique de l'homme, qui en est le cerveau" werden auch wir Mediziner nichts ändern können!

Was den Verkehrsflug betrifft, so treten hierbei keine derart hohen Beschleunigungen auf, daß für ältere arteriosklerotische Passagiere direkte Gefahr bestünde. Ein gewöhnlicher Verkehrsflug belastet das Kreislaufsystem nicht mehr als eine Seefahrt. Nur bei den seit kurzem in Dienst gestellten Schnellverkehrsflugzeugen (Reisegeschwindigkeit über 300 km/h) ist Vorsicht geboten. Hohe Beschleunigungen sind absolut zu vermeiden, da sich unter den Kabineninsassen solche mit Varicen oder Hämorrhoiden befinden können. Die Gefahr des Platzens derselben bei $3 \times g$ ist groß. Auch Herzkranke und Vasoneurotiker sind gefährdet. In direkter Lebensgefahr befinden sich auch Individuen mit schwer geschädigten Gefäßwänden (Arteriosklerotiker, Luetiker). Gerade beim Schnellflugverkehr erscheint mir eine medizinisch-klinische Erfassung von Personen, welche von derartigen Flügen auszuschließen sind, deshalb geboten, da unvorhergesehene fliegerische Ereignisse bei der hohen Geschwindigkeit der Maschine Manöver erfordern können, die mit hohen Beschleunigungen einhergehen müssen.

d) Sonstige Ansprüche an den Kreislauf.

Neben Zentrifugalbeschleunigungen werden im Fluge auch Progressiv-, Winkel- und Zusatzbeschleunigungen auf den Organismus übertragen. Es ist zu untersuchen, inwieweit diese das Kreislaufsystem belasten. Insbesondere ist die Frage zu erörtern, ob Beschleunigungen als adäquate Reize des Labyrinthes reflektorisch den Kreislauf beeinflussen. Nach experimentellen Untersuchungen an Tieren [SPIEGEL und DÉMÉTRIADES (35)] bewirken Winkelbeschleunigungen, welche die in den Ampullen der Bogengänge gelegenen Sinnesorgane erregen, reflektorische Gefäßerweiterung im Splanchnicusgebiete. Gilt Gleiches auch für den Menschen, dann können sich unter Umständen die mechanische Wirkung der Zentrifugalkraft und der genannte Reflexvorgang in ihrer Kreislaufwirkung summieren. Voraussetzung ist, daß die Winkelbeschleunigungen überschwellig sind. Dies ist nur bei übermäßig raschem Hereinlegen und Herausnehmen der Maschine aus Kurven, aus dem Trudeln sowie bei hartem Abfangen aus Sturzflug der Fall. An eine nennenswerte zusätzliche Kreislaufbelastung im angeführten Sinne glaube ich aber deshalb nicht, weil es sich hierbei um relativ schwache labyrinthäre Reize handelt.

Eine bedeutungsvolle Rolle, besonders bei Ausführung von Kunstflügen, spielen die CORIOLIS-Beschleunigungen, bedingt durch Kopfbewegungen während Einwirkung von konstanter oder inkonstanter Winkelgeschwindigkeit (s. S. 127). Diese Beschleunigungen wirken, wie ich am Menschen zeigen konnte (36), auf den Bogengangsapparat als besonders starke Reize. Sie lösen eine reflektorische Umsteuerung des Blutstromes zugunsten der Abdominalgefäße bzw. Blutdrucksenkung aus. Ihr an sich — für den Kreislauf wenigstens — nicht schwerwiegender Effekt wird aber dadurch verhängnisvoll, als dieser durch die gleichzeitig in Richtung Kopf → Fuß einwirkende Zentrifugalkraft schon belastet oder gar überlastet ist. Der Kreislaufeffekt der CORIOLIS-Beschleunigung ist gewissermaßen der Tropfen, der den vollen Becher zum Überfließen bringt (JONGBLOED und NOYONS). Momentaner Gesichtsfeldausfall — beginnend von der nasalen Seite her — ist das sofortige subjektive Symptom [SCHUBERT (37)]. Habituelle Kopfbewegungen, d. h. solche, wie sie mit Blickbewegungen einhergehen, genügen bei raschem Trudeln in Normallage sowie beim Abfangen aus dem Sturzfluge (hier nur dann, wenn die Winkelgeschwindigkeit sowie die Zentrifugalbeschleunigung hoher Größenordnung während längerer Zeit einwirkt, also das Manöver nicht zu rasch durchgeführt wird), um momentane Bewußtseinsstörungen herbeizuführen und den Führer handlungsunfähig zu machen. Ich warne gerade bei diesen Flugzuständen auf das nachdrücklichste vor Kopfbewegungen, da hier bei überschwelliger Winkelbeschleunigung hohe Zentrifugalbeschleunigung einwirkt (betr. sonstiger Störungen vgl. Abschnitt Sinnesphysiologie).

Erregungen im Bogengangsapparat verursachen also typische Kreislaufänderungen. Kann man vom Otolithenorgan Gleiches annehmen? Dieses Organ wird nachweisbar durch Einwirkung von Zentrifugaldruck erregt [Abschleuderungsversuche von WITTMAACK (38)]. Dabei tritt beim Menschen, und zwar bei exzentrischer Rotation (Zentrifugalbeschleunigung 2 × g in ventrodorsaler Richtung, Winkelbeschleunigung unterschwellig) Blutdrucksteigerung auf [v. DIRINGSHOFEN und BELONOSCHKIN (39)]. Hierfür jedoch die von der Norm abweichende Erregung im Otolithenorgan verantwortlich zu machen, geht nicht an. Ebensowenig liegt ein Beweis dafür vor, daß Erregungen dieses Organes durch Progressivbeschleunigungen Einfluß auf das Kreislaufsystem haben. Erregungen im Otolithenapparat werden durch eine ganze Reihe von Flugzuständen gesetzt. Ich erinnere diesbezüglich nur an den Katapultstart, Fallschirmabsprung, Durchfallen und Hochgerissenwerden durch Böen. Die hierbei auftretenden, rein mechanischen Kreislaufbelastungen spielen aber praktisch keine besondere Rolle. Denn die Kraftwirkungen, welche aus einer in sagittaler Richtung angreifenden Progressivbeschleunigung resultieren, sind qualitativ die gleichen wie die einer gleichgerichteten Zentrifugalbeschleunigung. Eine solche von 4 × g wird natürlich während längerer Zeit ertragen. Eine Progressivbeschleunigung von 4 × g würde aber nach 60 Sekunden Dauer eine Geschwindigkeit von 2400 m/sec ergeben. Beim Katapultstart wird ein Wert von 3 g erreicht, welcher jedoch während 3 Sekunden steigt und fällt. Auch der freie Fall — so lange dieser überhaupt möglich ist — beeinflußt das Kreislaufsystem insofern, als das Blut sein Gewicht verliert, der hydrostatische Druck desselben also wegfällt, wodurch — dauernde Aufrechthaltung des Körpers vorausgesetzt — eine Umsteuerung des Blutstromes zugunsten der Gefäße der oberen Körperhälfte ausgelöst wird. Daß dieselbe harmlos ist, ist ohne weiteres einzusehen.

Zusammenfassend sei über die Beziehung zwischen Labyrinth und Kreislauf folgendes bemerkt: Wenn man in Tierversuchen sowie am Menschen durch künstliche Reizung Kreislaufeffekte erzielt, so muß man vor Augen halten, daß diese mit dem normalen

Kreislaufgeschehen nichts zu tun haben. Es handelt sich dabei immer um eine unphysiologische Beanspruchung.

Dauernde Kreislaufansprüche stellen auch die Erschütterungen, welche vom Getriebe her auf den Körper übertragen werden. Die mechanische Beeinflussung des Kreislaufes durch diese aus den dauernden negativen wie positiven Beschleunigungen resultierenden Kräfte ist noch nicht geklärt. Die Angabe, daß sie eine Adrenalinausschüttung von seiten der Nebennieren verursachen können, bedarf dringend einer kritischen Nachprüfung (über sonstige Wirkungen s. unten S. 75). Sicher ist, daß starke Vibrationen den Eintritt von allgemeinen Ermüdungserscheinungen beim Fluge mit starkmotorigen Hochleistungsflugzeugen beschleunigen.

Auch Temperaturerniedrigung belastet den Kreislauf; so steigt z. B. bei Kälteeinwirkung trotz Abnahme der Pulsfrequenz das Herzminutenvolum [BARCROFT und MARSHALL (40)]. Beim Flieger, welcher besonders krassen Temperaturerniedrigungen ausgesetzt ist, sind thermoregulatorische Kreislaufreaktionen trotz ausgesucht schweren Kleidungsschutzes nicht zu vermeiden. Wenn dieselben an sich auch keine besondere Belastung darstellen, so gewinnt doch ihr Zusammenspiel mit den durch Beschleunigungen ausgelösten Kreislaufreaktionen praktische Bedeutung (vgl. Abschnitt Wärmeregulation).

e) Die Gesamtbelastung des Kreislaufes.

Die kritische Wertung der einzelnen, den Kreislauf beim Motorfluge belastenden Faktoren ließ — unter Ausschluß des Höhenfluges — die Zentrifugalbeschleunigung als den bedeutsamsten erkennen. Ansteigen der Herzfrequenz und des maximalen Blutdruckes sind die bei länger dauernder Einwirkung dieser Beschleunigung der objektiven Registrierung am leichtesten zugänglichen Effekte. Welche Rückschlüsse können aus diesen Befunden auf das Kreislaufverhalten gezogen werden? Als Ursache der Drucksteigerung kommt entweder ein erhöhtes Minutenvolum des Herzens oder ein erhöhter Widerstand (Vasokonstriktion in arteriellen Stromgebieten) oder beide Momente zusammen in Betracht. Der Anstieg des Herzminutenvolums kann sogar eine periphere Widerstandsherabsetzung überkompensieren, wie es z. B. bei körperlicher Arbeit gewissen Grades der Fall ist. Da aber das Herzminutenvolum bei Beschleunigungseinwirkung unbekannt ist, lassen sich aus Herzfrequenz und Druck allein keine sicheren Rückschlüsse auf periphere Widerstandsverhältnisse, also auf das Verhalten peripherer Stromgebiete, ziehen. Hierzu kommt noch, daß der Druckanstieg in dem hier gegebenen Falle einer erhöhten Massenbeschleunigung nicht allein durch die physiologischen, das ist kardialen und vasculären Faktoren bestimmt ist, sondern daß bei jeder indirekten Messung (z. B. auch mit der beschleunigungsempfindlichen Apparatur der Brüder v. DIRINGSHOFEN) die hydrostatische Druckerhöhung in der Arterie an und für sich schon eine Erhöhung gegenüber der Norm bedingt, eine Erhöhung, über deren Ausmaß überhaupt keine Aussage gemacht werden kann. Änderungen im Sinne einer Vasokonstriktion treten aber sicher auf. Der mit der Einwirkungsdauer der Beschleunigung wachsende Druckanstieg beweist es; er läßt auch den Schluß zu, daß er auf dem Wege über den auf mechanische Reize eingestellten Aorten- und Carotissinusreflex zustande kommt. Es müssen demnach auch vasokonstriktorische Impulse im arteriellen Stromgebiete statthaben.

Aus Herzfrequenz und Blutdruck allein lassen sich also keine direkten Schlüsse auf das besondere Verhalten des peripheren Kreislaufes ziehen. Aus hydrostatischen Verhältnissen allein Blutdruckwerte in ober- und unterhalb des Herzens gelegenen Gefäßabschnitten zu errechnen oder gar aus Blutdruckwerten allein Schlüsse auf das Kreislaufgeschehen, das ist auf die Durchblutung bestimmter Organe, zu ziehen, wie es eine Reihe von Autoren tat, ist schlechterdings unmöglich. Demnach haben all die zahlreichen Blutdruckmessungen im Flugzeug — allein betrachtet — einen sehr bescheidenen Wert.

Die Messungen wurden meist an Piloten vorgenommen, wobei Beschleunigungswirkungen möglichst vermieden wurden; auch die Flughöhe überschritt selten die 3000-m-Grenze. Es muß festgestellt werden, daß die Durchführung der Messung im Flugzeuge (meist Pachonapparat; nur v. DIRINGSHOFEN verwendete in letzter Zeit eine einwandfreie, beschleunigungs- und erschütterungsunempfindliche, mit Dauerregistrierung arbeitende Apparatur) technisch nicht ganz einwandfrei sein kann (Temperaturschwankungen, Erschütterungen). Dementsprechend bieten auch die Ergebnisse der verschiedenen Autoren [FERRY, GEMELLI, VILLEMIN, MANGINELLI, TARA, DUBUS, GRANDJEAN, ANASTASIU, BEYNE (41—49), v. DIRINGSHOFEN und BELONOSCHKIN (39)] — wenn Zentrifugalbeschleunigungen vermieden wurden — ein recht buntes Bild.

Es fand sich während des Aufstieges nicht nur Ansteigen des Maximal- und Minimaldruckes, sondern auch Abnahme desselben; aber auch Zunahme des maximalen bei Abnahme des minimalen, also Zunahme des Pulsdruckes wurde konstatiert. Wird geradeaus geflogen, so zeigen die Druckwerte die Tendenz, zur Norm zurückzukehren (besonders betont von BEYNE). Nach der Landung zeigt sich oft noch eine bis 2 Stunden anhaltende Nachwirkung. Angegeben wird auch, daß die Druckänderungen um so ausgesprochener sind, je rascher der Aufstieg durchgeführt wird. Auch das „Training" des Piloten soll eine Rolle spielen.

Als auslösende Faktoren dieser Druckänderungen kommen psychische Erregungen („Startfieber"), Temperatur- und atmosphärische Druckschwankungen in Betracht. Letztere wirken durchaus nicht gleichsinnig, wie Messungen in der Unterdruckkammer zeigen. Dabei scheint bei Ausschluß kritischer Unterdrucke nicht so sehr das Ausmaß der Herabsetzung des O_2-Druckes wirksam zu sein, sondern lediglich die Druckänderung, vor allem deren Geschwindigkeit. Kehrt doch der Blutdruck bei konstant gehaltener Höhe (nicht über 4000 m) zur Norm zurück oder zeigt eine entsprechende Tendenz. Irgendwelche Schlüsse aus den Befunden zu ziehen ist meines Erachtens unmöglich.

Wie bereits erwähnt, kommen die regulativen Umstellungen des Kreislaufes nur dann zur vollen Wirkung, wenn eine bestimmte Beschleunigung während längerer Zeit — im allgemeinen mindestens über 20 Sekunden lang (vgl. Abb. 11) — wirkt. Dies ist praktisch eigentlich nur beim Dauerkurven der Fall. Bei der Mehrzahl der anderen, mit hohen Beschleunigungen einhergehenden Flugzustände kann von einer vollen Wirkung nervös-reflektorischer Regulationen keine Rede sein. Praktisch liegen also die Verhältnisse so, daß bei Beschleunigungswirkung in Richtung Kopf → Fuß das Ausweichen des Blutes in die herzunterhalb gelegenen Gefäßgebiete nicht verhindert, die normale Durchblutung des Gehirnes also beeinträchtigt wird. Bezüglich der Frage der Belastung des Herzens bedeutet dies, daß dessen Füllung abnehmen muß, wobei die veränderten Widerstandsverhältnisse im arteriellen Stromgebiet in ihrer Rückwirkung auf dieses Organ infolge der Kürze der Zeit nicht zur vollen Entfaltung kommen können. Es fehlen also sämtliche Voraussetzungen für eine erhöhte Herzarbeit. Wohl aber wird die normale Durchblutung des Herzens in Frage gestellt, allerdings nur während weniger Sekunden. Hierin liegt meines Erachtens das

Wesen der Beschleunigungswirkungen in der Praxis. Mit vorübergehenden Arrhythmien bzw. Störungen der Erregungsleitung besonders bei zeitlich gehäuften, mit hohen Zentrifugalbeschleunigungen einhergehenden Manövern wird zu rechnen sein, wenn sie auch bis jetzt noch nicht einwandfrei nachgewiesen sind. Hingegen besteht die Gefahr einer dauernden Schädigung des Herzmuskels nicht; diese tritt nur bei chronischen Ernährungsstörungen auf, nicht bei sekundenlang anhaltenden.

Bei dem praktisch weniger häufigen Fall des Dauerkurvens mit engem Radius ist es möglich, daß die Regulation voll wirksam wird. Aber auch in diesem Falle besteht keine Beanspruchung des Herzens im Sinne einer erhöhten Förderleistung. Denn das Ziel der Regulation ist lediglich die Erhaltung der normalen Zirkulationsgröße. Nur die Druckleistung ist erhöht. Dabei darf diese jedoch nicht ohne weiteres durch den in Herzhöhe gemessenen Blutdruck charakterisiert werden, da die hydrostatische Druckerhöhung das gesamte Kreislaufsystem einschließlich des Herzens betrifft.

Hat die Zentrifugalbeschleunigung die Richtung Fuß → Kopf, so wird das Herz ebenso wie die oberhalb des Herzens gelegenen Gefäßgebiete plötzlich in abnormem Ausmaße gefüllt. Die erhöhte Förderleistung besteht aber nur während weniger Sekunden. Es ergibt sich mithin, daß praktisch sämtliche Voraussetzungen für eine vorübergehende und damit für eine bleibende Dilatation des Herzmuskels bzw. für eine Hypertrophie desselben fehlen. Es werden in praktisch seltener vorkommenden Fällen höchstens nur erhöhte Druckleistungen gefordert. Selbst dann, wenn diese mit einer Dehnung der Muskelfasern einhergehen sollten, so kann dieselbe doch nicht so ausgesprochen sein wie bei einer erhöhten Volumleistung. Auf keinen Fall aber wird das Herz bei Beschleunigungseinwirkung während längerer Zeit an der Grenze seiner Akkommodationsfähigkeit beansprucht. Mir scheinen also sämtliche Voraussetzungen für ein „Fliegerherz" — in Analogie zum Sportherzen — zu fehlen. Ein solches ist bis jetzt auch nicht mit der nötigen Sicherheit nachgewiesen worden. Es ergaben im Gegenteile Massenuntersuchungen von lange Zeit in Dienst stehenden, besonders angestrengten Heeresfliegern keine Anzeichen bestimmter pathologischer Einflüsse der Flugbetätigung auf das Kreislaufsystem [ARMSTRONG (50)].

Da an das Herz keine Anforderungen im Sinne erhöhter Förderleistung gestellt werden, gibt es auch kein „Beschleunigungstraining" dieses Organes. Es läßt sich auch die Widerstandsfähigkeit des Gefäßsystems gegen plötzlich erhöhten Innendruck nicht steigern. Erhöhte Festigkeit besonders des Venensystems könnte nur durch Ausbildung eines anderen histologischen Aufbaues der Wandungen erreicht werden, was nicht anzunehmen ist. Der physiologische Schutz gegen Zentrifugalbeschleunigungen kann nur darin bestehen, daß der rein mechanischen Beanspruchung rein mechanisch Widerstand geleistet wird durch Erhöhung des intraabdominalen Druckes. Das „Beschleunigungstraining" besteht also lediglich in einer Steigerung der Leistungsfähigkeit der Bauchmuskulatur. Demgemäß kann sich ein „Beschleunigungstest" bei Eignungsprüfung weniger auf das Kreislaufsystem beziehen, als vielmehr auf die Güte der mechanischen Regulation durch intraabdominale Drucksteigerung, welche ihre Charakteristik durch Registrierung der Blutdrucksteigerung erhalten kann. Da es eine mechanische Regulation bei in Richtung Fuß → Kopf angreifenden Zentrifugalbeschleunigungen nicht gibt, werden diese immer ihren unerträglichen Charakter bewahren.

Aus der besonderen Art der Beanspruchung des Kreislaufes beim Hochleistungsfluge geht hervor, daß diesem nur jugendliche Individuen gewachsen sind. In der flugphysiologischen Literatur findet sich allgemein der Standpunkt vertreten, daß kleine Personen als Flieger Zentrifugalbeschleunigungen besser ertragen können als große, weil „bei ihnen die hydrostatischen Druckunterschiede (zwischen Herz und Scheitelhöhe) geringer ausfallen". Diese Ansicht beruht auf falschen Vorstellungen. Wie oben S. 21 auseinandergesetzt, ist der primäre Effekt dieser Beschleunigung eine durch die Nachgiebigkeit bestimmter Gefäßregionen verursachte Änderung der Blutverteilung, welche sekundär Änderungen des Blutdruckes nach sich zieht. Diesen selbst kommt keine regulatorische Bedeutung zu. Die individuell verschiedene Resistenz der Gefäße gegen plötzliche Erhöhung des Innendruckes sowie die Güte nervöser und mechanischer Regulationen hat aber absolut nichts mit der Körpergröße zu tun.

Nach der allgemeinen Flugausbildung wird das spezielle Training einzusetzen haben für die, welche sich dem Hochleistungsfluge widmen wollen. Dieses besteht darin, daß man die auch sonst geeigneten Führer allmählich auf schnellere und leistungsfähigere

Flugzeugtypen umschult. Dabei wird der Betreffende nicht nur seine Atmung regulieren, sondern auch die Spannung seiner Bauchdecken entsprechend beherrschen lernen und damit imstande sein, leistungsfähigere Flugzeugtypen wirklich „auszufliegen", d. h. mehr aus ihnen herauszuholen als ein Untrainierter. Nur die Flugpraxis wird auch für die selteneren Fälle der Einwirkung lang anhaltender Beschleunigung ein entsprechendes Einspielen der der nervösen Regulation zugrunde liegenden Reflexe wie eine Erniedrigung ihrer Reizschwelle bringen. Durch das schrittweise Umschulen auf schnellere Typen wird der Pilot auch die Faktoren, welche den Hochleistungsflug in physiologischer Hinsicht gefährlich machen, kennen und die Grenzen seiner Leistungsfähigkeit abschätzen lernen. Daß der persönliche Ehrgeiz der jungen Leute im Zaume zu halten ist, ist ebenfalls wichtig. Diesbezüglich kann aber nur der Arzt einen Einfluß nehmen, der in ständigem Verkehr mit seinen ihm anvertrauten Piloten diese in physischer und psychischer Hinsicht zu überwachen hat. Diese Überwachung möge sich aber nicht auf die obligate, nach einem Schema durchgeführte klinische Untersuchung beschränken. Der Arzt soll den Piloten auch Freund sein, dem sie seelisch nähertreten und dem auch die Kenntnis der allgemeinen Lebensführung nicht vorenthalten wird.

f) Atmung und Kreislauf bei Fallschirmabsprung.

Anschließend mögen noch kurz die Atmungs- und Kreislaufverhältnisse bei Fallschirmabsprung gewürdigt werden. Der vom Flugzeugführer jetzt bevorzugte Typ ist der Rückenfallschirm, weil derselbe gegenüber dem als Sitzkissen ausgebildeten unter anderem den Vorteil hat, daß man leichter dem Flugzeug entsteigt. Die Öffnung des Schirmes erfolgt durch Ziehen der Reißleine; dieses hat den Vorteil, bei schnellen Maschinen abwarten zu können, bis die beim Absprung hohe Eigengeschwindigkeit geringer geworden ist. Die Gurten sind derart angelegt, daß der bei Abbremsen der Endgeschwindigkeit durch die Schirmöffnung bewirkte Stoß (bei einer Endgeschwindigkeit von 50 bis 60 m/sec ungefähr 3 bis 4 $\times g$) besonders vom Gesäß bzw. vom Knochengerüst des Beckens abgefangen wird. Die Elastizität der Gurte und Tragseile bewirkt eine Abschwächung desselben. Die physiologisch interessierende Frage ist: Kann der Pilot nach beliebig langer Strecke freien Falles die Leine ziehen oder gibt es diesbezüglich eine Grenze? Eine solche besteht nicht. Denn die Endgeschwindigkeit des frei fallenden

Körpers beträgt 50 bis 60 m/sec, welche schon nach 200—300 m Fallhöhe erreicht wird[1]. Es kann also weder der Staudruck der Luft die Atmung unmöglich machen (es besteht nur eine starke Behinderung, insbesondere der Inspiration) noch besteht eine nennenswerte Kreislaufbelastung. Der Anstieg des Luftdruckes ist ebenfalls ohne besondere Wirkung. Treten doch bei Sturz aus 7000 m Höhe binnen 10 Sekunden keine besonderen Erscheinungen auf (eigene Beobachtungen in der Unterdruckkammer), unbehinderter Druckausgleich zwischen der Stirn- und Paukenhöhle einerseits und Außenluft andererseits vorausgesetzt. Bei Verschluß dieser Räume können allerdings derartige Schmerzen auftreten, daß selbst willensstarke Menschen zu einer überlegten Handlung unfähig werden. Neben dem freien Fall kommen noch Zusatzbeschleunigungen, durch die verschiedensten Drehungen des frei fallenden Körpers oder durch Luftströmungen bei entfaltetem Schirme bedingt, in Frage. Doch kann der Effekt derselben kein verhängnisvoller sein, da das Kreislaufsystem in sonstiger Hinsicht nicht belastet ist. Dementsprechend konnten auch Verzögerungsabsprünge durchgeführt werden, bei denen erst nach 1000 m, ja 1600 m freien Falles die Reißleine gezogen wurde. Allerdings ist nicht zu vergessen, daß es sich bei diesen Experimenten um Individuen mit entsprechender psychischer Einstellung handelte. Die Endgeschwindigkeit bei geöffnetem Schirm beträgt 5 m/sec. Sie entspricht also einem Sprung aus ungefähr 1,5 m Höhe und ist harmlos, wenn nicht Bodenwind andere Verhältnisse schafft. Wenn auch dem heute geübten Fallschirmabsprung keine physiologische Grenze gesetzt ist, so besteht doch eine solche in anderer Hinsicht. Sie ist gegeben in der Geschwindigkeit und Lage des Flugzeuges, das verlassen werden muß. Ich persönlich halte ein freies Abkommen von der Maschine (das ist Entsteigen, nicht Verlassen durch Bodenluke) bei einer Geschwindigkeit von 300 km/h infolge übermäßigen Winddruckes, welcher jede körperliche Betätigung ausschließt, für ausgeschlossen. Derartige Geschwindigkeiten können die heutigen Hochleistungsflugzeuge auch dann haben, wenn aus irgendeinem Grunde der Absturz sicher ist.

Literatur zum Abschnitt II.

1) DIRINGSHOFEN, H. v. u. B. BELONOSCHKIN: Klin. Wschr. 1932 II, 1465.
2) AGGAZZOTTI, A. e G. GALEOTTI: Giorn. Med. mil. 57, 1, 107 (1919).

[1] Die technischen Daten sind aus: Flugwesen (herausgeg. vom Verband deutscher Flieger in der Č.S.R., 13. J., H. 3/4, 1933) entnommen.

3) BABCROFT, J. and E. K. MARSHALL: J. of Physiol. **58**, 145 (1923).
4) LOEWY, A.: Physiologie des Höhenklimas, Kap. III. Berlin: Julius Springer 1932.
5) ATZLER, E. u. HERBST: Z. exper. Med. **38**, 137 (1923).
6) TURNER, A. H.: Amer. J. Physiol. **80**, 601 (1927).
7) MOSSO, A.: Arch. ital. de Biol. **5**, H. 1 (1884).
8) REIN, H.: Klin. Wschr. **1933 I**, 1.
9) RECKLINGHAUSEN, V.: Arch. f. exper. Path. **55**, 375 (1906).
10) ATZLER, E. u. G. LEHMANN: Handbuch der normalen und pathologischen Physiologie, Bd. 7 (2), S. 992f. 1927.
11) WACHHOLDER, K.: Pflügers Arch. **190**, 222 (1921).
11a) HOYER, H.: Arch. mikrosk. Anat. **13**, 603 (1877).
12) Literatur siehe H. E. HERING: Karotissinusreflexe auf Herz und Gefäße. Dresden u. Leipzig: Theodor Steinkopff 1927. — HEYMANS, C.: Le sinus carotidien et les autres zones vasosensibles réflexogènes. London: Lewis u. Co. 1929.
13) REIN, H.: Erg. Physiol. **32**, 28 (1931).
14) HESS, W. R : Die Regulierung des Blutkreislaufes. Leipzig: Georg Thieme 1930.
15) FLEISCH, A.: Pflügers Arch. **228**, 399 (1931).
16) JONGBLOED, J. u. A. NOYONS: Pflügers Arch. **233**, 67 (1933).
17) HERING, H. E.: Münch. med. Wschr. **1927 II**.
18) MARK, R. E.: Z. exper. Med. **83**, 580 (1932).
19) DIRINGSHOFEN, H. u. B. v.: Acta aerophysiol. **1**, 48 (1933).
20) WILLIAMS, A.: Luftwacht **1929**, H. 3, 4, 6.
21) DIRINGSHOFEN, H. v.: Z. Biol. **95**, 1 (1934).
22) ORLEBAR: Diskussionsbem. zu G. S. MARSHALL. J. roy. aeron. Soc. **36**, 402 (1933).
23) STAINFORTH: J. roy. aeron. Soc. **36**, 402 (1933).
24) DIRINGSHOFEN, H. v.: 47. Kongr. dtsch. Ges. inn. Med. Wiesbaden 1935.
25) PORGES u. ADLERSBERG: Diskussionsbem. Verh. dtsch. Kongr. inn. Med. **1933**, 178.
26) FLAMME, M.: Arch. Méd. mil. **95**, 263 (1931).
27) THOMAS et ROUX: C. r. Soc. Biol. Paris **1914**, 857.
28) CLAUDE, TINET et SANTENOISE: C. r. Soc. Biol. Paris **1922**, 1114, 1347.
29) GARSAUX, P.: Exper. Serv. Tech. Soc. Milit. Aeronaut. office of Minist. of War. Paris 1918.
30) SCHEUBEL, F. N.: Abh. Aerodynam. Inst. Techn. Hochsch. Aachen **1931**, H. 10, 37.
31) MARSHALL, G. S.: J. roy. aeron. Soc. **36**, 389 (1933).
32) GOLDMANN, H. u. G. SCHUBERT: Acta aerophysiol. **1**, 78 (1933).
33) TSCHERMAK, A.: Acta aerophysiol. **1**, 65 (1934).
34) GILLERT, E.: Luftfahrtforsch. **10**, 87 (1933).
35) SPIEGEL, E. A. u. TH. D. DÉMÉTRIADES: Pflügers Arch. **196**, 185 (1922); **205**, 328 (1924).
36) SCHUBERT, G.: Pflügers Arch. **233**, 537 (1933).
37) SCHUBERT, G.: Z. Hals- usw. Heilk. **30**, 595 (1934).
38) WITTMAACK, K. H.: Verh. dtsch. otol. Ges. **18**, 150 (1909).
39) DIRINGSHOFEN, H. v. u. B. BELONOSCHKIN: Z. Biol. **93**, 79 (1932).

40) BARCROFT, J. and E. K. MARSHALL: J. of Physiol. 58, 145 (1923).
41) FERRY: Thèse de Nancy 1917.
42) GEMELLI, A.: Giorn. Med. mil. 1919, H. 1.
43) VILLEMIN, F.: C. r. Soc. Biol. Paris 71, 699, 703 (1919).
44) MANGINELLI, L.: Ric. biol. eseguite negli uff. fisiol. it. dell'aviazione milit. Roma 1919.
45) TARA, S.: C. r. Soc. Biol. Paris 71, 706 (1919).
46) DUBUS, A.: C. r. Soc. Biol. Paris 71, 1055 (1919).
47) GRANDJEAN, E.: Ugeskr. Laeg. (dän.) 82, Nr 35, 1120 (1920).
48) ANASTASIU, V.: 4. Congr. intern. di navig. aerea. Vol. 4, Sez. med., p. 415. Roma 1927.
49) BEYNE, M.: Arch. Méd. mil. 95 (3), 230 (1931) (mit Literatur).
50) ARMSTRONG, H. G.: J. of Aviation Med. 5, 108 (1934).

III. Wasser- und Wärmeansprüche, Stoffwechselfragen.

a) Wärme- und Wasserhaushalt.

Bevor an die Analyse der physiologischen Wirkungen der Temperaturerniedrigung, die beim Motorfluge und Ballonfluge oft extreme Werte erreicht, geschritten werden kann, ist es notwendig, die physikalischen Faktoren festzulegen. Es ist das Verdienst DORNOs (1), in die verwickelten Verhältnisse Klarheit gebracht zu haben. Dies wäre nicht möglich gewesen, wenn es nicht gelungen wäre, die gesamten bioklimatischen Wärmefaktoren im absoluten Maße zu erfassen. Dies erfolgte durch Einführung des Begriffes „Abkühlungsgröße". Diese umfaßt außer dem Einfluß von Temperatur, Feuchtigkeit, Wind und Niederschläge auch den Einfluß der Sonnen-Himmelstrahlung, sowie der von der Erde usw. reflektierten Strahlung. Gemessen wird diese Größe durch die Wärmezufuhr, die notwendig ist, um den Wärmeverlust einer elektrisch auf 36,5° C geheizten, geschwärzten Kupferkugel zu kompensieren [Frigorimeter nach DORNO (2) und THILENIUS, das mit Dauerregistrierung arbeitet]. Die dadurch in Calorienmaß und Gewichtsmaß pro Flächen- und Zeiteinheit gewonnenen Größen werden durch Umrechnung nach dem NEWTONschen Gesetz auf die Temperatur der Haut bezogen und so die tatsächliche angreifende Abkühlungsgröße, der sog. Wärmeanspruch derselben, festgelegt. Da aber nicht nur die Temperatur der Haut, sondern auch deren Feuchtigkeit wechselt, faßt DORNO Temperatur und Feuchtigkeit in der sog. „Äquivalenttemperatur" zusammen. Allerdings mußte vorläufig die wichtigste Größe, die Hauttemperatur unter der Schutzkleidung des Fliegers, da Messungen fehlen, ebenfalls in Annäherung errechnet werden; dies erfolgt unter Berücksichtigung des Wärmeisolierungsvermögens der Schutzkleidung (Pelz + Nappaleder) und unter Anwendung der VINCENTschen Formel, welche die Abhängigkeit der Hauttemperatur von Lufttemperatur und Windgeschwindigkeit ausdrückt. Unter Verwertung vorliegender meteorologischer Daten errechnete DORNO den Wärmeanspruch an die Haut des Piloten unter der Schutzkleidung im offenen Flugzeuge, und zwar für Tourenflüge in 500 m Höhe auf der Strecke Berlin—Danzig. Seine tabellarische Zusammenstellung sei nachstehend wiedergegeben. Es ergibt sich, daß trotz ausgesucht schwerer Schutzkleidung (Pelz + Nappaleder) die Mehrzahl

Tabelle 2. Wärmeanspruch an die Oberhaut des Tourenfliegers im offenen Flugzeug unter Schutzkleidung. Millical/cm² sec.

Monat	Richtung Berlin— Danzig	Richtung Danzig— Berlin	Monat	Richtung Berlin— Danzig	Richtung Danzig— Berlin
1931					
Januar...	12,2	14,1	Juli...	12,7	14,0
Februar..	12,9	13,5	August..	12,8	13,9
März....	12,8	13,7	September.	12,7	13,9
April....	12,8	13,7	Oktober..	12,6	14,0
Mai	13,3	13,5	November.	13,0	13,6
Juni	12,8	13,9	Dezember.	12,3	14,1
			Mittel...	12,7	13,8

der Werte die höchsten, für das winterliche Hochgebirge geltenden übertrifft. Der Unterschied zwischen Winter- und Sommermonaten ist gering, größer der zwischen Hin- und Rückflug (unter Berücksichtigung der Windstärke ergibt sich die Geschwindigkeit der den Piloten treffenden Luftströmungen auf dem Hinfluge mit 30 bis 50 m/sec, auf dem Rückfluge hingegen mit mehr als 50 m/sec). Beides sind die Folgen des in den betrachteten Temperaturgrenzen den Temperatureinfluß weit überragenden Windeinflusses.

Den Wärmeentzug durch die Respirationsluft berechnet DORNO aus der Differenz des Wärmeinhaltes der ein- und ausgeatmeten Luft bezogen auf ein Minutenvolum von 6 L und unter der Annahme einer Temperatur der Ausatmungsluft von 34,8⁰ C bei 15,5% Sättigung mit Wasserdampf; der Wasserentzug durch den Respirationstractus ist durch das physiologische Sättigungsdefizit gegeben (s. unten S. 51); wiederum ist ruhige Atmung, d. h. ein Minutenvolum von 6 L, vorausgesetzt. Die Rechnungsergebnisse seien ebenfalls angeführt (Tabelle 3); sie beziehen sich auf die gleichen Flugverhältnisse, wie sie oben angeführt wurden.

Tabelle 3. **Wärmeverlust (gcal/min) und Wasserverlust (g/min) des Tourenfliegers durch ruhige Atmung.**

Monat	Wärme-verlust	Wasser-verlust	Monat	Wärme-verlust	Wasser-verlust
1931					
Januar . . .	238	0,216	Juli . . .	166	0,178
Februar . .	245	0,219	August . .	171	0,180
März. . . .	245	0,220	September .	194	0,194
April	226	0,213	Oktober . .	207	0,201
Mai	174	0,185	November .	219	0,211
Juni	177	0,184	Dezember .	234	0,214
			Mittel . . .	208	0,201

Natürlich stellen diese Daten nur grobe Annäherungswerte dar und nur aus Orientierungsgründen seien die Tabellen wiedergegeben. Wesentlich ist, daß in niederen Flughöhen der Einfluß der Luftströmung den der Temperatur überwiegt. Daran dürfte meines Erachtens auch die Tatsache nichts ändern, daß DORNOs Berechnungen zu hohe Werte ergeben, da er die volle Geschwindigkeit der Luftströmung in Rechnung stellte. Dieser ist aber der Pilot auf keinen Fall, auch nicht bei offenem Führersitz, ausgesetzt.

Andere Verhältnisse liegen beim Höhenfluge vor. In einer Flughöhe von 5000 m ist der Wärmeanspruch an die Haut gleich oder sogar etwas geringer als beim Tourenflieger, weil die Windgeschwindigkeit und die Masse der kühlenden Luft abnimmt. Diese beiden Momente wiegen nach den Rechnungen DORNOs den Einfluß der niederen Außentemperatur auf. Hingegen steigt der Wärme- und auch Wasserentzug durch den Respirationstractus (s. unten S. 52).

In Abb. 12 sind die für die verschiedenen Höhenlagen geltenden Beziehungen zwischen Luftdruck und Höhe, die durchschnittliche Abnahme der Temperatur für Sommer und Winter, sowie der absolute Feuchtigkeitsgehalt der Luft graphisch dargestellt. Es handelt sich hierbei um Werte, wie sie auf Grund von Registrierballonaufstiegen der meteorologischen Stationen München und Lindenberg ermittelt wurden. Die Begriffe der absoluten Feuchtigkeit (die in 1 cbm Luft enthaltene Wassermenge in Gramm) sowie die relative Feuchtigkeit oder der Sättigungsgrad (Verhältnis des tatsächlich vorhandenen Wassergehaltes zu demjenigen, bei welchem die Luft mit Wasser gesättigt wäre) befriedigen in physiologischer Hinsicht deswegen nicht, da die in großen Höhen herrschende Trockenheit wegen der niederen Bezugstemperatur nicht zum Ausdrucke kommt [MÖRIKOFER (3)]. Es wurde daher der Begriff der physiologischen Feuchtigkeit eingeführt, indem die vorhandene Feuchtigkeit zum Feuchtigkeitsgehalt in Beziehung gesetzt wird, welcher bei der in der

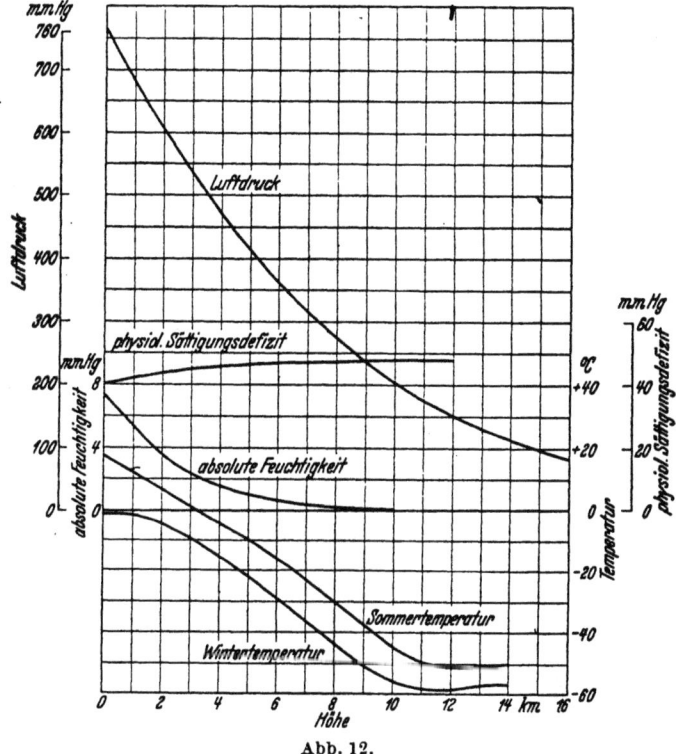

Abb. 12.

Lunge herrschenden Temperatur von 37⁰ C möglich wäre. Als Maß für die Feuchtigkeit bzw. Trockenheit wird auch das Sättigungsdefizit verwendet, das ist die Differenz zwischen dem herrschenden Wasserdampfdruck und dem der Lufttemperatur entsprechenden Sättigungsdruck. Da für Orte verschiedener Temperatur die Werte unvergleichbar werden, bezieht man auch diesfalls das Sättigungsdefizit nicht auf den Sättigungsdruck der Außentemperatur, sondern auf den der Lungentemperatur. Die auf diese Weise gefundenen Werte für das physiologische Sättigungsdefizit sind somit gleich der Differenz zwischen Sättigungsdruck bei 37° C (= 47,1 mm Hg) und dem Wasserdampfdruck in der freien Luft; sie geben gleichzeitig an, wieviel Milligramm Wasser die Lunge beim Ausatmen eines Liters Luft an diese abgibt (nach MÖRIKOFER). In Abb. 12 findet sich das auf Grund der empirisch gefundenen absoluten Feuchtigkeit errechnete physiologische Sättigungsdefizit dargestellt; es zeigt nur eine leichte Zunahme; ab 5000 m Höhe ist die Luft als praktisch trocken anzusehen. Durch das Atmen der trockenen und kalten Höhenluft wird beim Höhenfluge gegenüber dem Tourenfluge die Wasser- und Wärmeabgabe von seiten der Atemwege beträchtlich gesteigert, auch wenn man die Zunahme des Atemvolumens nicht in Rechnung stellt. Ob die Verschiebung der Wärmeabgabe nach der Lunge zu einer Abkühlung des Lungenblutes führt, möchte ich dahingestellt sein lassen. Erwähnt sei noch, daß die Verdunstungsgeschwindigkeit des Wassers proportional zum abnehmenden Luftdruck zunimmt. Hierdurch wird der Ort des hauptsächlichen Feuchtigkeitsentzuges immer mehr in Richtung der Lufteintrittsstellen, also in Richtung zu Mund, Nase verschoben [v. DIRINGSHOFEN (4)]. Es werden also die oberen Luftwege mit zunehmender Höhe immer mehr austrocknen und abkühlen, was zu Schluckbeschwerden, aber auch zu unregelmäßiger Atmung führt.

b) Wärmeregulation.

Ist schon wenig Sicheres über die tatsächliche Größenordnung der bei den verschiedenen Flügen angreifenden wärme- und wasserentziehenden Kräfte bekannt, so noch weniger über das Verhalten der Körpertemperatur.

Im Höhenklima angestellte Untersuchungen können zum Vergleich nicht herangezogen werden. Beobachtungen an Tieren in der Unterdruckkammer ergaben, daß bei sehr starken Luftverdünnungen die Körpertemperatur auf abnorm niedrige Werte sinken kann [PAUL BERT (5)], und zwar unabhängig von der Außentemperatur. Da unter O_2-Zusatzatmung bei gleich niedrigem Druck diese Senkungen vermißt wurden [BEHAGUE, GARSAUX, RICHET (6)], sind sie wohl als Ausdruck einer Einschränkung der Oxydationsprozesse anzusehen. Am Menschen nimmt bei Luftverdünnung in der pneumatischen Kammer nach MARGARIA und TALENTI (7) die Temperatur der Ausatmungsluft zu, und zwar im allgemeinen parallel mit der Druckerniedrigung. Da sich hierbei die Körpertemperatur nicht ändert (nur beim Ausschleusen finden sich Erhöhungen angedeutet), beziehen die Verfasser diese Steigerung auf eine vermehrte Durchblutung der Lunge. Andererseits findet GILLERT (8) bei Druckherabsetzung entsprechend 3000—4000 m einen Anstieg der Körpertemperatur (s. S. 59).

Daß wärmeregulatorische Mechanismen in Aktion treten müssen, ergibt die Flugpraxis, bei welcher Temperaturdifferenzen von oft mehr als 50° C in kurzer Zeit ertragen werden müssen. Natürlich ist die Regulation in erster Linie eine künstliche durch eine entsprechende Schutzkleidung. Diese hat sich rein empirisch entwickelt. Die Kombination: Pelz-Leder steht seit langen Jahren immer noch in Verwendung. Leder erweist sich als genügend luftdicht, dabei aber wasserdampfdurchlässig. Für ausgesprochene Höhenflüge besitzt die Schutzkleidung elektrische Heizung. Um einen relativ luftdichten, dabei bewegungslockeren Abschluß der Halsgegend zu erzielen, ist ein Wollschal oder eine Fliegerhaube mit breitem Ansatzkragen sehr zweckmäßig. Hände und Füße sind natürlich besonders gut zu schützen (Pelzfingerhandschuhe, darüber leicht abstreifbare Lederfausthandschuhe; Pelz-Lederstiefel mit hohen Pelz-Filzschäften). Daß diese alteingebürgerte Schutzkleidung höchst zweckmäßig ist, bestätigen Untersuchungen von v. DIRINGSHOFEN (9), welcher das Wärmeisolationsvermögen verschiedener Kleiderzusammenstellungen mittels Frigorimetrie bei verschiedener Windgeschwindigkeit, lockerem und festem Sitz sowie nach Anfeuchten der innersten Bekleidungsschicht einer wasserdampfdurchlässigen sowie undurchlässigen Kleidung bestimmte. Als wesentliches Resultat ergab sich: Nicht der dickste und dichteste Stoff, sondern die im Porenvolumen und zwischen den einzelnen Bekleidungsschichten ruhend eingeschlossene Luft bildet den eigentlichen Wärmeisolator. Die Kleidung muß daher locker sitzen; an den Druck und Luftwirbeln ausgesetzten Stellen muß sie versteift werden (als Polsterung wird steppdeckenartig eingenähtes Korkmehl vorgeschlagen). Rock, Hose und Unterkleidung soll aus lockerem Gewebe bestehen, auf der Haut sind Netzhemden und Netzhosen zu tragen, darüber ein Hemd aus Seide, welches die Aufgabe hat, die in der Netzkleidung befindliche Luft möglichst unbewegt zu halten. Die Kleidung soll in allen Schichten wasserdampfdurchlässig sein. Wird nämlich die Schweißverdunstung verhindert, dann tritt eine Steigerung der Wärmeleitfähigkeit der feuchtbleibenden Kleidungsstücke ein. Der dadurch bedingte

Wärmeverlust ist auf die Dauer weit größer als der durch Verdunstung des Schweißes bedingte. Schweißsekretion ist ja beim Fluge selbst nicht zu erwarten. Es ist darauf zu achten, daß eine solche bei Fertigmachen zum Start nicht auftritt.

Daß auch die physiologischen Regulationen weitgehend herangezogen werden müssen, ist aus der Tatsache zu erschließen, daß trotz ausgesucht schweren Kleidungsschutzes in ungedeckten Führersitzen Wärmeentzug besteht. Ein derartiger Flug in großen Höhen geht immer mit ausgesprochenen Kälteempfindungen einher. Die physiologische Wärmeregulation läßt sich bekanntlich in eine physikalische und eine chemische trennen. Bezüglich jener erscheint mir die verminderte Hautdurchblutung im Hinblick auf andere an den Kreislauf gestellte Anforderungen besonders bemerkenswert. Die Folge der verminderten Durchblutung der Haut ist eine veränderte Blutverteilung. Der Antagonismus, der zwischen den Gefäßen der Peripherie, besonders der Haut, und denen im Splanchnicusgebiet besteht, ist ja als STRICKER-DASTRE-MORAT-Gesetz bekannt und auch für den Menschen gültig. Da die Hautgefäße, insbesondere der subpapillare Plexus, auch ein Blutdepot [WOLLHEIM (10)] darstellt, nimmt bei Vasokonstriktion dieser Gefäße die zirkulierende Blutmenge zu. Die mit der Thermostromuhr vorgenommenen Untersuchungen REINs (11) haben einen genaueren Einblick in das Wesen der wärmeregulatorischen Blutverschiebungen gebracht. Bei Abkühlung werden nicht nur die abdominalen Venengebiete, sondern auch die Carotiden, die Niere, bei höheren Kältegraden auch die Gefäße der Muskulatur stärker durchblutet. Diese Blutverschiebung drückt sich auch im Minutenvolum des Herzens aus. So konnten BARCROFT und MARSHALL (12) zeigen, daß dasselbe nicht nur bei Wärme-, sondern auch bei Kälteeinwirkung — obgleich hier die Schlagfrequenz sinkt — steigt. Daraus geht hervor, daß das Schlagvolum ganz beträchtlich zunehmen muß, so daß es die Wirkung der Bradykardie überkompensiert. Diese Verhältnisse liegen dann vor, wenn an den Kreislauf keine sonstigen Ansprüche gestellt werden. Wie steht es aber, wenn derselbe gleichzeitig durch Beschleunigungswirkung belastet ist? Offensichtlich begegnen sich hier zwei verschiedene Arten der Regulation: Wärmeregulation und sog. Druckregulation. Die praktisch wichtige Frage lautet: Laufen die bei Einwirkung von Beschleunigung so wichtigen, via Aorten- und Carotissinusnerven ausgelösten Regulationen bei gleichzeitiger Thermoregulation in gleicher Weise ab oder nicht? Diese Frage läßt sich ohne entsprechende Versuche nicht exakt beantworten. Ich möchte aber auf die tierexperimentellen Befunde REINs hinweisen, welche die Wichtigkeit der aufgeworfenen Frage beleuchten. Wie oben S. 25 auseinandergesetzt wurde, betreffen die über den Carotissinus ausgelösten Kreislaufeffekte nicht allein das Splanchnicusgebiet, sondern auch die Gefäße der Muskulatur, wie es der genannte Autor am Verhalten der Durchblutungsgröße der Art. femoralis des Hundes zeigen konnte. Bei Druckentlastung im Carotissinus zeigt sich eine Vasokonstriktion der V. mesenterica superior sowie der Art. femoralis. Wird das Versuchstier aber Temperaturen ausgesetzt, bei welchen es zu frieren beginnt, dann tritt an Stelle der Konstriktion druckpassive Mehrdurchblutung der genannten Gefäße. Zwischenstadien zwischen diesen Befunden zeigen sich bei geringgradigen Abkühlungen. Es tritt also, wie REIN betont, eine wirklich ausgesprochene Konstriktion nur bei solchen Gefäßen ein, die durch reflektorische Temperaturumstellungen nicht dilatiert sind. Es können also die vasomotorischen Reaktionen, die sich über den Carotissinus auslösen lassen, in ganz verschiedener Weise ablaufen, je nach dem Grundzustand, in welchem sich die einzelnen Gefäßgebiete befinden. Dieser Grundzustand wird durch die Umgebungstemperatur weitgehend bestimmt. Ausgelöst werden die thermogenen Gefäßreaktionen von den Thermozeptoren der Haut her, nicht etwa durch Änderung der Bluttemperatur. Gegen eine Beteiligung dieser spricht die überaus kurze Latenzzeit der Reaktionen. Die größte Dichte der Kältepunkte findet sich nach REIN im Gebiet des Trigeminus; innerhalb desselben besonders dicht im Innervationsfeld des N. ethmoidalis anterior, also in der Haut der Nasenflügel. Auch beim Hunde ist dieses Gebiet sehr thermosensibel: Abkühlung erzeugt eine sofortige Mehrdurchblutung der Carotis communis. Der Reflexbogen der Gefäßreaktionen verläuft dabei sehr weit zentralwärts, etwa über den Thalamus [GESSLER (13), REIN].

Andere physiologische Reaktionen bei Kälteeinwirkung wie Verlangsamung der Schlagfrequenz des Herzens, der Atmung usw. treten in praktisch fliegerischer Hinsicht gegenüber den angeführten an Bedeutung zurück. Was die chemische Regulation anlangt, so ist eine erhöhte Wärmebildung während des Fluges noch nicht nachgewiesen. Doch ist eine solche mit Sicherheit zu erwarten. Vermag doch schon die jahreszeitliche Schwankung der Temperatur den Grundumsatz zu beeinflussen; derselbe ist im Winter am höchsten, im Sommer am tiefsten. Die wechselnden Werte sind als Ausdruck der chemischen Regulation anzusehen [GESSLER (14)]. Ebenso zeigt der Mensch bei Abkühlung eine Erhöhung des O_2-Verbrauches, der nicht nur durch Muskeltätigkeit bedingt ist [FRANK und GESSLER (15)]; demnach ist auch beim Fluge, der mit hohen Wärmeansprüchen einhergeht, mit einer wärmeregulatorischen Erhöhung des Stoffwechsels zu rechnen. Die Berechnungen DORNOs führen zum gleichen Schlusse.

Rückblickend sei betont, daß die wärmeregulatorischen Organfunktionen vom Standpunkt der praktischen Fliegerei nur dann in ihrer Bedeutung voll gewürdigt werden können, wenn man gleichzeitig die an diese Organe gestellten anderweitigen Ansprüche mit berücksichtigt. Kälteschutz bedeutet für den Flieger Entlastung. Da bei Flügen in niederen Höhen die Luftströmung den Hauptfaktor des Wärmeentzuges darstellt, ist ein aerodynamisch eingedeckter Führersitz der Hauptschutz. Ist bei Flugzeugen, die besonderen Zwecken dienen, offener Sitz nicht zu umgehen, dann ist neben entsprechender Schutzkleidung Ökonomie der wärmeregulatorischen Organe erforderlich; diese Ökonomie kann nur durch eine Abhärtung erreicht werden.

c) Allgemeine Stoffwechselfragen.

Das Verhalten des Stoffwechsels, sowohl des gesamten wie des intermediären, ist in der Flugpraxis von geringerem Interesse, weil die Energieausgaben zeitlich beschränkt und ihr Ausmaß in Anbetracht der relativen geringen Arbeitsleistung nicht beträchtlich ist. Muskelarbeit spielt beim Flieger ja eine untergeordnete Rolle; nur lang dauernde Flüge in schwerem Wetter gehen mit gesteigerter Muskeltätigkeit einher. Aber auch in diesem Falle sucht man den Führer durch die Einführung der automatischen Steuerung zu entlasten. Bei Flügen in großen Höhen mit ihren ruhigen Luftschichten spielt die auf Steuerbetätigung verwendete Muskelarbeit praktisch keine Rolle. Demgemäß ist der dadurch gegebene Leistungszuwachs recht bescheiden, so daß die Steigerung des Grundumsatzes im wesentlichen durch Temperaturansprüche und durch den Höhenaufenthalt an sich bestimmt wird. Da über erstere bereits im vorhergehenden Abschnitte gehandelt wurde, ist nur der Einfluß der Höhe auf den Gesamtstoffwechsel kurz zu erörtern. Von den Höhenfaktoren kommt wieder — da veränderte Strahlungsverhältnisse für den Flieger (nicht Ballonfahrer) bedeutungslos

Allgemeine Stoffwechselfragen. 57

sind — nur der O_2-Mangel als Stoffwechselfaktor in Betracht. Die schon in geringen Flughöhen einsetzende Ventilationssteigerung sowie die Steigerung der Herztätigkeit beeinflussen den Gesamtstoffwechsel sehr wenig. Ist doch der Anteil der vermehrten Anforderungen, welche bei Muskelarbeit an Atmung und Herz gestellt werden, erst bei einer Steigerung des Energiebedarfes von mehr als 200% des Grundumsatzes praktisch in Rechnung zu stellen, bei einer Steigerung also, die bei normalem Flugbetriebe selten vorkommen wird. Beeinflußt der O_2-Mangel den Gesamtstoffwechsel? HASSELBALCH und LINDHARD (16), welche sich 14 Tage bei 455 mm Hg (4000 m) in der Unterdruckkammer aufhielten, fanden keinen Anstieg des Grundumsatzes. Kurzfristige Versuche verursachten selbst dann keinen solchen, wenn bereits deutliche Symptome der Höhenkrankheit auftraten. Im Hochgebirge scheinen die Verhältnisse anders zu sein [s. bei LOEWY (17)]. Vielleicht sind die Bedingungen im Unterdrucke so, daß der infolge erhöhter Tätigkeit einzelner Organe erhöhte O_2-Verbrauch durch die verminderte Tätigkeit anderer ausgeglichen wird.

Da der Energiebedarf des Fliegers kein in irgendwelcher Hinsicht besonderer ist, kommt auch ein wesentlich erhöhter Nahrungsbedarf nicht in Frage. Im Gegenteil: Erhöhte Nahrungszufuhr ist vor Antritt eines jeden Fluges unbedingt zu vermeiden, da ja — von Kreislaufansprüchen abgesehen — der Füllung der Eingeweide insofern eine besondere Bedeutung zukommt, als die hydrostatischen Druckverhältnisse im Abdomen und deren willkürliche Beeinflussung die wesentlichste Rolle bei Kreislaufregulationen gegen Beschleunigungswirkung spielen (s. oben S. 31). Bei Aufstiegen in größere Höhen fördert zudem erhöhte Darmfüllung nicht nur Bildung von Gasen, sondern erschwert das Entweichen derselben. Daß hingegen nicht im Hungerzustande geflogen werden soll, ist selbstverständlich. Milchzufuhr bzw. Milchdiät vor Antritt langer und anstrengender Flüge ist wohl die geeignetste Nahrung. Für Regelung des Stuhles ist ebenfalls Sorge zu tragen. Zu starker Entwicklung von Darmgasen führende Nahrungsmittel, wie Kohl, Hülsenfrüchte usw., sind ebenso unangebracht wie Alkohol und übermäßiger Nicotingenuß. Was die sonstige Ernährung des Fliegers, insbesondere die des Hochleistungsfliegers betrifft, so sind gleiche Grundsätze einzuhalten wie bei Ernährung von Sportsleuten. Sportbetrieb leichteren Grades ist ja für den Flieger mit das beste Training, um „in Form zu bleiben". Es besteht dabei absolut kein Grund, die animalische Eiweißkost durch Vermehrung der vegetabilischen einzuschränken. Hauptsache ist auch hier die Bevorzugung hochwertiger Nahrungsmittel, da schlackenreiche Nahrung die Verdauungsorgane belastet.

Den Kohlehydraten wird von GILLERT (8) insofern eine besondere Bedeutung zugeschrieben, als dieselben bei vermehrter Zufuhr in Form von Traubenzucker die Höhentoleranz steigern sollen. [Zugleich wurde von diesem Autor der Befund einer Reihe anderer bestätigt, daß bei Höhenaufenthalt die Zuckertoleranz steigt (s. bei LOEWY).] Die von GILLERT zugunsten seiner Ansicht angeführten Versuchsergebnisse sind jedoch nicht sehr überzeugend (zeitlich gehäufte Versuche, wodurch an und für sich die Toleranz gesteigert wird. Ohne allzuweit auf den intermediären Zuckerstoffwechsel einzugehen, können die Angaben GILLERTs von folgenden Gesichtspunkten aus diskutiert werden: Es ist eine experimentell vielseitig gesicherte Tatsache, daß sich das nervöse Gewebe bei Unterbrechung der O_2-Zufuhr nicht lange lebend erhält, da es im Gegensatz zum Muskelgewebe seine Energie nicht aus anaeroben Prozessen bestreiten kann. Eine Vermehrung der Zuckerzufuhr kann daher ursächlich dem O_2-Mangel auch nicht partiell entgegenwirken. Daß Kohlehydrate am Stoffwechsel des Nervengewebes mitbeteiligt sind, ist eine Tatsache, welche an sich nichts mit der Frage der anaeroben Atmung zu tun hat. Kohlehydrate stehen aber dem normalen Organismus, wie es der des Höhenfliegers ist, in genügender Menge zur Verfügung.

Was die erhöhte Zuckertoleranz betrifft, so muß nachdrücklichst betont werden, daß diese nur bei geringen Graden des O_2-Mangels besteht. Es läßt sich experimentell beweisen, daß bei hochgradigem O_2-Mangel Hyperglykämie und in deren Gefolge Glykosurie auftritt. Daß hochgradige Anoxämie auf die Leberzellen selbst wirkt, beweist der Umstand, daß bei Durchblutung der überlebenden Leber O_2-Mangel Zucker ins Blut treibt [ISAAC und SIEGEL (18)]. Dementsprechend tritt auch eine Glykogenverarmung der Leber und der Muskeln bei lange Zeit in Unterdruck gehaltenen Tieren auf, ja es kommt sogar zu Degenerationserscheinungen der Leber (s. bei LOEWY). Die bei niederen Graden von Anoxämie gefundene erhöhte Toleranz bei oraler Zuckerzufuhr, also bei plötzlichem Anstiege des Blutzuckerspiegels, beruht offensichtlich — da Glykogenie infolge der Kürze der Zeit nicht in Frage kommt — auf einem erhöhten Aufnahmevermögen der Leber- und der Muskelzellen. Dieser erhöhten Aufnahmefähigkeit kann eine erhöhte Umsatzgeschwindigkeit zugrunde liegen. Ist doch der experimentelle Nachweis dafür erbracht, daß das Ausmaß der Zuckeroxydation von der Zuckerkonzentration im Blute abhängig ist, ohne daß innersekretorische Organe einzugreifen brauchen [BURN und DALE (19)]. Andererseits führt natürlich eine plötzliche Erhöhung des Blutzuckerspiegels im normalen Organismus zu Hormonabgabe von seiten des Pankreas [STAUB (20)], wobei das Insulin ebenfalls eine Beschleunigung des Zuckerumsatzes bewirkt. Die gesteigerte Toleranz spricht dafür, daß unter sonst gleichen Bedingungen die Umsatzgeschwindigkeit gesteigert ist, was — ohne das Eingreifen irgendwelcher nervöser Mechanismen anzunehmen — einfach auf einen erhöhten Stoffwechsel der Gewebszellen, vor allem der Leber, zurückgeführt werden kann, ähnlich wie der Stoffwechsel in bestimmten Teilen des Zentralnervensystems oder — im Höhenklima — der des roten Knochenmarkes gesteigert sein muß (A. TSCHERMAK). Dabei kann bei längerem Höhenaufenthalte auch die Glykogenie gesteigert sein. Die von GILLERT gefundenen Temperatursteigerungen (s. oben S. 53) könnten auf die vermehrte Zuckerumsetzung zurückgeführt werden, welche in diesem Sonderfalle eine sog. Luxuskonsumption darstellen würde. Von weiteren Erörterungen muß aus dem Grunde abgesehen werden, weil das Verhalten des wichtigsten Indicators für die Qualität der chemischen Umsetzungen, das ist des respiratorischen Quotienten, bei Höhenflügen nicht bekannt ist, wobei die Ansprüche ganz andere sind als in der pneumatischen Kammer oder im Höhenklima. (Die an Kaninchen [ELIAS und KAUNITZ (21)] im Unterdruck gefundene Erhöhung des Reststickstoffes im Blute, welche auch beim Hohenfluge auftreten soll [FERRY (22)] beansprucht kein praktisches Interesse, da es sich hierbei um sekundäre Erscheinungen einer allgemeinen Anoxämie handelt.)

Literatur zum Abschnitt III.

1) DORNO, C.: Acta aerophysiol. 1, H. 1, 29 (1933).
2) DORNO, C.: Meteor. Z. 45, 401 (1928).
3) MÖRIKOFER, W.: Physiologie des Höhenklimas. Monographien Physiol. 26 (1932).
4) DIRINGSHOFEN, H. v.: Z. Hyg. 112, 222 (1931).
5) BERT, PAUL: La pression barométrique. Paris 1877.
6) BEHAGUE, GARSEAUX, RICHET fils: C. r. Soc. Biol. Paris 96 (1927).
7) MARGARIA, R. e C. TALENTI: Arch. di Fisiol. 28, 114 (1930).

8) GILLERT, E.: Luftfahrtforsch. (WGL-Heft) 10, 87 (1933).
9) DIRINGSHOFEN, H. v.: Z. Hyg. 114, 179 (1932).
10) WOLLHEIM, E.: Klin. Wschr. 1927 II.
11) REIN, H.: Erg. Physiol. 32, 28 (1931).
12) BARCROFT, J. and E. K. MARSHALL: J. of Physiol. 58, 145 (1923).
13) GESSLER, H.: Erg. Physiol. 26, 185 (1927).
14) GESSLER, H.: Pflügers Arch. 207, 370 (1925).
15) FRANK, C. u. H. GESSLER: Pflügers Arch. 207, 376 (1925).
16) HASSELBALCH u. LINDHARD: Biochem. Z. 68 (1915).
17) LOEWY, A.: Vgl. 3.
18) ISAAC, J. u. R. STAEHLI: Handbuch der normalen und pathologischen Physiologie, Bd. 75, S. 552. 1928.
19) BURN u. DALE: J. of Physiol. 59, 164 (1924).
20) STAUB, H.: Erg. inn. Med. 31, 120 (1927).
21) ELIAS, H. u. H. KAUNITZ: Z. exper. Med. 92, 469 (1933) und frühere Arbeiten.
22) FERRY, G.: Ann. Méd. 1919, 124.

IV. Beanspruchung und Leistung der Sinnesorgane.

Einleitung.

Die Sinnesorgane sind es, denen in der Fliegerei die allergrößte praktische Bedeutung zukommt. Alle anderen Organe, auch die des Kreislaufes, spielen eine untergeordnete Rolle, wenn man die tägliche Fliegerpraxis, also den Verkehrs- und Sportflug, berücksichtigt. Hervorheben möchte ich aber, daß die Fliegerei auf sinnesphysiologischem Gebiete ebensowenig neue Probleme aufgerollt hat wie auf anderen Gebieten der Physiologie. Für den Physiologen wurde durchaus kein Neuland erschlossen, wie dies manche Autoren meinen. Hat man doch all diese Fragen — Beschleunigungswirkungen inbegriffen — schon lange vor der Zeit zu bearbeiten begonnen, in der sich der Mensch zum ersten Male in die Luft erhob. Flugphysiologie ist demnach nur angewandte Physiologie. Andererseits ist aber zu betonen, daß das Flugzeug heute einen wertvollen methodischen Behelf für die verschiedensten physiologischen, besonders aber sinnesphysiologischen Untersuchungen und Beobachtungen darstellt [TSCHERMAK (1)].

Das Interesse der Autoren auf sinnesphysiologischem Gebiete in der Aviatik hat sich bis jetzt besonders der allgemeinen subjektiven Orientierung des Menschen im Raume zugewendet. Hierbei wurde den Funktionen des Auges und Labyrinthes besondere Aufmerksamkeit gezollt. Ich möchte aber die Leistungen jener Organe an die Spitze der Betrachtungen stellen, die den Fliegerberuf vor allen anderen „Lenker- oder Fahrerberufen" auszeichnen. Es sind dies die Organe der Oberflächen- und Tiefensensibilität, deren komplexes Zusammenspiel das sog. „Steuergefühl" bedingt, das wiederum Voraussetzung ist für eine sinngemäße Betätigung der Steuerorgane.

Es sei hier in aller Kürze auf das Prinzip der Steuerung eingegangen. Diese ist bei Motor- wie Segelflugzeugen derzeit mehr oder minder normalisiert. Die Höhen- und Quersteuerung ist entweder Knüppel- oder Radsteuerung. Erstere gestattet die Betätigung mit der rechten Hand allein, sodaß die linke Hand für Bedienung des Gashebels und der verschiedenen Bordgeräte frei bleibt. Der Knüppel ist ein Hebel, der in erster Linie in Richtung der Längsachse bzw. in der Symmetrieebene des Flugzeuges bewegt werden kann, das ist nach vorne gedrückt („Drücken" = Tiefensteuer) oder angezogen werden kann („Ziehen" = Höhensteuer). Weiterhin kann dieser Hebel seitlich, das ist in Richtung der Querachse der Maschine, bewegt werden, wodurch die Quersteuerung in Gang gesetzt, d. h. das Flugzeug aus der Horizontallage der Tragflächen in Neigungslagen — oder umgekehrt — gebracht wird. Der Sinn der Neigung stimmt mit dem Sinne der Knüppelbewegung überein. Bei Radsteuerung wird diese Lageänderung durch Drehen des Handrades erreicht. Die Seitensteuerung erfolgt durch Treten von Hebeln oder Pedalen. Austreten des rechten Fußes bewirkt seitliche Änderung der Flugrichtung nach rechts, des linken Fußes eine solche nach links. Die Anordnung sämtlicher Steuer ist also eine dem menschlichen Raumgefühle entsprechende. Die richtige Lage des Sitzes zur Steuersäule (Steuerknüppel) bzw. zum Fußsteuer richtet sich nach den Körpermaßen des Piloten, und wird hauptsächlich durch Sitzverstellung erreicht. Der Widerstand der Steuerhebel bei Bewegung (sog. „Steuerdruck") bzw. die zur Betätigung erforderlichen Kräfte hängen — von Reibungswiderständen der verbindenden Konstruktionsteile abgesehen — von der Größe der auf die Ruder einwirkenden Luftkräfte („Ruderlast") ab; letztere sind wiederum von der Fluggeschwindigkeit abhängig. Bei Groß- und Schnellflugzeugen sind jetzt „ausgeglichene" oder „entlastete" Ruder in Verwendung, deren Prinzip darin besteht, daß die Drehachse hinter die Vorderkante verlegt wird, wodurch der Hebelarm der Luftkraft in bezug auf die Drehachse vermindert wird. Diese Entlastung, die Überanstrengung bzw. Ermüdung des Piloten bei längeren Flügen vermeiden sollen, darf aber nicht allzuweit getrieben werden, denn ein gewisser Widerstand der Steuerhebel ist für ein „gefühlsmäßiges" Fliegen unerläßlich. Eine allzu große Entlastung hat auch zur Folge, daß mit geringem Kraftaufwand starke Steuerwirkungen erzielt werden, was sich oft in nachteiligem Sinne äußert (zu große „Empfindlichkeit", dadurch auch scharfer Anstieg der Zentrifugalbeschleunigung zu hohen Werten beim Aufziehen aus Sturzflug). Die gleichen Gesichtspunkte gelten auch für eine richtige Wahl der Übersetzung der Steuerhebel.

Vom physiologischen Standpunkt aus betrachtet, erfolgt die Steuerbetätigung durch koordinierte Bewegungen der oberen und unteren Extremitäten. Schon bei Ausführung einfacher Flugmanöver, wie z. B. von Kurven, ist eine fein abgestufte Betätigung sämtlicher Steuer notwendig. Beim Kunstflug ergeben sich naturgemäß die kompliziertesten Handlungen, wobei sich auch der Wirkungssinn der Steuer umkehren kann. Vom Schüler wird die Betätigung bewußt durchgeführt, und zwar unter Leitung des Gesichtssinnes. Beim erfahrenen Flieger laufen aber die Muskelaktionen in ihrem überwiegenden Anteile unbewußt, sozusagen reflektorisch ab; ihre Dosierung leitet das „Steuergefühl". Der Analyse desselben wollen wir uns jetzt zuwenden.

Die sensiblen Erregungen, welche der motorischen Leistung bei Flugzeugsteuerung zugrunde liegen, sind äußeren wie inneren Ursprunges. Das Halten der Steuerhebel in bestimmter Stellung sowie deren Bewegung in bestimmter Richtung und bestimmtem Ausmaß durch die Extremitäten geht mit einer Änderung der Spannung der verschiedenen Gewebe und einer Verlagerung derselben gegeneinander einher. Diese Veränderungen bilden die inneren Reize für die in den Geweben selbst liegenden Receptoren des Stellungs- und Bewegungssinnes. Andererseits ist der Widerstand, den die Steuerhebel beim Halten in bestimmter Lage und bei Bewegung darbieten, der äußere Reiz für die Empfänger des Druck- und Kraftsinnes. Das Steuergefühl stellt demnach einen Empfindungskomplex dar. Daß hierbei nicht ausschließlich nur die Sinnesorgane in Haut und tieferen Geweben der Extremitäten in Aktion treten, sondern auch die sonstiger Körperteile, welche sich in Kontakt mit der Maschine befinden, bedarf kaum der Erwähnung. Je erregbarer unter gleichen physikalischen Bedingungen diese Sinnesorgane sind, desto schärfer wird die Wahrnehmung für die Steuerlage und Steuerbewegung sowie für die auftretenden Steuerkräfte sein.

A. Stellungs- und Bewegungssinn.

Welcher Natur sind nun diese verschiedenen Sinnesorgane? Was die Wahrnehmung der Stellung der Glieder sowohl zueinander wie zu den Steuerhebeln anlangt, so kommen hierfür durchaus nicht allein und vornehmlich die in der Haut gelegenen Sinnesapparate in Frage. Im Gegenteil: Nach den Untersuchungen von M. v. Frey (2) scheint der Drucksinn der Haut hier eine untergeordnete Rolle zu spielen. Hat genannter Autor doch zeigen können, daß trotz weitestgehender Ausschaltung der Receptoren der Haut und der Muskelfasern selbst eine vorangehende Fingerbewegung mit großer Treue wiedergegeben bzw. der Umfang einer aktiven Fingerbewegung präzis wahrgenommen werden kann. Es scheinen demnach die Receptoren, welche in dem die Muskeln und Sehnen umgebenden und sie durchziehenden Bindegewebe gelegen sind (VATER-PACINI- und GOLGI-MAZZONI-Körperchen) für die Wahrnehmung der Stellung und Bewegung der Glieder wesentlich in Betracht zu kommen. Diese Organe werden wahrscheinlich durch Verlagerungen des Bindegewebes erregt. Natürlich sind normalerweise der Drucksinn der Haut sowie der Muskelsinn mitbeteiligt, wenn auch ihre Rolle gewiß nicht allein maßgebend ist.

An den Bewegungsempfindungen ist der Drucksinn der Haut hingegen zweifellos mitbeteiligt. Natürlich wird auch die veränderte Spannung der Muskulatur wahrgenommen, jedoch nur bei kraftvollen Bewegungen. Das feine Wahrnehmungsvermögen, die eigentliche Wahrnehmungsschärfe, muß dem Drucksinn der Haut zugeschrieben werden [v. FREY (3)]. Was die an Steuerhebeln erreichbare Höchstgeschwindigkeit der Bewegung (Schaltgeschwindigkeit) betrifft, so beträgt dieselbe [HERTEL (4)] bei Knüppelbewegung über einen Weg von 20 cm 200 cm/sec; dieser Wert gilt auch bis zu hohen Belastungen des Steuers. Bei der Fußsteuerung sinkt hingegen die Schaltgeschwindigkeit ungefähr geradlinig mit steigender Steuerkraft von 60 cm/sec auf 20 cm/sec bei Höchstlast ab. In der Fliegerpraxis werden aber diese Geschwindigkeiten selten erreicht.

B. Kraft- und Drucksinn.

Praktisch große Bedeutung kommt bei Steuerbetätigung dem Kraftsinne zu. Dürfen doch bei gewissen Flugmanövern bestimmte Kraftentfaltungen an den Hebeln, besonders am Knüppel, nicht überschritten werden (z. B. beim Start, bei Abfangen aus Sturzflug). Diese Empfindungen werden aber nur durch die in der Muskulatur selbst gelegenen Sinnesorgane, durch die sog. Muskelspindeln, vermittelt. Der Beweis ergibt sich aus der viel niedrigeren Unterschiedsschwelle, wenn außer der Haut auch die Muskeln beansprucht werden $\left[\frac{1}{70}\right.$; Haut allein $\frac{1}{25}$ nach WEBER (5)$\left.\right]$. Maßgebend für die Wahrnehmungsschärfe sind — je nach Art der Belastung — verschiedene Faktoren: Bei statischer Beanspruchung das Drehmoment, bei dynamischer das Trägheitsmoment der bewegten Masse. Bei Flugzeugsteuerung kommen vor allem dynamische Kraftentfaltungen in Frage. Dieselben haben jedoch — in der Regel wenigstens — nicht den Charakter von Schleuderbewegungen (außer bei „Reißen" am Steuer), sondern die Kraftentfaltungen gleichen am ehesten denen eines Zuges an einer unterstützten Feder (also Kontraktion nicht unter Entlastung, sondern unter Lastvermehrung). Was die Größe der Krafthöchstleistung betrifft, so gibt hierüber folgende Tabelle (nach HERTEL, Mittelwerte von 12 Versuchspersonen) Aufschluß. Dabei wurde die statische Höchstleistung durch die Last gemessen, welche die Versuchsperson am Knüppel oder Fußhebel zu halten vermochte, wobei sie noch kleine Bewegungen entgegen der einwirkenden Kraft ausführen konnte.

	Führer angeschnallt kg	Führer frei kg
Höhensteuer:		
Beidhändiges Drücken	125	125
„ Ziehen	125	85
Einhändiges Ziehen oder Drücken	65	85
Quersteuer:		
a) *Knüppelsteuerung:*		
Beidhändige Betätigung	33	50
Einhändiges Drücken	27	45
„ Ziehen	20	45
b) *Radsteuerung:*		
Beidhändige Betätigung je Hand	35	—
Seitensteuer (mit einem Bein)	270	270

Die Bedeutung der Anschnallung (Schulter- und Bauchgurt) äußert sich in verschiedenem Sinne: Beim Ziehen gewährt sie einen festen Rückhalt; andererseits kann sich die Versuchsperson nicht in die günstigste Lage zum Hauptangriffspunkt am Steuer bringen. Hieraus erklären sich die verschiedenen Werte. Bei Ermüdungsversuchen, die unter harten Bedingungen durchgeführt wurden, ergab sich eine Verminderung der Steuerkraft um ungefähr 15%. Aus dieser geringen Abnahme geht — wie Autor betont — hervor, daß eine wesentliche Herabminderung der Steuerhöchstkraft durch Ermüdung praktisch nicht in Rechnung zu stellen ist. Natürlich ist in der Praxis mit weit geringeren Kraftentfaltungen, als es die in der Tabelle angeführten sind, zu rechnen. Steuerkraftmessungen [HÜBNER (6)] mittels eines besonderen Steuerkraftschreibers am

Knüppel des Heinckel-Flugzeugtyps H.D. 32· ergaben bei unbeschleunigtem Geradeausflug Werte von maximal 2,7 kg; diese Kräfte waren im Verlaufe von ungefähr 5 Sekunden aufzubringen. Die Dauer dieser maximalen Kraftleistung betrug nur wenige Sekunden.

Gibt es in der Flugpraxis Muskelermüdung? Diese Frage ist gleichbedeutend mit der Frage, inwieweit das allgemeine Ermüdungsgefühl, das nach lang dauernden Flügen auftritt, auf Muskelermüdung zurückzuführen ist. In dieser Hinsicht ist HERTEL insofern zuzustimmen, als mit einer Ermüdung durch dynamische Leistungen nicht zu rechnen ist. Gehören doch die Steuer des Flugzeuges zu den Arbeitsgeräten, bei denen es in erster Linie auf richtige Haltung der Hebel und fein dosierte Bewegung derselben ankommt [2. Gruppe der Arbeitsgeräte nach ATZLER (7)], also an die Muskelkraft keine erheblichen Anforderungen gestellt werden. Aber es wird statische Muskelarbeit, wenn auch nur in geringerem Ausmaße, geleistet. Ist doch der Führer gezwungen, Arm und untere Extremitäten dauernd in leicht flektierter Stellung — unter gleichzeitiger Bereitschaft, d. h. Anspannung sowohl der Beuger wie der Strecker — an den Hebeln zu halten, und dies stundenlang. Auch bei zweckmäßigster Körperhaltung treten als sinnfälliger Ausdruck der Ermüdung unangenehme Empfindungen auf. Daß insbesondere statische Muskelarbeit, auch solche geringen Grades, wegen andauernder Minderung der Durchblutungsgröße rascher zur Ermüdung führt als dynamische, ist eine unbestrittene Tatsache (ATZLER). Interkurrente Steuerbetätigung, bei welcher die Dauerkontraktion der Muskeln nicht unter ein bestimmtes Maß herabsinkt, vermag diese Ermüdung nicht hintanzuhalten. Die Größe der bei lang·dauernden Geradeausflügen (Streckenflüge) zu leistenden Steuerarbeit hängt natürlich sehr vom Flugwetter ab. Neben direkter Ermüdung der Muskeln kommt noch eine solche nervöser Schaltstellen und subcorticaler Automatismen in Betracht. Auch mit Ermüdungserscheinungen corticaler Funktionen ist zu rechnen, da ja der Führer schließlich noch andere Aufgaben hat als die Steuerhebel zu bedienen. Durch Einführung der automatischen Steuerung (Kreiselprinzip) bei Streckenflügen sucht man denselben heute weitgehend zu entlasten.

Was den Drucksinn der Haut betrifft, so sind die vom Nervenkranz der Haarwurzeln und den MEISSNER-Körperchen ausgelösten Empfindungen — wie bereits bemerkt — in hervorragender Weise am Zustandekommen der Bewegungsempfindungen mitbeteiligt. Schaltet man sie künstlich aus, so kommt es zu schweren Störungen der Willkürbewegungen. Diese Sinnesorgane werden aber nicht nur bei Gliederbewegungen durch Zug und Druck erregt, sondern auch durch Verformungen der Haut, bewirkt durch Kräfte, die beim Fluge von außen her an bestimmten Hautbezirken (Rücken und Gesäß) angreifen. Es sind dies die Kräfte, die aus der Änderung der Richtung und Größe der Massenbeschleunigung sowie aus zusätzlichen Beschleunigungen resultieren. Die durch sie bewirkten Erregungen sind mitbeteiligt am Zustandekommen der Lage- und Bewegungsempfindungen des Gesamtkörpers und damit der Vorstellung von der Lage und Bewegung des Flugzeuges im Raume. Hierüber wird später eingehend gehandelt werden. Angaben über einen Drucksinn tiefer liegender Gewebe bedürfen nach v. FREY dringend einer Nachprüfung.

Die Aufgliederung des „Steuergefühles" in einzelne Empfindungen muß natürlich als willkürlich bezeichnet werden; sie erscheint nur aus Orientierungsgründen gerechtfertigt. Die einzelnen Empfindungen bestehen gleichzeitig und verschmelzen miteinander. Daher sind Aussagen über die relative flugpraktische Wertigkeit der einzelnen Sinnesqualitäten unmöglich. Es ist besonders über die Bedeutung des Drucksinnes der Haut beim Motorflug viel gestritten, ja dieselbe auch geleugnet worden. Mit gleicher Berechtigung könnte man aber auch die Bedeutung aller anderen Sinne, mit Ausnahme des Auges, leugnen unter dem Hinweise darauf, daß reiner Instrumentenflug möglich ist. Dabei vergißt man ganz die Art des Fliegens. Man muß doch bedenken, unter welch fliegerisch besonderen Verhältnissen ein Steuern nach Instrumenten vor sich geht; ein solcher Flug kann keine Rücksicht auf allfällige Hindernisse in der Luft nehmen und kommt daher nur für Verkehrs-, nicht Heeresfliegerei in Betracht. Ein gefühlsmäßiges Fliegen, das darin besteht, jederzeit und bei jedem Flugzustande die Qualität eines bestimmten Flugzeugtyps beurteilen zu können und vom Grade seiner Beanspruchung Kenntnis zu besitzen, ist unter alleiniger Kontrolle des Auges ganz unmöglich. Auch bei weitestgehender Ausbildung der automatischen Steuerung wird unter normalen Verhältnissen eine der wichtigsten Aufgaben des Flugzeugführers die bleiben: das Flugzeug zu starten und zu landen. Dieser Aufgabe kann aber nur der vollkommen gerecht werden, der eben „Steuergefühl" besitzt.

Die auf Grund einer Summe von afferenten Erregungen in die Wege geleiteten effektorischen Impulse finden ihren sichtbaren Ausdruck in einer Koordination der Bewegung bei Steuerung. Unter Koordination versteht man bekanntlich die mehr oder minder vollkommene Anpassung der Ausführung einer Bewegung an die an sie gestellte Anforderung [FOERSTER (8), WACHHOLDER (9)]. Die Art der Bewegungen des Flugzeugführers ist nicht nur durch Richtung und Geschwindigkeit, sondern auch in bezug auf Stetigkeit und Umfang festgelegt. Die physiologischen Grundlagen, welche die Voraussetzung bilden für die koordinierte Bewegung — wenigstens für eine Extremität —, sind zum Teil klargelegt. Es handelt sich dabei — neben einer primären Begründung im effektorischen nervösen Apparat — auch um Reflexleistungen, und zwar um Muskel- und Sehnenreflexe. Diese werden jetzt als Eigenreflexe der Muskeln zusammengefaßt, seit man erkannt hat, daß der Reiz im Muskel selbst durch plötzliche Dehnung zustande kommt. Dem Ablauf dieser Reflexe ist nicht nur das Beibehalten und Erreichen eines bestimmten Bewegungsumfanges bei plötzlich auftretender Belastungserhöhung zu verdanken, sondern auch die koordinierte Bremsung, indem die Spannung der Antagonisten durch Eigenreflexe ein Übermaß der Bewegung rechtzeitig verhindert. Bei Flugzeugsteuerung liegen jedoch die Verhältnisse viel komplizierter, indem nicht Koordination der Bewegung einer einzigen Extremität, sondern aller vier gefordert wird, wobei die gestellten Anforderungen ganz verschieden sind. Hier stellt also die Koordination keine einfache Reflexleistung dar, sondern sie ist das Ergebnis bewußten Handelns, das allerdings später zum Teil in das Reich des Unbewußten übergeht. Die Frage, welche Bedingungen erfüllt sein müssen, damit die Bewegungen mehrerer Glieder koordiniert ausgeführt werden, ist experimentell noch gar nicht in Angriff genommen (s. WACHHOLDER). Irgendwelche „Tests" kann es also gar nicht geben. Der praktischen Übung kommt wohl große Bedeutung zu: werden doch durch sie die Reizschwellen für die der Koordination zugrunde liegenden Reflexe erniedrigt. Aber der Einfluß der Übung darf nicht überschätzt werden. Die Organe müssen auch der Schulung fähig sein. FLACK (10) drückt dies in dem praktischen Satz aus: „Leute, die schwerhändig und schwerfüßig sind, können und sollen die Kunst des Fliegens nicht erlernen; sie werden nur zur Gefahr für sich und andere."

Literatur zum Abschnitt IV A, B.

1) TSCHERMAK, A. VON: Acta aerophysiol. 1, H. 2, 65 (1934).
2) FREY, M. v.: Z. Biol. 84, 535 (1926).
3) FREY, M. v.: BETHEs Handbuch der normalen und pathologischen Physiologie, Bd. 11 (1), S. 119f. 1926.
4) HERTEL, H.: Jb. DVL. 1930, 101.
5) WEBER, K. E.: De pulsu etc., S. 90. Lipsiae 1834.
6) HÜBNER, W.: DVL-Bericht 19. Juni 1928.
7) ATZLER, E.: Gewerbehygiene, Beih. 25.
8) FOERSTER, O.: Physiologie und Pathologie der Coordination. Jena: Gustav Fischer 1902.
9) WACHHOLDER, L.: Erg. Physiol. 26, 268 (1930). — BETHEs Handbuch der normalen und pathologischen Physiologie, Bd. 15 (1), S. 642. 1930.
10) FLACK, M.: BETHEs Handbuch der normalen und pathologischen Physiologie, Bd. 15 (1), S. 362. 1930.

C. Vibrationsempfindungen.

a) Allgemeines.

Die Vibrations- oder Schwirrempfindung spielt beim Motorfluge eine bedeutsame Rolle. Sie stellt eine besondere Empfindungsmodalität dar, welche dann auftritt, wenn die Sinnesorgane für Berührungs- oder Druckempfindungen an ein und derselben Stelle in schnellerer Folge als etwa 18 Reize pro Sekunde erregt werden. Unterhalb dieser Reizfrequenz erscheinen die Berührungen als subjektiv getrennte Ereignisse, oberhalb dieser Frequenz imponieren sie nicht mehr als einzelne Ereignisse, sondern verbinden sich („verschmelzen") zu einem zusammenhängenden Ganzen, in welchem die aufeinanderfolgenden Berührungen subjektiv nicht mehr voneinander trennbar sind. Dieses Phänomen ist durch den biologischen Moment in der Länge von etwa $1/18$ Sekunde bedingt [BRECHER (1)], welcher die kürzeste Zeiteinheit darstellt, die notwendig ist, damit dem Menschen aufeinanderfolgende gleichartige Reize noch als Einzelereignisse erscheinen.

Da Untersuchungen ergaben, daß dieses Verschmelzungsbereich, die „Momentgrenze", nicht nur bei taktilen, sondern auch bei akustischen und optischen Reizen bei etwa 18 Reizen pro Sekunde liegt, so muß man eine gemeinsame Ursache annehmen, die in der Reaktionsträgheit zentraler Partien des Nervensystems zu suchen ist und die man deshalb als eine Grundeigenschaft aller Sinnesorgane ansehen muß.

Vibrationsempfindungen. Allgemeines. 69

Genau so wie bei Berührungsreizen oberhalb des Verschmelzungsbereiches an Stelle einzeln erscheinender Eindrücke die Vibration als andersgeartete Empfindung auftritt, so zeigt sich oberhalb des Verschmelzungsbereiches von Schallreizen an Stelle einzeln erscheinender Höreindrücke die Tonempfindung, und so tritt oberhalb des Verschmelzungsbereiches von einzeln erscheinenden Lichteindrücken (Flackern) ein Zusammenhängen der Lichteindrücke, das sog. Flimmern, auf. Bei weiterer Frequenzerhöhung geht das Flimmern schließlich in einen konstanten Lichteindruck über.

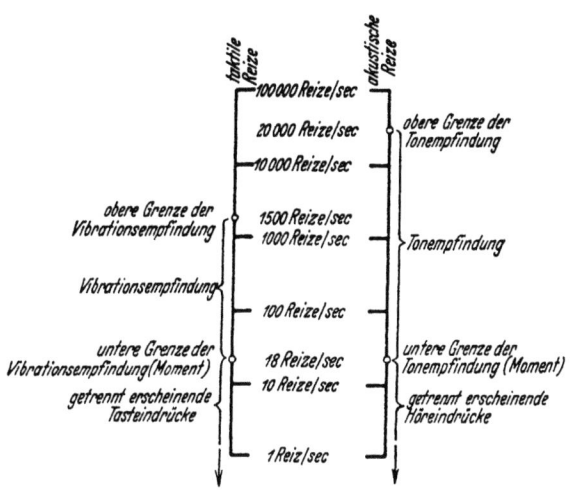

Abb. 13. Vergleich der Lage der oberen und unteren Grenze der Vibrations- und Tonempfindung; Reizfrequenz im log. Maßstab.

Jene Grenze — gleichsam eine Grenze zwischen flackerndem und flimmerndem Licht — ist weitgehend intensitätsunabhängig und durch den Moment bedingt, letztere ist die bekannte intensitätsabhängige Verschmelzungsgrenze von flimmerndem zu konstantem Licht (nach BRECHER).

Vorstehendes Schema [nach BRECHER (2)] stellt die Lage der oberen und unteren Grenzen der Vibrations- und Tonempfindung in Abhängigkeit von der zeitlichen Reizfrequenz dar. Die obere Grenze der Vibrationsempfindungen erweist sich abhängig von der Größe der Reizamplitude; sie ist bei gleicher Amplitude abhängig von der Beschaffenheit des Hautbezirkes und liegt z. B. an den Lippen bei 1500, am Fuße bei 450 Hertz. Oberhalb dieser Frequenz tritt an Stelle der Empfindung einer vibrierenden

Berührung („Schwirrempfindung") die einer glatten Berührung gleichbleibender Stärke. Diese Ergebnisse wurden durch Beanspruchung eng umschriebener Hautbezirke und unter Verwendung besonderer Deformationsreize wie Zahnräder, schwingende Stimmgabeln oder Membranen erhalten. Sie können auf die im Motorflugzeuge gegebenen Verhältnisse keine direkte Anwendung finden, da hier der Körper als Ganzes durch Schwingungen verschiedener Frequenz und Amplitude beansprucht wird. Dementsprechend werden nicht allein der Drucksinn der Haut, sondern auch die Sensibilität tiefer gelegener Organe in Funktion treten. Analoge Verhältnisse begegnen auch bei anderen Verkehrsmitteln. Da sich in der physiologischen Literatur nichts über Art und Ausmaß der hierbei auf den menschlichen Körper wirkenden Kräfte findet, sei im folgenden eine kurze diesbezügliche Übersicht gegeben.

b) Mechanische Beanspruchung des Organismus durch Verkehrsmittel.

Durch Verkehrsmittel wie Eisenbahn, Auto, Schiff und Flugzeug ist der Organismus als Ganzes einer mechanischen Beanspruchung ausgesetzt. Obwohl es sich dabei letzten Endes immer um auf den Körper übertragene Schwingungen handelt, kann man dieselben, wie es in der Technik üblich ist, in Erschütterungen und Stöße trennen. Während jene durch eine zeitliche Konstanz der Amplituden und Frequenzen charakterisiert sind, kann man diese als halbe Sinusschwingungen auffassen. In physiologischer Hinsicht bestehen allerdings für eine exakte Trennung keine ausreichenden Grundlagen. Was die reizphysiologischen Größenwerte betrifft, sei angeführt, daß Maschinen- und Verkehrserschütterungen eine Frequenz bis zu 40 Hertz, die Stöße in Fahrzeugen 7 (Eisenbahn) bis 15 Hertz (Auto) aufweisen [PIETTE (3)]. HALL (4) führt an, daß Erschütterungen von 7 Hertz bei einer Amplitude von 2×10^{-3} cm bzw. solche von 2 Hertz bei einer Amplitude von 5×10^{-3} cm eben noch merkbar sind, während sie bei 4×10^{-3} cm bzw. 13×10^{-3}, bereits unangenehm werden. MELCHIOR (5), welcher zwecks Charakteristik der Empfindlichkeit gegen Fahrzeugstöße die zeitliche Änderung der Beschleunigung, den „Ruck", vorschlägt, gibt als Schwellenwert 0,3 m/sec³ an.

Derartige allgemeine Angaben genügen jedoch zwecks Beurteilung der Empfindlichkeit des Menschen gegen Erschütterungen

bzw. Stöße nicht, da es auf physiologische Faktoren wie Lage des Körpers, Art und Größe der Kontaktfläche und Stärke des Kontaktdruckes mit der erschütterten Körperunterlage ankommt. Näheren Aufschluß brachten die Untersuchungen von REIHER und MEISTER (6), bei welchen der Körper sinusförmigen Horizontal- und Vertikalschwingungen einer Plattform ausgesetzt wurde. Die Ergebnisse waren: Die Reizschwelle der Erschütterungsempfindlichkeit ist festgelegt durch die Schwingungsgeschwindigkeit, also durch das Produkt aus Frequenz (n) und Amplitude (a). Je stärker die Erschütterung wird, desto größer wird der Einfluß der Beschleunigung. Es lassen sich bis zu $n = 40$ Hertz und $a = 10^{-1}$ cm die Grenzen der physiologischen Effekte durch die Gleichung: $a \cdot n^k = c$ darstellen, wobei k und c je nach der Stärke des Reizeffektes verschiedene Werte erhalten. Für das Reizschwellengebiet ist $k = 1$, was bedeutet, daß der Schwellenwert für alle Amplituden und Frequenzen (in dem angeführten Bereiche) einen gleichbleibenden Wert $a \cdot n$ besitzt, daß also die Reizschwelle festgelegt ist durch eine konstante Schwingungsgeschwindigkeit. Gegen das Schädlichkeitsgebiet zu nimmt der Wert von k zu; $k = 2$ entspricht einer konstanten Beschleunigung von $a n^2 = c$. Untersucht wurde in folgenden Stellungen:
1. bei Stehen: Vertikalschwingungen in der Richtung der Körperachse (I), Horizontalschwingungen senkrecht zur Körperachse (II);
2. beim Liegen: Vertikalschwingungen senkrecht (III) und Horizontalschwingungen in Richtung der Körperachse (IV) sowie senkrecht zu dieser (V). Die die hauptsächlichsten Empfindungsgebiete charakterisierenden Größenwerte in den verschiedenen Stellungen seien in nachstehender Tabelle (nach REIHER und MEISTER)

Tabelle 4.

	Werte k und c für Lage					Physiologischer Effekt
	I	II	III	IV	V	
k	1	1	1	1	1	Reizschwelle
c	0,005	0,006	0,012	0,006	0,006	
k	1	1,8	1,5	1,5	1	lästig
c	0,04	0,66	1,33	0,2	0,03	
k	1,6	2,1	2,3	2,0	1,5	Schädlichkeits-
c	0,528	4,74	14	2,18	0,375	schwelle
k	2,0	2,4	2,6	2,4	2,0	Gefährlichkeits-
c	3,0	24,4	70	13,3	3,7	grenze

Exponenten k und charakteristische Beiwerte $c = a n^k$ für die Grenzen der verschiedenen Reizeffekte passiver Erschütterungen beim Menschen.

wiedergegeben. Am unempfindlichsten scheint demnach der Mensch auf dem Rücken liegend gegen Vertikalschwingungen zu sein, während horizontale solche, besonders wenn sie senkrecht zur Körperachse wirken, bald als unangenehm empfunden werden. Die Ursache liegt darin, daß in letzterem Falle der Kopf in eine stärkere Relativbewegung zum Körper gebracht wird. Beim Stehen besteht aus gleichem Grunde eine größere Empfindlichkeit gegen Vertikalerschütterungen als gegen solche in horizontaler Richtung. Die hierbei beanspruchten Organe des Kopfes scheinen besonders empfindlich zu sein.

Andere Abhängigkeiten ergeben sich, wenn die Frequenz über 40 Hertz ansteigt. Je größer die Frequenz wird, desto enger wird das Intervall zwischen den eben fühlbaren und den erträglichen Schwingungen, d. h. desto mehr nähern sich Reiz- und Schädlichkeitsschwelle. Es besteht also, wie REIHER und MEISTER betonen, im allgemeinen keine Abhängigkeit der Empfindungsstärke von einer die Schwingungen charakterisierenden Größe (Amplitude, Frequenz, Geschwindigkeit, Beschleunigung).

Von den gleichen Autoren wurde auch die Empfindlichkeit des Menschen gegen Stöße untersucht, wobei solche erzeugt wurden, welche in der technischen Praxis (Rammstöße, Straßenverkehrserschütterungen) vorkommen. Dabei wurden einer Schwingungsplatte, auf welcher die Versuchspersonen lagen oder standen, Stöße in horizontaler und vertikaler Richtung erteilt. Nach den Ergebnissen meiner REIHER und MEISTER (7), daß für die Beurteilung der Wirkung eines Stoßes auf den Organismus die Steilheit der Stoßfront (charakterisiert durch die Dauer t_s und die Amplitude a des als halbe Sinusschwingung aufgefaßten Stoßes) deshalb geeignet sei, da bereits bei nur wenig gedämpften Ausschwingungen auch bei geringer Stoßfrequenz der Abklingvorgang ohne nachweisbaren Einfluß auf die Empfindung sei. Die tabellarische Gegenüberstellung der Wirkung sinusförmiger Horizontalschwingungen und Horizontalstöße zeigt, daß im Schädlichkeitsgebiete Stöße rascher unangenehm wirken als Sinusschwingungen. Unterschiede bestehen auch bezüglich der Reizschwelle, welche noch ungeklärt sind. Gegen horizontale Stöße ist bei aufrechtem Stande die Empfindlichkeit geringer als gegen vertikale, weil Masse und Abfederung des Körpers stärker stoßausgleichend wirken dürften.

ZELLER (8) war es, welcher den nach seiner Ansicht praktischen Vorschlag machte, in Analogie zur Phonskala in der Akustik die

„Palskala" als physiologische Erschütterungsstärkenskala einzuführen. Es lasse sich auch hier die Stärke durch $10 \log \frac{S}{S_0}$ ausdrücken, wobei S die zu messende, S_0 die eben wahrnehmbare Erschütterungsstärke bedeutet; dieselbe wird als Leistung pro Masseneinheit definiert. Für die Einheit der genannten Größe wird die Bezeichnung „Pal" vorgeschlagen.

Vom physiologischen Standpunkte bestehen jedoch schwere Bedenken gegen diesen Vorschlag. Schon die Phonskala besitzt nur unter bestimmten Bedingungen Berechtigung, und zwar bei

Tabelle 5. **Vergleich der Wirkung von Horizontalstößen und sinusförmigen Horizontalschwingungen bei stehenden Menschen.**

t_s n bzw. f	10^{-2} 20	$5 \cdot 10^{-2}$ 4	10^{-1} 2,5	Physiologischer Effekt
a (Stoß)	$1{,}5 \cdot 10^{-2}$	$1{,}5 \cdot 10^{-1}$	$4 \cdot 10^{-1}$	} Gefährlichkeits-
a (Sinus)	$2 \cdot 10^{-2}$	$8 \cdot 10^{-1}$	$2 \cdot 10^{0}$	} grenze
a (Stoß)	$7{,}5 \cdot 10^{-3}$	$8 \cdot 10^{-2}$	$2 \cdot 10^{-1}$	} Schädlichkeits-
a (Sinus)	$9 \cdot 10^{-3}$	$2{,}1 \cdot 10^{-1}$	$9 \cdot 10^{-1}$	} grenze
a (Stoß)	$3{,}4 \cdot 10^{-3}$	$3{,}8 \cdot 10^{-2}$	$9 \cdot 10^{-2}$	} Lästig
a (Sinus)	$3{,}5 \cdot 10^{-3}$	$5{,}5 \cdot 10^{-2}$	$1{,}8 \cdot 10^{-1}$	
a (Stoß)	$1 \cdot 10^{-3}$	$3{,}8 \cdot 10^{-3}$	$6{,}4 \cdot 10^{-2}$	} Reizschwelle
a (Sinus)	$4 \cdot 10^{-4}$	$1{,}6 \cdot 10^{-3}$	$3 \cdot 10^{-3}$	

t_s = Dauer der Stoßfront in Sekunden.
$n = f$ = Stoßzahl bzw. Frequenz der Sinusschwingung in Hertz.
a = Amplitude in Zentimeter.

Simultanvergleichen von Lautstärken. Bei Messungen von Erschütterungen des Gesamtkörpers sind lediglich Sukzessivvergleiche möglich; auf Grund von Erinnerungsbildern ist aber eine Messung ausgeschlossen. Weiterhin handelt es sich bei Erschütterungen des Gesamtkörpers nicht um Beanspruchung eines Sinnesorganes, sondern um die einer ganzen Reihe, welche je nach den Versuchsbedingungen in verschiedener Stärke betroffen werden, nämlich: Drucksinn der Haut, verschiedenartige Receptoren in den tiefer liegenden Geweben sowie das Labyrinth. Unter diesen Umständen auch nur mit der Fiktion einer gleichbleibenden Schwelle zu arbeiten, geht wohl nicht an. Selbst unter Berücksichtigung des Vibrationssinnes allein, wobei natürlich simultane Vergleichsmessungen bei verschiedener Beanspruchung verschiedener Hautbezirke möglich sind, befriedigt die Palskala deshalb nicht, weil ihr die Erschütterungsleistung zugrunde gelegt ist, während bei einer exakt messenden Charakteristik der Empfindungsstärke auch das Ausmaß des Flächendruckes unbedingt zu berücksichtigen ist.

Wie eben hervorgehoben, sind es verschiedene Empfindungsqualitäten, welche durch Erschütterungen, denen der Gesamtkörper ausgesetzt ist, ausgelöst werden können. Von welcher Frequenz und Amplitude ab das Vestibularorgan erregt wird, bedarf noch der genaueren Untersuchung. Die ZELLERsche Angabe, daß dies unterhalb 15 Hertz der Fall sei, ist nur eine Vermutung. Auch die Grenze zwischen Vibrations- und Bewegungsempfindungen ist reizphysiologisch nicht festgelegt; auch bezüglich Resonanzerscheinungen von seiten bestimmter Organe ist noch nichts bekannt.

c) Erschütterungsbeanspruchung des Organismus und Vibrationsempfindungen beim Motorfluge.

Nach diesen allgemeinen Erörterungen sei nun etwas näher auf die mechanische Beanspruchung des Körpers beim Motorfluge eingegangen. Schon beim unbeschleunigten Geradeausfluge ist dieselbe komplexer Natur. Es treten sowohl Erschütterungen (besonders vom Triebwerk her) wie Schwingungen überhaupt (durch Luftkräfte, besonders Böen ausgelöst) auf, welche Vibrations- wie Bewegungsempfindungen auslösen. Was die genaue Erfassung der Größenordnung und Frequenzen der Erschütterungen betrifft, so begegnet dieselbe während des Fluges großen meßtechnischen Schwierigkeiten.

Das in der Luft befindliche Flugzeug [vgl. die Ausführungen KOPPES (9)] ist nicht nur ein in sich, sondern als Ganzes schwingungsfähiges Gebilde; dieses wird durch innere Kräfte (vom Triebwerk her) sowie durch äußere Kräfte (Luftkräfte) in verschiedener Weise beansprucht. Diese Kräfte verursachen Schwingungen, die sich fortpflanzen und an verschiedenen Stellen die verschiedensten Überlagerungen geben. Eine exakte Messung von Amplitude und Frequenz ist bis heute noch nicht gelungen.

Diese Erschütterungen werden — mehr oder weniger gedämpft — auf alle Organe des Körpers übertragen, und zwar von jenen Teilen her, welche mit dem Flugzeuge in Kontakt stehen (Rücken, Gesäß, Extremitäten). Sicher ist, daß die Frequenz der Erschütterungen oberhalb des Verschmelzungsbereiches liegt, ferner, daß trotz Dämpfung die Stärken überschwellig sind, und zwar bei jedem Motorflugzeuge. Hat man doch bei Antritt des Fluges Vibrationsempfindungen, wenn dieselben auch — gleichbleibende Frequenz und Stärke vorausgesetzt — infolge hochgradiger Adaptationsfähigkeit speziell des Drucksinnes nach einiger Zeit schwinden. Die Stärke der Vibrationsempfindung erweist sich von einer Reihe technischer Faktoren abhängig, wie Drehzahl des Getriebes (Motor und Luftschraube), Gang des Motors bzw. der einzelnen Motoren, Güte der Motorlagerung, ferner auch vom Dämpfungsgrade der zwischen schwingenden Flugzeugteilen und Körperoberfläche eingeschalteten Medien sowie von der Größe der Kontaktfläche. Auch physiologische Faktoren spielen eine Rolle, und zwar — neben Hautspannung — besonders die Beanspruchung der Knochenleitung. Die Knochen sind es vor allem, welche Erschütterungen auf andere Organe übertragen können; je mehr ihre Leitung beansprucht wird, desto größer wird die Zahl der gereizten Receptoren sein. Die Beanspruchung dieser Leitung hängt aber bis zu einem gewissen Grade wieder ab vom Ausmaß der willkürlichen oder unwillkürlichen Versteifung des gesamten Gelenksystems, besonders der unteren Extremitäten an den Stützflächen: Sitz und Fußhebel. Je stärker die Versteifung, desto besser ist unter sonst gleichen Bedingungen wieder die Übertragung der Erschütterungen von Flugzeugteilen auf den Organismus.

Die praktische Bedeutung der Vibrationsempfindungen beim Motorfluge ergibt sich aus der Tatsache, daß auch bei eingetretener Adaptation Störschwingungen sofort wahrgenommen werden. Auf diese Weise können Störungen im Getriebe, auch am Flugwerk (Schlagen locker gewordener Teile), ja der Grad vermehrter Beanspruchung des Flugzeuges überhaupt, erkannt werden. Der Vibrationssinn wird auf diese Weise zum Fernsinn. Voraussetzung ist nur, daß der Führer eine entsprechende Schulung besitzt.

Über die mechanischen Wirkungen der Erschütterungen, insbesondere über ihre Kreislaufeffekte, liegen meines Wissens keine genauen Untersuchungen vor. Daß sie den Eintritt allgemeiner Ermüdung beschleunigen, zeigt die Erfahrung. Die Lästigkeitsgrenze wird — wenn diese vage Bezeichnung beibehalten werden darf — nach meinen Erfahrungen nur bei besonders schwermotorigen bzw. mehrmotorigen Apparaten dann erreicht, wenn kritische Tourenzahlen durchlaufen werden oder wenn es durch Störungen im Getriebe zu starken Interferenzen kommt. Bei Berufsfliegern sollen die Erschütterungen oft Nierenbeschwerden sowie gastrische Neurosen hervorrufen [GORE (10)].

Neben Erschütterungen treten besonders beim Landungsmanöver Stöße auf. Dieselben greifen in vertikaler Richtung an, ihre Härte ist von der Federung des Fahrgestelles, Art der Bremsung, Landungsweise (Rad- oder Dreipunktlandung) abhängig. Normalerweise sind sie bedeutungslos. Bei Bruchlandung hingegen bilden die negativen Beschleunigungen das gefährliche Moment. Ihre Kraftwirkungen werden durch eine besondere Form der Anschnallgurte [s. bei HOFFMANN (11)] verhindert, deren Festigkeit bis etwa $10 \times g$ den Führer sicher am Sitz zu halten vermag.

D. Temperatursinn.

Besonders beim Höhenfluge können Temperaturgefälle von beträchtlicher Größenordnung und Steilheit auftreten. Lassen sich doch Höhen von 6000 m, mit Temperaturen von oft — 25⁰ bis — 30⁰ schon in 5—6 Minuten erreichen. Die durch Erregung der Káltereceptoren (deren anatomisches Substrat allerdings ein wechselndes sein kann) ausgelösten Empfindungen treten bei allgemeiner Abkühlung besonders an den Körperteilen auf, deren wärmeabgebende Fläche im Verhältnis zu ihrer Masse groß ist, das sind — von den durch die Fliegerhaube gedeckten Ohrmuscheln abgesehen — Hände und Füße. Bei fortschreitender Temperaturerniedrigung tritt Kälteschmerz auf, schließlich infolge Herabsetzung der Hautsensibilität ein Gefühl der Taubheit („klamme"-Finger). Bei extremer Abkühlung leidet auch die Sensibilität tiefer liegender Gewebe. Die Káltereceptoren der Haut spielen praktisch nicht nur die Rolle eines Warners, sondern sie sind es auch, die einen wesentlichen Regulationsvorgang in die Wege leiten (thermogenetischer Reflex). Die bei tieferen Kältegraden eintretende Herabsetzung der Hautsensibilität drängt die flugpraktisch wichtige Frage auf, ob und inwieweit dadurch das Steuergefühl beeinträchtigt wird. Diese Frage unterzog v. DIRINGSHOFEN (12) einer experimentellen Prüfung. Bei seinen Versuchstemperaturen ($+ 5^0$ C Temperatur und 4 m/sec Wind bei entblößtem Oberkörper oder 15 Minuten Abkühlung der Hand und des Unterarmes im Bad von $+ 5^0$ C) war der Stellungs- und Kraftsinn nicht beeinträchtigt. Daraus schließt der genannte Autor, daß ein deutlicher Einfluß der Kälte auf die Genauigkeit der Wahrnehmung der Steuerbewegungen und der Steuerkräfte erst bei tiefgreifenden allgemeinen Kältewirkungen zu erwarten sei, die vermutlich zentral bedingte Störungen zur Folge haben. Die relative Kälteunempfindlichkeit der beiden Sinne liegt vielleicht in der tiefen Lage ihrer Empfänger (s. oben S. 63) begründet. Daß die Koordination bei niederen Temperaturen mangelhaft wird, ist selbstverständlich.

Literatur zum Abschnitt IV C, D.

1) BRECHER, G. A.: Z. vergl. Physiol. 18, 204 (1932).
2) BRECHER, G. A.: Klin. Wschr. 1934 II, 1026.
3) PIETTE, M.: Le Séismergomètre, Rech. et Inv. Paris 1930, 43 (zitiert nach 8).
4) HALL: Eng. News 68, 198 (1912).
5) MELCHIOR, P.: Z. VDI. 72, 1842 (1928).
6) REIHER, H. u. F. J. MEISTER: Forsch. Ingen.wes. 2, 381 (1931).
7) REIHER, H. u. F. J. MEISTER: Forsch. u. Fortschr. Ing.wes. 3, 177.
8) ZELLER, W.: Die Wirkung von mechanischen Bewegungen auf den menschlichen Organismus. Diss. Techn. Hochschule Braunschweig 1933.
9) KOPPE, H.: DVL-Jb. 1929, 82f.
10) GORE, TH. L.: J. of Aviation Med. 5, 80 (1934).
11) HOFFMANN, F.: Z. Hyg. 114, 44 (1932).
12) DIRINGSHOFEN, H. v.: Z. Hyg. 114, 179 (1932).

E. Gesichtssinn.

Da die Hauptorientierung des Fliegers die optische ist, kommt dem Gesichtssinn ausschlaggebende Bedeutung zu. Dementsprechend bildet die Untersuchung der verschiedenen Qualitäten dieses Sinnes den wesentlichen Teil der Eignungsprüfung. Die Art der Beanspruchung ist in vieler Hinsicht eine andere als bei sonstigen verkehrstechnischen Berufen. Darauf sowie auf die physiologischen Grundlagen der geforderten besonderen Leistung soll im folgenden näher eingegangen werden; ist doch die Kenntnis beider Voraussetzung für die Lösung der praktisch wichtigsten Frage, nämlich der Frage nach der Grenze der Leistungsfähigkeit der verschiedenen Testmethoden sowie der Organfunktion überhaupt.

a) Sehschärfe und Akkommodation.

Allgemein kann man die Sehschärfe als die Feinheit der Wahrnehmung im ebenen Sehfelde bezeichnen [GUILLERY (1)]. Ihr liegen verschiedene Leistungen zugrunde: Das Auflösungsvermögen (Erkennen von kleinsten Flächen bzw. Punkten, Sonderung mehrerer Punkte voneinander) sowie Leistungen des Raumsinnes (Erkennen von Lage und Größe der Objekte). Das Auflösungsvermögen ist umgekehrt proportional der Größe des Gesichtswinkels, unter welchem zwei Objekte eben noch gesondert gesehen werden. Der

Durchschnittswert dieses Winkels beträgt für das zentrale Sehen, und zwar für praktische Zwecke hinreichend genau 1 Minute = 60 Sekunden, die Einheit der Sehschärfe ist demnach $\frac{1}{1'} = \frac{60}{60''}$; sie erweist sich abhängig von physikalischen, physiologischen, aber auch — bei Erkennen von Buchstaben, Zahlen, bestimmt geformten Testobjekten — von psychologischen Faktoren. In physikalischer Hinsicht kommt der Beleuchtungsstärke wesentliche Bedeutung zu. Es wurde wiederholt versucht, die Beziehung zwischen Sehschärfe und Beleuchtung in gesetzmäßigen Zusammenhang zu bringen. Die angegebenen Formeln können praktisch schon aus dem Grunde nicht befriedigen, weil sich physiologische Faktoren, wie Pupillenweite, Kontrastfunktion schwer, psychologische Momente überhaupt nicht zahlenmäßig erfassen lassen. Im allgemeinen nimmt die Sehschärfe nach UHTHOFF (2) bis zu einer Beleuchtungsintensität von 4 M.K. [nach LAAN und PIEKEMA (3) bis 7 M.K.] rasch, dann langsamer zu, das Maximum liegt bei 30 bis 50 M.K.; bei stärkerer Beleuchtung erfolgt Abnahme infolge starker Lichtaberration bzw. Blendung.

Für die Flugpraxis gilt, daß allen Berufsfliegern der Gebrauch von Korrektionsgläsern untersagt ist (über den Gebrauch von Schutzgläsern s. unten S. 110). Kann doch ein Verlust derselben im praktischen Betriebe sehr leicht eintreten oder schlechte atmosphärische Verhältnisse, z. B. Regen, das Tragen ausschließen. Demgemäß sollen beide Augen normalen Refraktionszustand und volle Sehschärfe besitzen. Nach der Pariser Konvention im Jahre 1919 wurde als Voraussetzung für die Eignung eine Sehschärfe von 1 vorgeschrieben. Bei einer derartigen Forderung ist aber die Zahl der Ungeeigneten allzu hoch. Heute begnügt man sich mit einer zweiäugigen Gesamtschärfe von $\frac{9}{10}$, d. h. es muß entweder jedes einzelne Auge $\frac{9}{10}$ aufweisen, oder wenn an dem einen Auge $\frac{8}{10}$ vorhanden sind, muß das andere über volle Sehschärfe verfügen [HERLITZKA (4)]. In manchen Staaten wird hingegen an der strengen Forderung einer Sehschärfe von beiderseits für 1 festgehalten, soweit es sich um Berufsflieger handelt. Für Hypermetrope, welche im jugendlichen Alter bis zu einem gewissen Grade ausgleichen können, sind 2 Dioptrien als zulässige Grenze festgelegt.

Da der Nachtflugverkehr ständig zunimmt, ist es notwendig, das Verhalten der Sehschärfe bei herabgesetzter Beleuchtung bzw. bei Dunkeladaptation zu verfolgen. Bei Dunkeladaptation (mit einer vollständigen ist im Flugbetriebe allerdings selten zu rechnen, s. unten S. 106) zeigt sich im allgemeinen eine Abnahme der Sehschärfe; das helladaptierte Auge zeigt sich dem dunkeladaptierten überlegen, und zwar auch bei einer Beleuchtungsintensität, die das Dunkelauge nicht blendet, die aber noch weit unter dem Optimum für das Hellauge liegt. Nur bei sehr schwacher

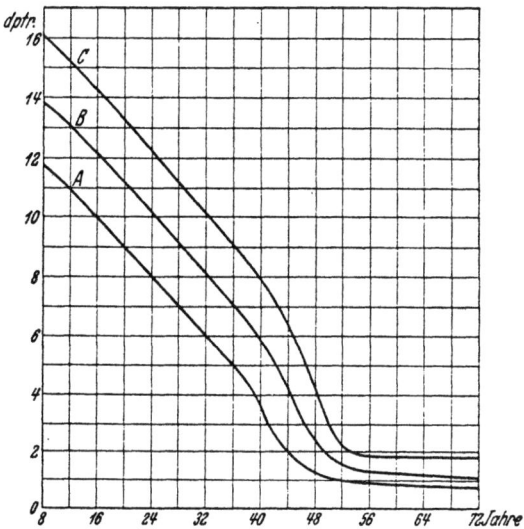

Abb. 14. Die Veränderung der Akkommodationsbreite mit dem Alter. *A* untere *C* obere physiologische Grenze, *B* Mittelwert.

Beleuchtung unterscheidet das Dunkelauge etwas besser als das Hellauge, doch lange nicht um so viel besser, als der Steigerung seiner Lichtempfindlichkeit entspricht. Diesen Grenzfall ausgenommen erscheinen also die Gegenstände dem dunkeladaptierten Auge zwar heller, aber weniger scharf [GUILLERY (1)].

Da der Flugzeugführer gezwungen ist, seine Augen in ständigem und schnellem Wechsel sowohl in die Ferne wie in die Nähe einzustellen, ist seine Akkommodationsbreite sowie die Schnelligkeit der Akkommodation von großer praktischer Bedeutung. Zu fordern ist, daß die Akkommodationsbreite dem Alter entsprechend ist; ein Minimum von 4 Dioptrien muß aber auf jeden Fall vorhanden sein [s. bei BAUER (5)], d. h. der Nahepunkt darf nicht jenseits der üblichen deutlichen Sehweite (25 cm) hinausrücken. Demnach ist die physiologische Abnahme der Akkommodationsbreite mit dem Alter ein Umstand, der unter Umständen einen in sonstiger Hinsicht geeigneten Piloten flugdienstuntauglich machen kann. In vorstehender Abb. 14 [nach ERGGELET (6)] ist das Ergebnis einäugiger Akkommodationsprüfungen von mehr als 4200 Augen zusammengefaßt. Beharrt man auf der Forderung, daß 4 D. unbedingt notwendig sind, so ergibt sich, daß dieser Grenzwert zwischen 40 und 50 Jahren erreicht werden kann (allerdings spielen bei der Presbyopie nicht allein Altersveränderungen der Linse, sondern auch die habituelle Pupillenweite eine Rolle). Auch die Akkommodationszeiten werden länger. Die Dauer des Überganges vom Fern- zum Nahesehen beträgt 0,39 bis 0,82 Sekunden, die des Überganges vom Nahe- zum Fernsehen 0,5 bis 1,16 Sekunden [FERREE und RAND (7)]. BANISTER und POLLOCH (8) fanden bei einem 40jährigen für den Übergang von 6 m auf 0,4 m, also für $2^1/_2$ D. Änderung 0,62, bei einem 20jährigen 0,4 Sekunden.

b) Tiefenschärfe und Entfernungsschätzung.

Neben normaler Sehschärfe ist — ganz allgemein gesprochen — eine gute „Entfernungsschätzung" Haupterfordernis für Flugzeugsteuerung. Im Gegensatz zu anderen Berufen wird diesbezüglich nicht nur eine weitgehende Genauigkeit, sondern auch Schnelligkeit gefordert. Sind doch bei der Landung ganz bestimmte, über das Wohl und Wehe von Flugzeug und Insassen entscheidende Steuermanöver in einer bestimmten Höhe über dem Boden in wenigen Sekunden durchzuführen. Die ungeheuer große, praktische Wichtigkeit eines „guten Schätzungsvermögens" dieser Höhe zeigt die tägliche Praxis, zeigt auch die allgemeine Erkenntnis, daß die Landung immer „das dicke Ende des Fluges ist". Auch die Unfallstatistik läßt dies erkennen. Von 58 Unglücksfällen waren 42 auf Urteilsfehler zurückzuführen, davon 38 allein bei der Landung (nach einer englischen Statistik). Aber nicht nur bei der Landung kommt es auf Entfernungsschätzen an; auch beim Geschwaderflug und vor allem auch bei Angriffs- und Verteidigungshandlungen in der Luft.

Im Gegensatze zur Landung spielt beim Start die Entfernungsschätzung nach der Tiefe nur eine untergeordnete Rolle. Der Abflug wird folgendermaßen bewerkstelligt: Durch langsames und stetiges Vorschieben des Gashebels wird das Rollen der Maschine eingeleitet, wobei das Höhensteuer vorgehalten wird; bei einer gewissen Geschwindigkeit hebt sich der Schwanzteil vom Boden. Das Einhalten der Startrichtung durch Betätigung des

Seitensteuers erreicht der Anfänger am besten durch Anvisieren eines fernen Objektes in der Startrichtung. Ist die Horizontallage und die notwendige Geschwindigkeit erreicht, so wird das Höhensteuer wieder angezogen, wodurch sich die Maschine vom Boden abhebt. Nach Abheben muß etwas nachgedrückt werden, um den gefährlichen „überzogenen" Start mit Geschwindigkeitsverlust zu vermeiden.

Das Landungsmanöver besteht darin, daß in bestimmter Höhe über dem Boden (etwa 4—6 m) das Höhenruder allmählich angezogen wird, sodaß die Gleitgeschwindigkeit immer mehr abnimmt. In etwa 1—2 m Höhe beginnt der eigentliche Landungsvorgang: Es wird durch weiteres Anziehen des Höhensteuers das Flugzeug „abgefangen", d. h. die Geschwindigkeit horizontal gerichtet (die Vorwärtsgeschwindigkeit, die es in diesem Momente hat, ist die sog. Landegeschwindigkeit; sie beträgt 15—30 m/sec). In dieser Lage sucht es der Führer zu halten, er läßt es also in geringer Höhe „ausschweben". Dabei nimmt die Geschwindigkeit kritisch ab, die Maschine wird also „durchsacken". In diesem Momente muß das Höhensteuer stark angezogen werden, bis Räder und Sporn („Dreipunktlandung") zugleich den Boden berühren und das Flugzeug rollt. Das Wichtigste ist das Abfangen in bestimmter Höhe. Zu frühes oder zu spätes Abfangen führt zu Bruchlandung. Abgesehen davon muß es immer dem fliegerischen Feingefühl und der Besonnenheit des Piloten überlassen

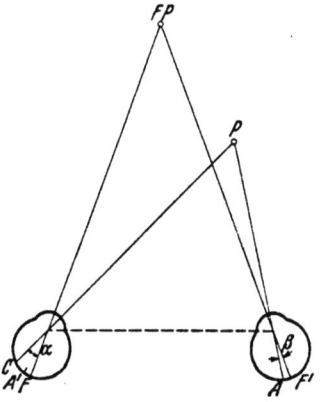

Abb. 15. Schematische Darstellung der binokularen Parallaxe.

bleiben, die Landung je nach Typ und Stabilität der Maschine, Wind- und Bodenverhältnissen in den einzelnen Phasen derart zu leiten, daß sie möglichst sanft erfolgt.

Vom physiologisch-optischen Gesichtspunkte aus betrachtet ist lediglich die Tatsache maßgebend, daß die Einleitung der Steuermanöver bei Landung auf Grund einer ganz bestimmten Tiefenwahrnehmung zu erfolgen hat. Da die Entfernung der nach der Tiefe zu lokalisierenden Fläche nicht außerhalb des Bereiches (s. unten) der Tiefensehschärfe fällt, so kommt rein theoretisch diese in erster Linie als Grundlage der Tiefenwahrnehmung in Frage.

Die Tiefensehschärfe ist eine Funktion des binokularen Sehaktes, ihre Voraussetzung die binokulare Parallaxe. Praktisch kommt dabei die sog. relative in Betracht, das ist jene, welche einem Punkt zukommt, wenn ein anderer fixiert wird. Ein vor (oder hinter) dem Fixationspunkt gelegener Objektpunkt (s. Abb. 15) wird in beiden Augen unter verschiedenem Gesichtswinkel abgebildet. Die Differenz der beiden Gesichtswinkel ($\alpha - \beta$) kann als Maß der Parallaxe dienen. Deren Größe ergibt sich für Punkte, welche der durch beide Augen gelegten Horizontalebene sowie der Medianebene nahe und in nicht zu geringem Abstande von den Augen liegen mit: $\frac{2a\,(E_1 - E_2)}{E_1 \cdot E_2}$, worin $2a$ der Abstand beider Augen (rund 65 mm) und E_1, E_2 die bezüglichen Entfernungen der beiden Punkte von den Augen bedeuten. Ist der Tiefenabstand δ der beiden Punkte sehr klein im Vergleich zur Entfernung vom Beobachter, dann kann die Parallaxe durch die Formel: $\frac{2a\,\delta}{E^2}$ ausgedrückt werden [v. KRIES (9)]; sie ist also umgekehrt proportional dem Quadrate der Entfernung, aus der die beiden Punkte gesehen werden [bezüglich elementarer Ableitung der Formeln für Berechnung der Tiefenunterschiede s. bei HOFMANN (10)]. In welcher Beziehung steht diese physikalische Parallaxe zur physiologischen, d. h. unter welchen Bedingungen und bei welchen Grenzwerten der physikalischen Parallaxe wird ein gegebener Objektpunkt eben noch als näher oder ferner vom Fixationspunkt liegend erkannt? Der physikalischen Parallaxe eines Punktes entspricht physiologisch eine querdisparate Abbildung, d. h. die Bildpunkte fallen in beiden Augen nicht auf korrespondierende Netzhautstellen, das sind — praktisch gesprochen — Netzhautstellen, welche die Empfindung: „ein Punkt in mittlerer Sehrichtung und in gleicher Entfernung wie der Fixationspunkt gelegen" vermitteln. Auf korrespondierenden Stellen — F, F' in Abb. 15 — wird der Fixationspunkt FP abgebildet. Das Bild des vor dem Fixationspunkt gelegenen Objektpunktes P fällt im rechten Auge auf A, im linken Auge hingegen nicht auf die korrespondierende Stelle A', sondern auf C, das ist auf eine Stelle, die von der korrespondierenden schläfenwärts abgelegen ist. Diese sog. temporaldisparate Abbildung ist unter bestimmten Voraussetzungen mit einer neuen Empfindungsqualität verbunden: der Objektpunkt scheint näher gelegen als der fixierte Punkt. Sog. nasaldisparate Abbildung vermittelt dementsprechend die Empfindung: „ferner als der Fixationspunkt". Diese Darstellung entspricht natürlich einem groben Schema. In Wirklichkeit liegen auch die korrespondierenden Netzhautstellen in beiden Augen nicht unter gleichem Öffnungswinkel bzw. nicht gleich weit von der Fovea centralis ab. Es ist demnach nicht die physikalische Parallaxe, sondern die physiologische Querdisparation maßgebend für die Stereofunktion des Auges [s. TSCHERMAK (11)]. Rein empirisch lassen sich aber die Werte der physikalischen Parallaxe festlegen, bei welcher eben noch ein deutlicher Tiefenunterschied wahrgenommen wird. Diese Werte dienen als Maß für die Tiefensehschärfe; sie gelten natürlich nur unter ganz bestimmten Bedingungen. Als derartige Minimalwerte parallaktischen Richtungsunterschiedes wurden solche von 5'' bis 10'' gefunden (vgl. A. TSCHERMAK). Prüft man die Tiefensehschärfe durch Einstellung eines mittleren Fadens oder Stabes in einer der Stirnebene parallelen Ebene, welche durch seitliche Fäden oder Stäbe markiert ist, so zeigt sich eine Abhängigkeit von der Beobachtungsdistanz, vom Gesichtswinkel für den seitlichen Abstand der Fäden bzw. Stäbe sowie von der Beleuchtung. So ergaben sich z. B. bei mittlerer Tagesbeleuchtung und 2 m Entfernung für einen Seitenabstand von 10', 1°, 3°, 6° die Werte 12,6'', 14,4'', 27'', 39''; bei 6 m Entfernung und 1° Seitenabstand bei mittlerer Tagesbeleuchtung 10,3'', bei starker künstlicher Beleuchtung hingegen 6,6'' [HOFMANN (12)]. Überschreitet die Parallaxe bzw. die disparate Abbildung einen gewissen Maximalwert, so kommt es zum Auftreten von Doppelbildern. Das ist je nach Übung und Art der Prüfung der Fall bei Werten von 5' bis 20'. Hingegen läßt ein parallaktischer Richtungsunterschied der Höhe nach Tiefensehen vermissen, z. B. die Betrachtung von Drähten, welche in verschiedener Entfernung vom Beobachter horizontal ausgespannt sind. Die Tiefensehschärfe nimmt natürlich mit der Entfernung der beobachteten Objekte rasch ab. Nimmt man als Grenzwert der Parallaxe, bei dem eben noch ein merklicher Tiefenunterschied auftritt, einen Wert von 10'' an, so ergibt sich theoretisch als Grenze des stereoskopischen Sehens eine Entfernung von 1340 m, praktisch eine solche von 240 m [HELMHOLTZ (13)] bzw. 220 m [COULLAUD (14)] bzw. 90 m [WÄCHTER (15)]. In der Netzhautperipherie ist die Tiefensehschärfe geringer [HEINE (16)], ebenso bei Dunkeladaptation des Auges. Form und Farbe der Objekte sollen dagegen ohne Einfluß sein [PULFRICH (17)]. Es haben weiterhin eine Unzahl von Untersuchungen, die sowohl von physiologischer wie von psychologischer Seite vorgenommen wurden, die unleugbare Tatsache ergeben, daß ein und dieselbe physikalische Parallaxe oder eine und dieselbe physiologische Querdisparation mit subjektiv ganz verschiedener Tiefenwahrnehmung einhergehen kann, daß also der subjektive Tiefenmaßstab sehr veränderlich ist. Dabei erweist sich nämlich die Vorstellung von der absoluten Entfernung, welche der fixierte Gegenstand als Objekt der Aufmerksamkeit erweckt, als wesentlich mitbestimmend. Es spielt also die subjektive Entfernung, die sog. Sehferne, eine wichtige Rolle, weiterhin aber auch die von der Sehferne abhängige scheinbare Größe der Objekte, die sog. Sehgröße. Damit sind die Beziehungen zwischen Größe der Parallaxe und Größe des subjektiven Tiefenunterschiedes sehr verwickelt geworden (s. die Ausführungen A. TSCHERMAKs). Sicher ist lediglich, daß körperliche Objekte in einem bestimmten Entfernungsbereich, in der sog. orthoskopischen Zone (20—25 cm Beobachtungsdistanz) in allen ihren Abmessungen „richtig" gesehen werden. Je weiter das Objekt abliegt, desto mehr wird seine Tiefenerstreckung unterschätzt, je näher es liegt, desto mehr überschätzt.

Es besitzen aber auch die Eindrücke, die wir jenseits der Grenze der stereoskopischen Sehschärfe bei Gebrauch beider Augen erhalten, Tiefenqualität ebenso wie jene, welche durch einäugiges Sehen vermittelt werden. Demnach gibt es auch eine nichtstereoskopische Tiefenlokalisation. Als Faktoren, die eine Tiefenauslegung gestatten, sind zu nennen: 1. Empfindungen bei verschiedener Entfernungseinstellung beider Augen, besonders die, welche bei Konvergenzwechsel auftreten (bei relativer Nähe der Objekte). 2. Parallaktische Verschiebungen, welche äußere Objekte bei Augenbewegungen oder bei Bewegung des Kopfes oder des Gesamtkörpers zeigen. 3. Linearperspektive und teilweise Überdeckung der Objekte. 4. Deren Sehgröße, Schatten- und Glanzverteilung. 5. Verschiedene Helligkeiten bzw. verschiedene Eindringlichkeit der Objekte. 6. Besonders beim Fernsehen die sog. Luftperspektive.

Auf Grund welcher Faktoren erfolgt nun die Abstandsschätzung des Erdbodens beim Landungsmanöver? Diesbezüglich muß vor allem mit Nachdruck hervorgehoben werden, daß die über die stereoskopische Funktion beider Augen im weitesten Sinne des Wortes gewonnenen Erkenntnisse bei relativer Ruhe von Beobachter und Objekt gewonnen wurden. Bei Flugzeuglandung handelt es sich aber um die in wenigen Sekunden vorzunehmende Tiefenlokalisation einer Fläche, über welche die Augen mit beträchtlicher Geschwindigkeit geführt werden. Je größer die Landegeschwindigkeit wird, desto ausgesprochener wird die optische Gleichform dieser

Fläche, auf der ja größere körperliche Objekte normalerweise fehlen. Untersuchungen, welche Aufschluß geben könnten über die Faktoren, die unter diesen und den sonstigen Bedingungen des praktischen Flugbetriebes die Genauigkeit der Tiefenlokalisation bestimmen, fehlen; dies wohl deshalb, weil sich eben diese Bedingungen im Laboratorium schwer herstellen lassen. Gibt die praktische Flugerfahrung Anhaltspunkte? Diesbezüglich steht Folgendes fest: Der Anfänger fängt in dem Momente die Maschine ab, in welchem er die Gräser oder Blumen des Flugfeldes scharf sieht; bei der relativ geringen Landegeschwindigkeit der Schulflugzeuge ist dies ohne weiteres möglich. Bei dauernder Übung mit dem gleichen Typ stellt sich dann auch ohne diesen „Test" eine Sicherheit der Tiefenschätzung ein. Werden aber andere Typen geflogen, ändert sich also die Augenhöhe in beträchtlichem Ausmaße gegenüber dem Boden im Vergleich zur Schultype, dann gehen die ersten Landungen immer mit einem Gefühle der Unsicherheit einher. Bei den ersten Landungen mit Großflugzeugen mit ihren hochgelegenen Führersitzen bleibt dem Führer — wenn er nicht alles aufs Geratewohl riskieren will — nichts anderes übrig, als durch Anbringen von abstehenden Metallschienen am Boden oder Fahrgestell des Flugzeuges für Schallsignale zu sorgen, die ihm die Höhe der Räder über dem Erdboden beim Anfliegen anzeigen. Der Flugerfahrene wird aber sehr bald diese neue Abstandslokalisation beherrschen. Spielt neben der Sehgröße auch die Tiefensehschärfe eine Rolle? Das ist ganz bestimmt der Fall. Schon bei der Abstandslokalisation einer Fläche unter Fehlen jeglicher Objekte im Blickfeld kommt der Querdisparation der Abbildung ausschlaggebende Bedeutung zu. Sind doch im indirekten Sehen immer Teile des eigenen Körpers sichtbar. Schaltet man diese und damit jede Querdisparation der Netzhautbilder z. B. durch Vorsetzen röhrenförmiger Blenden aus, dann wird die Abstandslokalisation auffallend unbestimmt, ja falsch [HILLEBRAND (18)]. Beim Beobachten vom Führersitz aus sind überdies noch Teile des Flugzeuges, die in großer Tiefenerstreckung einen beträchtlichen Teil des Blickfeldes füllen und mit dem Fühlbilde des Körpers in fester Beziehung stehen, gegeben. Welche von den oben angeführten die Tiefenauslegung begünstigenden Faktoren, die ja unter gewöhnlichen Verhältnissen das binokulare, stereoskopische Sehen ungemein fördern, sind hier in Betracht zu ziehen? Der Sehgröße wurde bereits Erwähnung getan. Die Empfindungen, die mit

Konvergenzänderungen einhergehen, spielen bestimmt keine Rolle — schon aus dem einfachen Grunde nicht, weil die Beobachtungsdistanz höhere Konvergenzgrade ausschließt. Andere Faktoren aber wie Linearperspektive usw. sind meines Erachtens ebenfalls bedeutungslos, weil der Tiefe nach gestaffelte körperliche Objekte am Landungsfelde nicht vorhanden sind. Daß auch die Geschwindigkeit, mit welcher sichtbare Teile des Flugzeuges in bestimmter Höhe über den Boden gleiten bzw. die Änderung dieser Geschwindigkeit — also die Parallaxe von Flugzeug und Boden — ein wesentliches Moment bei der Abstandslokalisation bildet, ist eine Annahme, deren Richtigkeit erst bewiesen werden müßte. Es ergibt sich mithin, daß es beim Anfänger die Stereofunktion der Augen sowie die Sehgröße sind, auf Grund welcher die Tiefenlokalisation bei der Landung erfolgt. Landungsübungen bedeuten ein planmäßiges Üben der Tiefenschätzung. Die hierdurch geschaffenen Erinnerungsbilder sind es, welche bei Reproduktion mit dazuhelfen, diese Tiefenschätzung vollkommen zu machen. Fehlen diese Erinnerungsbilder, z. B. bei Landungen mit einem anderen Flugzeugmuster oder mit dem gleichen Muster im Scheinwerferlicht, dann ist eine Umschulung, also ein Erwerb anderer notwendig. Dies ist auch beim „Wassern" oder Landen auf Schnee der Fall, wobei jedoch auch die Technik der Landung eine etwas abweichende ist.

Die Tatsache, daß auch Einäugige, die allerdings meist als Normale Fliegen gelernt haben, ausgezeichnet zu landen vermögen, spricht nicht gegen die Bedeutung des wirklichen stereoskopischen Sehens bei diesem Manöver. Denn daß eine Entfernungsschätzung nach der Tiefe lediglich auf Grund von Sehferne, Sehgröße und unter Verwertung von Erinnerungsbildern vollkommen sein kann, zeigt auch das Verhalten von geübten Normalen bei Entfernungen, die über die Grenze der Tiefensehschärfe hinausgehen. Die Tiefenschätzung Einäugiger bei Nahesehen wird aber nur dann hinreichend zuverlässig sein, wenn der Verlust des Binokularsehens seit Jahren besteht.

Einer besonderen Erwähnung bedarf noch die Landung mit Maschinen hoher Landegeschwindigkeit, z. B. mit Rennflugzeugen, die bei 200 km/h zu Wasser gebracht werden müssen. Hier herrschen andere Verhältnisse. Der Flieger muß die Landungsfläche auf weite Entfernung anvisieren, also nicht nach seitlich-unten, sondern nach vorne beobachten; dabei tritt aber die Lokalisation nach der

Tiefe vollkommen zurück. Denn es handelt sich jetzt um eine Abstandslokalisation nach der Höhe im Sinne von oben-unten. Übergänge zwischen Tiefen- und Höhenlokalisation finden sich bei Landungen mit jeder schnellen Maschine. Auch dann kommt dem wirklichen stereoskopischen Sehen praktisch keine Bedeutung zu, wenn es sich während des Fluges mit Maschinen von über 350 km/h Geschwindigkeit um Abstandslokalisation sich begegnender Flugzeuge oder um Höhenabschätzung bei Sturzflügen handelt. Wie oben bemerkt, reicht die zweiäugige Tiefenwahrnehmung praktisch nicht über 200 m hinaus. Diese Strecke wird aber in rund 2 Sekunden zurückgelegt. Demgemäß muß der Führer schneller Flugzeuge seine Aufmerksamkeit auf größere Entfernungen einstellen. Unter diesen Bedingungen kommen für die Tiefenlokalisation nur die Sehgröße der Objekte sowie allenfalls noch deren geometrisch-perspektivische Auslegung in Betracht.

Nicht nur bei Landung, sondern auch beim praktischen Flugbetrieb überhaupt (Bedienung von Bordgeräten, Abschätzen der Entfernung von Hindernissen beim Ansetzen zur Landung) ist stereoskopisches Sehen erforderlich. Dementsprechend wird die Tiefensehschärfe bei der Eignungsprüfung seit langem berücksichtigt. Das gangbare Prinzip der Untersuchung besteht darin, daß der Untersuchte bei bewegtem Blick über verschiedene Beobachtungsentfernungen und unter Ausschluß jeglicher Vergleichsobjekte im Blickfeld zwei bewegte Nadeln mit einer festen in eine gemeinsame Ebene zu stellen hat [s. BAUER (4), HERLITZKA (5)]. Es wird dabei gefordert, daß bei 6 m Beobachtungsdistanz die Fehleinstellung einen Wert von ± 25 mm (entsprechend einer Parallaxe von 10″) nicht überschreiten soll. Obwohl diese Testmethode in vieler Hinsicht ganz ausgezeichnet ist, ist doch die Beanspruchung ganz anders als beim praktischen Flugbetrieb, da nicht bewegte Objekte, sondern ruhende nach ihrer Tiefenanordnung zu prüfen sind. Sinngemäßer wäre eine Anordnung, welche es gestattet, Stäbe, die sich mit veränderlicher Geschwindigkeit auf den Beobachter zu oder von diesem weg bewegen, durch Abbremsen in eine durch fixe Stäbe markierte Ebene einzuordnen. [Über andere, weniger gebräuchliche Testmethoden s. bei BAUER (5), WÜRDEMANN (19).]

Für eine gute Tiefensehschärfe ist nicht nur Normalsichtigkeit beider Augen, sondern auch deren normales motorisches

Zusammenspiel Voraussetzung. Nun sind aber die beiden okulomotorischen Apparate von Natur aus nicht vollkommen gleich, was sich in einer Verschiedenheit der gegenseitigen Lage bei Abblendung des einen Auges zeigt. Eine unter diesen Bedingungen gleichbleibende Lage bzw. Orientierung, eine sog. Orthophorie, ist bekanntlich eine Seltenheit [BIELSCHOWSKY (20)]. Abweichungen nach verschiedenen Richtungen, sog. Heterophorien, sind der gewöhnliche Befund bei Normalen. Der Ausgleich dieser motorischen Asymmetrien bei beidäugiger Fixation bzw. bei Blickbewegung erfolgt durch Korrektivbewegungen (sog. Fusionsbewegungen), welchen eine Art bedingter Reflexe zugrunde liegt. Solange dieser Ausgleich vorhanden ist, besteht keine Beeinträchtigung des Binokularsehens; erst wenn derselbe versagt, wird das latente Schielen, wie man bestehende Heterophorien bezeichnen kann, zum manifesten Schielen, mit der Folge des Auftretens von Doppelbildern beim Normalen. Eingehendere Untersuchungen an Normalen [M. H. FISCHER (21)] haben ergeben, daß die Heterophorien besonders zeitlich überaus verschieden sein können und zwar nicht nur dem Ausmaße, sondern auch dem Sinne nach; dieser erweist sich auch oft abhängig von der Beobachtungsdistanz. Eine einmalige Bestimmung ist daher von sehr zweifelhaftem praktischem Werte. Dabei ist der Befund einer starken Heterophorie an und für sich kein nach irgendeiner Richtung besonders zu wertendes Zeichen, wenn die Korrektivbewegungen von entsprechender Güte und Schnelligkeit sind. Bekannt ist, daß hochgradige Ermüdung das motorische Zusammenspiel beider Augen aufhebt, also leicht zum Auftreten von Doppelbildern führt. Dabei braucht es sich aber nicht um eine Insuffizienz der Fusionsbewegungen zu handeln, sondern es kann auch eine Konvergenzschwäche vorliegen, also die Schwäche einer Bewegung, welche auch der Willkürinnervation unterliegt. Wenn angegeben wird, daß bei höheren Graden von Heterophorien die Gefahr des Auftretens von Doppelbildern bestehe, z. B. bei allgemeiner Erschöpfung oder bei Höhenflügen infolge Sauerstoffmangel, so gilt das gleiche auch für die Willkürbewegungen der Augen. Ich sehe also keinen Grund, Leute mit hochgradigen Heterophorien vom Fliegerberufe auszuschließen, bzw. nach diesen bei der Eignungsprüfung besonders zu fahnden. Praktisch genügt die Prüfung der Tiefensehschärfe, da sich hierbei bestehende binokulare Asymmetrien, sei es der Refraktion, sei es des motorischen Zusammenspieles, sofort zeigen.

c) Bewegungssehen.

Wie aus den obigen Darlegungen hervorgeht, betrifft die optische Lokalisation des Fliegers in der Luft größtenteils Objekte, gegen welche er sich bewegt oder die sich selbst bewegen. Dementsprechend soll hier kurz auf die Physiologie des Bewegungssehens eingegangen werden. Für das Sehen wirklicher Bewegungen ist eine gewisse minimale Winkelgeschwindigkeit der retinalen Bildverschiebung Voraussetzung. Diese beträgt im direkten Sehen 1—2' pro Sekunde [AUBERT (22), BOURDON (23)], wenn außer den bewegten Objekten noch andere, ruhende vorhanden sind. Fehlen diese, dann muß die Winkelgeschwindigkeit um das 10—20fache gesteigert werden, um eine Bewegungsempfindung auszulösen. Diese Minimalgeschwindigkeiten der Objektverschiebung werden bei unbeschleunigtem Geradeausflug von bestimmten Flughöhen ab nicht erreicht; demgemäß fehlt hier auch jede Bewegungsempfindung bei Betrachtung der Erdoberfläche. Die größte Geschwindigkeit, die im direkten Sehen noch als Bewegung wahrgenommen wird, beträgt $1,5^0$ pro 0,01 Sekunde bei lichtschwachen, $3,5^0$ bei helleren Objekten (BOURDON). Während es aber bei Beobachtung im ebenen Sehfelde gleichgültig ist, ob mit einem oder beiden Augen beobachtet wird, ist für das Bewegungssehen in die Tiefe bei einäugiger Beobachtung eine mehr als doppelt so große Geschwindigkeit des bewegten Versuchsobjektes notwendig als bei binokularer, damit die Bewegung eben noch erkannt wird [FALLERT (24)]. Im indirekten Sehen müssen die Objektverschiebungen zwecks Erkennung wesentlich größer werden, die Bewegungsempfindlichkeit (Sehschärfe für Bewegungen) nimmt also von der Fovea nach der Peripherie ab [BASLER (25)]. Trotz dieser Abnahme der Empfindlichkeit für Bewegungen im peripheren Sehen zeigt sich immer eine Überlegenheit dieser Empfindlichkeit über die Sehschärfe. Man kann daher die Netzhautperipherie als Bewegungsrezeptionsorgan bezeichnen [EXNER (26)]. Auch wird die Bewegungsgeschwindigkeit unter sonst gleichen Bedingungen im indirekten Sehen immer größer eingeschätzt. Bei Aufenthalt im Dunkeln ist die Bewegungsempfindlichkeit, da Vergleichsobjekte nicht sichtbar sind, geringer. Was die Beurteilung der Geschwindigkeit von in der Blickrichtung, also der Tiefe nach bewegten Objekten betrifft, so kommt bei Fehlen von Vergleichsobjekten, wie es z. B. bei Begegnung von Flugzeugen in der Luft der Fall ist, meines Erachtens praktisch lediglich die Änderung der Sehgröße in Betracht.

Eine besondere Rolle spielen in der Fliegerei auch Empfindungen von Bewegungen, die man als Scheinbewegungen bezeichnet, obwohl es sich praktisch meist um eine subjektive Übertragung der Bewegung des eigenen Körpers auf die Umgebung handelt. Diese Art der Scheinbewegung tritt besonders bei Durchführung von Kunstflugfiguren auf. Es ist ja bekannt, daß, wenn der Gesamtkörper passiv bewegt wird, das objektiv ruhende fixierte Objekt als bewegt empfunden werden kann, während gleichzeitig die tatsächliche Bewegung des eigenen Körpers nicht empfunden wird, z. B. bei Beobachtung aus dem fahrenden Zug. In ganz analoger Weise ist dies beim Anfänger in der Luft z. B. bei Durchführung eines Loopings oder einer Rolle der Fall. Hier besteht auch die Empfindung der Ruhe des eigenen Körpers, während Himmel und Erdoberfläche in entgegengesetztem Sinne zu kreisen scheinen. Es wird also im Momente der Rückenlage des Flugzeuges der Himmel unten, die Erde oben lokalisiert. Wird aus einer Flugfigur sofort in die andere übergegangen, so tritt sehr bald beim Unerfahrenen das unangenehme Gefühl einer vollkommenen Desorientierung im Raume auf. Empfindliche Personen leiden hierbei an Schwindel, der sich bis zur Nausea steigern kann. Dabei ist die genannte Übertragung der Bewegungsempfindung direkt zwangläufig. Die Ursache dieser Übertragung beim Anfänger liegt darin, daß die passive Bewegung des Gesamtkörpers ohne Erregung anderer Sinnesorgane — insbesondere der Oberflächen- und Tiefensensibilität und des Labyrinthes — vor sich geht. Sind doch bei sachgemäßer Durchführung der Flugmanöver die Winkelbeschleunigungen unterschwellig, während die resultierende Massenbeschleunigung, die in gleicher Richtung wie beim Geradeausflug angreift, nur die Empfindung eines Steigens oder Fallens auslösen kann. Der Flugerfahrene hingegen perzipiert die passive Bewegung, ihm erscheinen Himmel und Erde ruhend. Dabei kommt es aber ganz auf die Einstellung der Aufmerksamkeit an. Macht man als flugerfahrener Beobachter diese Flüge mit und beobachtet dabei so, daß man möglichst wenig Teile des Flugzeuges im peripheren Gesichtsfeld hat und weiß man nichts von der Art des bevorstehenden Manövers, dann tritt die Scheinbewegung auf. Visiert man hingegen über einen bestimmten Kontur des Flugzeuges Erde und Himmel an und schafft damit einen relativ starr mit dem eigenen Körper verbundenen, wenn auch vereint mit diesem selbst bewegten „Anhaltspunkt", dann erfolgt sofort der Umschlag, indem jetzt die Bewegung der Maschine und damit die des eigenen Körpers empfunden wird. Diese Art der Blickhaltung ist die des Piloten: er unterliegt daher nicht der Täuschung.

Analoge Übertragungen der Bewegungsempfindung lassen sich auch experimentell erzeugen, und zwar unter Verwendung eines sog. optischen Drehrades, das ist eines Zylinders mit abwechselnd weißen und schwarzen Längsstreifen. Wird die in der Mitte dieses zunächst ruhend belassenen Zylinders auf einem Drehstuhl sitzende Versuchsperson gedreht, so kommt es bei einer bestimmten Drehzahl und dann, wenn die Winkelbeschleunigung unterschwellig geworden ist, zur Empfindung, daß das Drehrad sich in entgegengesetzter Richtung drehe, während der Körper vollkommen ruhig im Raume verharre. Wird in diesem Stadium ein vor den Streifen gehaltener Finger fixiert, also ein mit dem Körper starr verbundener „Anhaltspunkt" geboten, so tritt sofort wieder Drehempfindung des Körpers in der ursprünglichen Richtung ein und das Drehrad wird ruhend gesehen [M. H. FISCHER (27)]. Der Versuch kann auch dahin variiert werden, daß das Drehrad um die ruhende Versuchsperson gedreht wird. Werden wieder die Streifen fixiert, so kommt es bei einer bestimmten Drehzahl zur Empfindung einer Scheindrehung des eigenen Körpers gegen das ruhend gesehene Rad. M. H. FISCHER ist nun geneigt, diesen Übergang von Bewegungssehen in eine Bewegungsempfindung des eigenen Ich mit motorischen Erscheinungen am Auge, und zwar mit der raschen (korrektiven) Phase des optokinetischen Nystagmus in Zusammenhang zu bringen. Er führt an, daß auch dann, wenn nicht die Streifen des Drehrades, sondern ein vor diesem liegendes Objekt fixiert wird, die Augen nicht ruhig stehen, sondern kleine Bewegungen ausführen, die sich von den eigentlichen Fixationsschwankungen unterscheiden und die er als „Fixationsnystagmus" bezeichnet. Bei Beobachtung von Objekten der Erdoberfläche oder des Himmels (Wolken) aus dem einen Looping oder eine Rolle ausführenden Flugzeug habe ich aber nie das Anzeichen eines optokinetischen Nystagmus feststellen können (gleichzeitige Beobachtung eines linearen Nachbildes). Das Auftreten eines solchen ist auch nicht zu erwarten, da die Geschwindigkeit der Verschiebung der Einzelbilder der genannten Flächen infolge der großen Entfernung unterschwellig ist (s. oben S. 89), andererseits der Wechsel zwischen hellem Himmel und dunkler Erdoberfläche viel zu langsam erfolgt. Nach meiner Ansicht ist die retinale Bildverschiebung an sich das primäre Moment. Der Übergang von Bewegtsehen in eine Bewegungsempfindung hängt von besonderen physiologischen (s. oben) sowie psychischen Faktoren ab; von letzteren erscheint vor allem die Zuwendung der Aufmerksamkeit ausschlaggebend zu sein; Aufgabe der Fixation, Blickzuwendung bedeutet ja nichts anderes. Daß diesem psychischen Faktor beim Bewegungssehen überhaupt eine entscheidende Rolle zukommt, ist ja bekannt.

Auch beim Trudeln treten derartige Scheinbewegungen an Stelle der Bewegungsempfindung auf, und zwar dann, wenn die Drehung des Flugzeuges stationär geworden ist. Bei Blick gegen die Erdoberfläche scheint diese im entgegengesetzten Sinne der Trudelbewegung um einen unter dem Flugzeug gelegenen Punkt zu kreisen, wobei sie rasch näher kommt. Anvisieren über eine Tragfläche läßt auch hier sofort „richtige" Bewegungsempfindung auftreten. Beim Hereinlegen des Flugzeuges ins Trudeln sowie beim Herausnehmen können sich optische und labyrinthäre Bewegungsempfindungen kombinieren (s. unten S. 129).

Ein weiteres praktisch wichtiges Beispiel einer optisch vermittelten Bewegungsempfindung, das schon WULFFTEN-PALTHE (28) beschreibt, tritt bei raschen Kurven auf. Sieht man bei Ausführung einer scharfen Kurve längs der Tragflächen nach der Erde, dann erhält man infolge der großen Entfernung den Eindruck einer sehr langsamen Bewegung. Richtet man aber den Blick längs der Tragflächen gegen den Himmel, so tritt die „richtige" Empfindung einer sehr raschen Drehung auf. Beim Anfänger löst dies starken Schwindel aus, bei erfahrenen Fliegern ein ausgeprägtes Gefühl des Unbehagens. Man sieht wohl eine schnelle Drehbewegung, doch man fühlt sie nicht (Winkelbeschleunigung unterschwellig).

Neben Bewegungsempfindungen können durch optische Reize auch motorische Effekte ausgelöst werden, die man als optokinetische Reflexe bezeichnet (Abweichreaktion der horizontal gehaltenen Arme, Kopf-Rumpfdrehung usw.). Im Fluge ist mit ihrem Auftreten nicht zu rechnen, da sie nicht nur eine bestimmte Aufmerksamkeitseinstellung gegenüber den optischen Reizen erfordern, sondern auch eine bestimmte willkürliche Innervationsverteilung zur Voraussetzung haben, die beim Flieger nicht gegeben ist.

d) Optokinetischer Schwindel und Höhenschwindel.

Wie im vorigen Abschnitte bemerkt, kann die mit gewissen Flugzuständen einhergehende Bildverschiebung Schwindel auslösen. Der Beweis, daß es lediglich die Bildverschiebung ist, ergibt sich aus der Tatsache, daß bei Augenschluß die Schwindelerscheinungen sofort aufhören. Man kann daher diese Art von Schwindel als optokinetischen Schwindel bezeichnen.

Unter den Begriff „Schwindel" werden jene psychischen Erlebnisse zusammengefaßt, deren Hauptinhalt Bewegungswahrnehmungen bzw. Bewegungsempfindungen des eigenen Ich sowie der Umgebung bilden. Hinzu treten neben dem Unlustgefühle unter bestimmten Umständen auch vegetative Symptome wie Schweißausbruch, Speichelfluß, Übelkeit, Erbrechen, Gefäßreaktionen, Änderungen der Pulsfrequenz und der Atmung. Es sind dies die Symptome, wie sie besonders der Seekrankheit (Nausea) eigen sind. Bei gesunden Individuen tritt immer dann das Schwindelerlebnis primär ein, wenn Sinnesorgane in Erregung versetzt werden, die der allgemeinen Orientierung im Raume dienen (Auge, Ohr, Labyrinth, Tastsinn). Dabei führt die Erregung dann zum Schwindel, wenn entweder eine unphysiologische Erregung des einzelnen Organes vorliegt (s. Kapitel Labyrinth), oder wenn die durch Erregung eines Organes ausgelöste Empfindung mit der durch andere Organe ausgelösten qualitativ nicht übereinstimmt. In beiden Fällen kommt es zur Unsicherheit der Lage oder Bewegung des Körpers im Raume, zu Gleichgewichtsstörungen bzw. — bei der urteilsmäßigen Verwertung der Empfindungen, das ist bei der Wahrnehmung — zum Orientierungsverlust, zur allgemeinen Verwirrung. Eine starke, jedoch der Wirklichkeit entsprechende Bewegungsempfindung bedeutet an sich noch nicht Schwindel. Beim eigentlichen Schwindel sind nicht allein die quantitativen und qualitativen Eigenschaften des Reizes ausschlaggebend, sondern es besteht auch eine Abhängigkeit vom Zustande des Reizempfängers in allen seinen Abschnitten. Auch der psychischen Gesamtverfassung kommt Bedeutung zu. So ist es praktisch ganz etwas anderes, ob man den Beanspruchungen des Sinnesorganes rein passiv als Beobachter oder aktiv handelnd als Pilot gegenübersteht. Demgemäß besteht eine große individuelle Verschiedenheit gegenüber den hier in Frage stehenden optischen Erregungen, ja auch das individuelle Verhalten kann zeitlich verschieden sein. So können z. B. sonst unempfindliche Personen nach Genuß von starkem Tee, Kaffee, nach Nicotinmißbrauch dem optokinetischen Schwindel unterliegen. Bei oft sich wiederholenden gleichartigen Erregungen kommt es auch zur Adaptation; besonders die optokinetische Beanspruchung des Sehorganes verliert beim ständig tätigen Flieger sehr bald ihre unangenehmen Wirkungen. Allerdings können die Erregungen ein Ausmaß erreichen, dem auch der Widerstandsfähigste unterliegt, wofür die Reizung des Labyrinthes ein Beispiel gibt; über diese Art von Schwindel wird später zu handeln sein.

Einer besonderen Erwähnung bedarf noch der sog. *Höhenschwindel*. Darunter sind nicht etwa die bei erniedrigtem Luftdruck im Zusammenhang mit den Erscheinungen des akuten Sauerstoffmangels auftretenden Symptome zu verstehen, sondern jene, welchen manche Personen dann unterliegen, wenn der Blick von hohen Gebäuden, von ausgesetzten Stellen hoher Bergwände in die Tiefe gerichtet wird. Auch bei dieser Art von Schwindel stehen Bewegungsempfindungen im Vordergrunde: Die Umgebung beginnt sich zu drehen, tiefer gelegene Objekte bewegen sich empor, der Boden beginnt zu schwanken, die Standsicherheit geht dabei verloren; Ohrensensationen, Schweißausbruch können hinzutreten [s. bei GRAHE (29)]. All diese Empfindungen sind von einem lähmenden Angstgefühl begleitet. Nach Augenschluß schwinden sie. Einen derartigen Schwindel gibt es im Flug nicht. Die Ursache liegt meines Erachtens darin, daß beim Fluge in größeren Höhen Objekte fehlen, die sich vom Beobachter aus in die Tiefe erstrecken und die Verbindung mit dieser gewissermaßen herstellen. Damit fehlt auch ein sinnfälliger subjektiver Maßstab für die Auswertung der Tiefe; man wird sich derselben sozusagen gar nicht bewußt. Findet der Flug hingegen in Höhen statt, die denen hoher Gebäude gleichkommen, dann tritt die hohe Geschwindigkeit der Bildverschiebung der Objekte als neues Moment hinzu. Fehlt diese, befindet sich der Beobachter also in Ruhe, dann kann bei empfindlichen Personen sehr wohl Höhenschwindel auftreten, z. B. beim Beobachten vom Fesselballon aus.

e) Optische Orientierung und optische Täuschungen.

Die physiologischen Grundlagen der optischen Orientierung wurden im vorstehenden auseinandergesetzt. Es soll nun kurz die Frage behandelt werden, in welchen Zusammenhang die einzelnen

Empfindungen treten müssen, um die allgemeine optische Orientierung im Lufträume vollkommen zu machen. Dabei muß allerdings betont werden, daß diese Orientierung letzten Endes einer urteilsmäßigen Verwertung optischer Eindrücke gleichkommt, deren Erfassung weit außerhalb der Grenzen der Physiologie des Raumsinnes liegt bzw. in das Gebiet der Psychologie übergreift.

Jeder optischen Empfindung kommt — auf den Körper des Beobachters bezogen — ein bestimmter Ortswert zu, d. h. jedes Sehding erscheint relativ zum Fühlbilde des eigenen Körpers in einer subjektiv bestimmten Anordnung. Diese Art der Beziehung bezeichnet man in der Sinnesphysiologie als egozentrische Lokalisation. Sie teilt sich in eine Richtungs- und eine Abstandslokalisation. Andererseits können die Sehdinge in Beziehung gesetzt werden zu den Hauptrichtungen des subjektiven Raumes, und zwar zum dreidimensionalen Koordinatensystem dieses Raumes. Diese Beziehungsqualität wird als *absolute Lokalisation* bezeichnet. Eine weitere Beziehungsqualität ist die einzelner Sehdinge zu anderen, was ihre relative Lage, Anordnung und Entfernung betrifft, die sog. *relative Lokalisation* [vgl. die Ausführungen TSCHERMAKs (30)]. Es ist nun zu prüfen, welcher Art der Lokalisation beim Fluge die Hauptrolle zukommt und inwieweit sich hierbei das Sehorgan als ,,vollkommener Apparat" erweist.

Dem Führer des Flugzeuges ist es freigegeben, diesem jede beliebige Flugrichtung und Fluglage zu erteilen, wenn auch nur in Abhängigkeit von vorhergehenden Flugzuständen. Auf Grund welcher optischer Lokalisationsmomente wird diese Richtungsänderung im Sinne von oben-unten, rechts-links, vorne-rückwärts vorgenommen und eingeschätzt? Die Abweichung von der normalen Fluglage nach oben-unten wird in größeren Höhen durch die Abweichung eines individuell gewählten Konturs des Flugzeuges (obere Begrenzung der Motorverkleidung, Tragflächen) von der Horizontlinie erkannt und geschätzt, in sehr geringen Höhen durch die Abweichung dieses Konturs von der oberen Begrenzung bekannter Objekte, letzteres wenigstens beim Anfänger. Die Abweichung der Flugrichtung nach rechts-links wird auf ähnliche Weise vorgenommen, wobei man sich nach seitlich gelegenen Objekten der Erdoberfläche richtet. Auch die Einhaltung einer bestimmten Flugrichtung erfolgt durch Anvisieren eines bestimmten Objektes. Eine seitliche Änderung der Flugrichtung sowie eine solche nach oben-unten geht mit einer Lageänderung der Maschine

Hand in Hand. Im letzteren Falle bildet das Ausmaß der Parallelverschiebung eines horizontalen Konturs des Flugzeuges und der Horizontlinie die Grundlage für die subjektive Beurteilung der Abweichung, im ersteren Falle die Größe der Winkelbildung zwischen diesen beiden Linien. Daraus ergibt sich einmal, daß bei der optischen Orientierung im Flugzeuge normalerweise die Umgebungswelt das feste Bezugssystem bildet, auf welches der Standort des Flugzeuges und damit der des Körpers bezogen wird, ferner daß zwei im Blickfelde gegebene Objekte oder Sehdinge der gegenseitigen Lage und Orientierung nach miteinander verglichen werden. Es handelt sich also bei der optischen Lokalisation im Flugzeuge um eine relative Lokalisation. Was die Präzision dieser Lokalisation anlangt, so hängt dieselbe von meteorologischen, technischen und physiologischen Faktoren ab. Meteorologische Verhältnisse bestimmen die Schärfe der Horizontbegrenzung. Technische Momente spielen insofern eine Rolle, als je nach der Sitzanordnung, je nach Art der Motorverkleidung die Schärfe, Länge und Form des Vergleichskonturs wechseln kann, physiologische insofern, als die Abweichung der beiden Bezugslinien im Sinne von Parallelverschiebung und Winkelbildung im geringsten Ausmaße erkannt, aber auch der Größe nach geschätzt werden muß. (Es braucht kaum betont zu werden, daß dem Flugerfahrenen zwecks Wahrnehmung der normalen Fluglage außer der relativen optischen Lokalisation noch andere Momente wie zu- und abnehmender Druck an der Steuersäule, zu- und abnehmende Drehzahl der Luftschraube, dienen; das gleichzeitige Beobachten von Instrumenten wie Höhen- und Geschwindigkeitsmesser hingegen kommt für ein gefühlsmäßiges Steuern nicht in Frage und sei deshalb hier nicht in Betracht gezogen.)

Die relative Lokalisation ist aber insofern eine besondere, als das eine Sehding (Flugzeugkontur), das zu anderen der Außenwelt in Beziehung gesetzt wird, selbst in fester Beziehung zum Fühlbilde des Körpers steht, ja zwangläufig in dieses miteinbezogen wird. Demgemäß können unter bestimmten Beobachtungsbedingungen auch rein absolute und egozentrische Lokalisationsmomente sinnfällig in Erscheinung treten. Als Beispiele dafür seien der Kurvenflug ohne Sicht und der Höhenflug bei guten Sichtverhältnissen angeführt. Während einer richtig geflogenen Kurve kann, da die Massenbeschleunigung in gleicher Richtung angreift wie die Gravitation bei Horizontalflug, die objektive Neigungslage im Raume ohne Augenhilfe nicht wahrgenommen werden. Wird dann z. B. nach Verlassen einer Wolkenschicht die Erde plötzlich wieder sichtbar, so steht dieselbe schief, d. h. sie wird nicht unten, sondern rechts oder links lokalisiert [WULFFTEN-PALTHE (28), HERLITZKA (31)]. Es kommt also zu einer falschen absoluten Lokalisation. Dieser Art der Täuschung unterliegt besonders der Unerfahrene; sie tritt schon bei Blick aus dem Kabinenfenster eines Verkehrsflugzeuges während des Kurvens auf, wobei der Himmel rechts, die Erde links oder umgekehrt lokalisiert werden. Besondere egozentrische Lokalisationsmomente werden beim Höhenfluge sinnfällig, und zwar handelt es sich hierbei um die relative Lage eines Sehdinges, der Horizontlinie, gegenüber der subjektiven Horizontalebene. Diese Ebene zeigt nämlich bei Ausschluß anderer Lokalisationsmomente bei den meisten Beobachtern eine charakteristische Abweichung gegen die objektive, durch die beiden Augendrehpunkte gelegte Horizontalebene, und zwar eine Abweichung nach unten. Dementsprechend ist die Empfindung: „Gleich hoch mit den Augen" mit einer objektiven Senkungslage der Blicklinie von 1—3° verknüpft. [Bezüglich Zustandekommens der Empfindung: „Subjektiv gleich hoch" s. bei A. TSCHERMAK (32).] Dementsprechend muß ein Objekt, um subjektiv in Augenhöhe zu erscheinen, unterhalb der objektiven Augen-Horizontalebene liegen oder — was gleichbedeutend ist — alle objektiv gleich hoch oder tiefer als die Augen gelegenen Objekte erscheinen gehoben. Ein derartiges Objekt ist die Horizontlinie. Auch sie erscheint höher gelegen, so daß bei Beobachtung von hohen Bergen aus die Erdoberfläche gegen die Horizontalbegrenzung anzusteigen scheint, also Schalenform besitzt [FILEHNE (33), TSCHERMAK (32)]. Bei Beobachtung vom Flugzeug aus gilt das gleiche. Ebenes Gelände und gute Sicht vorausgesetzt scheint die Horizontlinie bis in Flughöhe von 4000 m in Augenhöhe gelegen, in größeren Höhen hingegen tiefer zu treten. Die subjektive Aufkrümmung zeigt dementsprechend ein Maximum in Höhen von 3000—4000 m, in größeren Höhen wird sie flacher, ist aber noch in 9000 m und darüber deutlich bemerkbar [SCHUBERT (34)].

Was die Richtungsorientierung in bezug auf die Erdoberfläche, also die eigentliche Navigation betrifft, so erfolgt diese ebenfalls auf Grund der relativen optischen Lokalisation, indem nach sinnfälligen Objekten (Flüsse, Seen, Eisenbahnen, Berggipfel) gesteuert wird. Der Verlust dieser Orientierung beruht meist darauf, daß bestimmte, auf der Karte verzeichnete Objekte verkannt werden. Auch wiederholtes Kurven über fremdem Gelände und Rückkehr von Höhenflügen, wobei geschlossene Wolkendecken durchflogen werden müssen, führt sehr leicht zu Orientierungsverlust. Er tritt auch sehr leicht ein beim Fliegen mit sehr raschen Maschinen in niederen Höhen. Hier ist an der Hand der Karte eine „Vororientierung" notwendig in dem Sinne, daß die Aufmerksamkeit auf Objekte zu richten ist, die 50 km und mehr vorausliegen; nahegelegene Objekte entschwinden zu rasch aus dem Blickfelde. Es ist daher ratsam — wenn möglich — größere Flughöhen einzuhalten, da man hier größere Strecken überblickt und das Bild der Erdoberfläche sich mehr dem Maßstabe der Karte nähert, wodurch die Orientierung erleichtert wird. Diese hängt natürlich sehr vom Flugwetter ab.

Auf die Sichtverhältnisse, wie sie im Führersitz eines Flugzeuges vorliegen, sei etwas näher eingegangen. Dieselben hängen vor allem vom Baumuster des Flugzeuges ab, wie

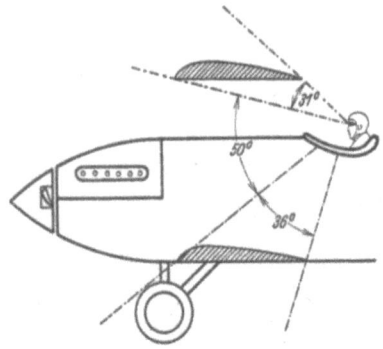

Abb. 16. Die Sichtverhältnisse im Führersitz eines Doppeldeckers.

ein Blick auf Abb. 16 ohne weiteres erkennen läßt. Im allgemeinen müssen sie aber als sehr beschränkt betrachtet werden, da große Teile besonders des unteren Blickfeldes von Bauteilen des Flugzeuges, wie Motorverkleidung, Tragflächen usw., verdeckt werden. Eine genauere Untersuchung von KURZ (35) ergab, daß es während des Fluges wie insbesondere bei der Landung eine Hauptblickrichtung des Führers gibt, welche unbedingt frei sein muß, und zwar ist es die nach seitlich vorne-unten. Die exakte Ausmessung des freien Blickfeldes am Führersitz wird nach verschiedenen Methoden vorgenommen. Entweder wird der gesamte Blickraum mit dem Kopfe des Flugzeugführers als Zentrum als Würfel betrachtet, nach dessen Seite hin sechs photographische Aufnahmen gemacht werden, oder es erfolgt die Ausmessung des als Halbkugel oder Kugel angenommenen Blickraumes mittels besonderer optischer Instrumente (Visiometer). Die Kugelflächen werden dann nach den verschiedenen in der Kartographie gebräuchlichen Projektionsmethoden

Optische Orientierung und optische Täuschungen.

ausgewertet. Seitliche Kopfverlagerungen des Führers, welche die Sichtverhältnisse sehr ändern, werden ebenfalls berücksichtigt. In

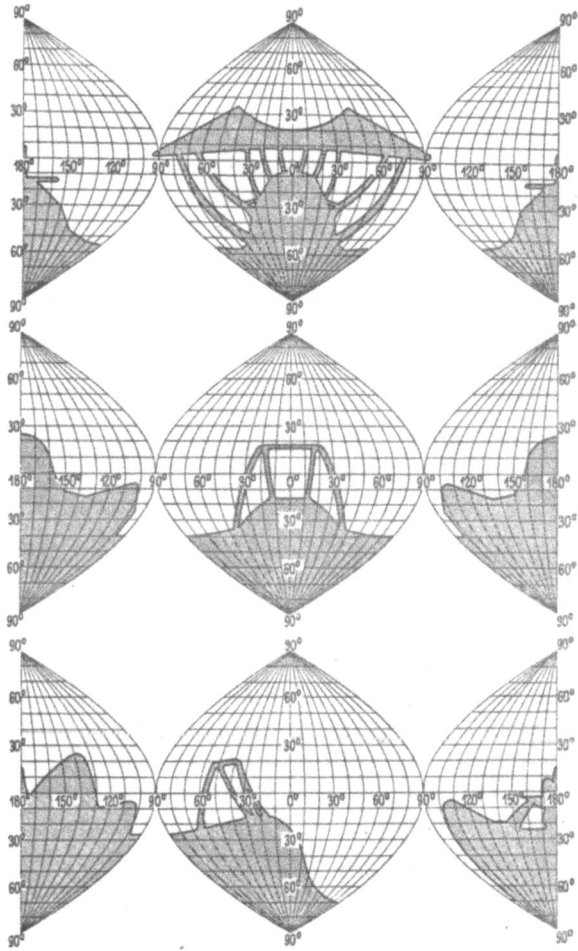

Abb. 17. Der Sichtfeldverlust (schraffiert) im Führersitz eines Hochdeckers (oben), eines Tiefdeckers (Mitte) bei normaler Kopfhaltung sowie bei Kopfverlagerung im Betrage von 20 cm nach rechts (unten). Die aufgerollten sphärischen Zweiecke in der Mitte stellen das vor der Frontalebene, die seitlichen Flächen das hinter der Frontalebene des Piloten liegende Sichtfeld dar.

Abb. 17 finden sich derartige Messungsergebnisse [nach JANNIN (36)] unter Verwendung der SANSON-FLAMSTEEDschen Projektion wiedergegeben; auch die Globular- bzw. Äquatorialprojektion wird verwendet. (Derartige Ausmessungen haben natürlich größte Bedeutung für die Erfassung der Grenzen des Schußfeldes bei Kampfflugzeugen.) Allgemeine Aussagen über Art, Größe und praktische Bedeutung des optischen Verzerrungseffektes der Schutzscheiben des Führersitzes, durch welche Blickrichtung nach vorne beobachtet werden muß, sind ohne eingehende Prüfung nicht möglich.

Die für die Orientierung bei Tag- und Nachtflügen wichtige Sichtweite hängt weniger von physiologischen als meteorologischen Faktoren ab. Nur bei einfachsten Verhältnissen, welche selten gegeben sind, lassen sich die Abhängigkeiten annähernd erfassen. Bezüglich Sichtbarkeit von Objekten bzw. Lichtsignalen bei Tag bzw. bei Nacht ergibt sich eine prinzipielle Verschiedenheit: Während in der Nacht eine Lichtquelle um so weniger hell erscheint, je weiter sich der Beobachter entfernt, erscheint bei Tagessehen ein dunkles Objekt immer heller. Es resultiert also bei Nacht ein Lichtverlust, bei Tag ein Lichtzuwachs. Letzterer wird verursacht durch die diffuse Lichtzerstreuung durch die Luft und durch die in ihr enthaltenen Teilchen. In den Raum zwischen Beobachter und Objekt fällt Licht von der Sonne, vom Himmel und von der Erdoberfläche. Die Luftmoleküle zerstreuen dieses Licht nach allen Richtungen, während die größeren Teilchen (Wassertropfen, Dunstteilchen) das Licht reflektieren und beugen. Dieser Lichteinfluß läßt sich nach KOSCHMIEDER (37) unter folgenden Bedingungen rechnerisch erfassen: 1. Sehrichtung gegen den Horizont, 2. schwarzes Testobjekt mit wolkenlosem Himmel als Umgebung, 3. konstante Lufttrübung und gleiche Albedo der Erdoberfläche (gleiches „Unterlicht"). In diesem Falle wird das Objekt eben dann noch wahrgenommen, wenn sein Helligkeitszuwachs einen derartigen Grad erreicht, daß die Helligkeitsdifferenz gegen den Himmel den Grenzwert der Helligkeitsunterschiedsempfindlichkeit des Auges erreicht. Unter diesen Voraussetzungen lautet die KOSCHMIEDERsche Formel:

$$D = \frac{\log e}{\log t},$$

wobei D die Sichtweite, e die Unterschiedsschwelle (konstant mit 0,02 angenommen), t den Transmissionsfaktor der Atmosphäre für die Distanzeinheit bedeutet. Die Schwächung einer Lichtquelle (Scheinwerfer, Leuchtfeuer) bei Nacht ist hingegen praktisch durch die Extinktion bestimmt, d. h. durch die Schwächung des Lichtes infolge Diffusion in der Atmosphäre. Die Sichtweite wird nach der

Formel: $\frac{J \cdot t^\Delta}{\Delta^2} = k$ bestimmt. (Δ = Sichtweite, J = Kerzenstärke der Lichtquelle, t = Transmissionsfaktor, k = einfache Schwelle = Minimum perceptibile, von KOSCHMIEDER mit $3{,}5 \times 10^{-7}$ M.K. angenommen.) Unter der Voraussetzung, daß in der Nacht die gleichen meteorologischen Verhältnisse wie bei Tag herrschen, ergibt sich zwischen D und Δ, also zwischen Sichtweiten bei Tag und Nacht die Beziehung:

$$D = \frac{\Delta \log e}{2 \log \Delta + \log k - \log J}.$$

BENNET (38) bringt auf Grund praktischer Messungen Korrekturen dieser Formel, welche ich aber schon in Anbetracht der Schwankungen der Schwellenwerte für belanglos halte. Sind doch e und k vor allem vom Adaptationszustande des Auges abhängig (s. unten S. 105; der von KOSCHMIEDER angegebene Wert entspricht ungefähr dem sog. absoluten Schwellenwert bei reinem Dämmerungssehen, welcher sonst mit 0,7 bis 7×10^{-6} Lux angegeben wird); e erweist sich überdies abhängig von der Größe des beanspruchten Netzhautbezirkes, indem große Flächen schon bei schwächerer Beleuchtung gesehen werden, als kleine, gleich stark beleuchtete [AUBERT (39)]; dabei sind die Beziehungen zwischen Lichtempfindlichkeit und Flächengröße im hell- und dunkeladaptierten Zustande verschieden, auch verschieden in der Fovea und Netzhautperipherie [s. bei NAGEL (40)]. Praktisch ausschlaggebender ist jedoch der vom Grade der Lufttrübung abhängige Wert von t. Die praktischen Messungen der Sichtweiten laufen auch alle darauf hinaus, die Lufttrübung zu bestimmen. So beruht z. B. der Sichtmesser von WIGAND (41) darauf, daß zur vorhandenen Lufttrübung noch eine bekannte künstliche Trübung (Milchglas) zugesetzt wird, bis das ins Auge gefaßte Ziel verschwindet. Aus der Zusatztrübung und der Entfernung des Zieles läßt sich die Sichtzahl berechnen. An Stelle des Milchglases trat später der Keilsichtmesser mit stetig veränderlicher Trübung. Jetzt ist man bemüht, mit einer rein energetischen Methode (Photozelle) zu arbeiten [POLLAK und GERLICH (42)].

Bei Bestimmung der Entfernung, bis zu welcher man von einer bestimmten Höhe der Atmosphäre die Erdoberfläche überblickt, ist unter anderem auch die terrestrische Refraktion zu berücksichtigen, d. h. der mit zunehmender Höhe infolge abnehmender Dichte der Luft abnehmende Brechungsexponent derselben. Drückt man die Höhe h des Beobachtungsortes in Metern, die Sichtweite in Kilometern aus, so ergibt sich diese — unter Annahme eines normalen Temperaturgradienten von 0,01⁰ — mit: $S = 3{,}86 \sqrt{h}$ [s. PERNTER und EXNER (43)]. Infolge abnormaler Strahlenbrechung kann sowohl Erhöhung der Horizontbegrenzung, der sog. Kimm (Auftauchen gewöhnlich nicht sichtbarer Objekte) sowie Senkung derselben (Verschwinden normalerweise sichtbarer Objekte) auftreten. [Über die Beziehung zwischen wahrer, geodätischer und scheinbarer Kimmtiefe s. bei SCHUBERT (34).]

Die Abstandslokalisation, das ist die Schätzung der Flughöhe, ist beim Unerfahrenen sehr unvollkommen. Muß sich dieser doch erst in das besondere Anschauungsbild, das die Erdoberfläche bietet einleben. Die Besonderheiten bestehen in der Fülle, in der veränderten Sehgröße sowie in dem Fehlen eines jeglichen Reliefs der in der Natur vorhandenen Objekte. Dem, der zum ersten Male aufsteigt, bietet sich ein ganz fremdes Anschauungsbild, auf dem ja schließlich und endlich das große innere Erleben des ersten Fluges beruht. Die Höhenschätzung von größeren Höhen aus erfolgt lediglich auf Grund gedächtnismäßiger Verwertung der Sehgröße bestimmter Objekte oder bestimmt geformter Flächen; wo diese fehlen, ist die Schätzung immer unvollkommen (z. B. beim Fluge über das offene Meer). Daß die Seheferne die Sehgröße beeinflußt, wurde bereits hervorgehoben (s. oben S. 84). Daneben besitzen aber auch Farbe, Form, Helligkeit, Gegebensein oder Fehlen anderer Objekte in der Umgebung einen bestimmenden Einfluß auf die Sehgröße. Es spielen beim subjektiven optischen Maßstabe nicht allein physiologisch-optische, sondern auch psychooptische Momente eine Rolle [SCHULTE (44), GEMELLI (45)]. Es kann die Diskrepanz zwischen Sehgröße und wirklicher Größe unter Umständen derartig sein, daß man von einer „Täuschung" sprechen kann. Eine derselben habe ich — weil sie in fliegerisch-praktischer Hinsicht wichtig ist — eingehend beschrieben [SCHUBERT (46)]. Flächen wie kleinere Seen, Felder, Wiesen, freie Plätze in einer Stadt usw., welche sich durch Helligkeit, Farbe und scharfe Umgrenzung von ihrer Umgebung abheben, werden in größerer Flughöhe in ihrer Ausdehnung überschätzt. Geht man rasch nieder, so werden derartige Flächen nicht entsprechend der Zunahme des Sehwinkels größer, sondern kleiner, während benachbarte, weniger scharf begrenzte, unregelmäßige Komplexe an Ausdehnung zunehmen. Erst in Flughöhen von 500 m und darunter gleichen die relativen Feldgrößen den tatsächlichen. Diese Überschätzung eines besonders bewerteten Sehdinges gewinnt dann praktische Wichtigkeit, wenn es sich um die Auswahl eines Notlandungsplatzes handelt. Während dieser bei Beobachtung aus größeren Höhen eine genügende Ausdehnung aufzuweisen scheint, kann er sich bei Ansetzen zur Landung als viel zu klein erweisen.

f) Der sog. Blindflug.

Wie schon wiederholt hervorgehoben, ist ein länger dauernder Flug ohne Horizont- bzw. Bodensicht ausgeschlossen, da hierbei das objektive Bezugssystem fehlt, nach dem sich die räumliche Orientierung richtet. Eingehendere Untersuchungen von Verkehrs-, Post-, Militärfliegern [OCKER und CRANE (47)] ergaben dementsprechend, daß weniger als 3% aller Geprüften das Flugzeug für mehr als 20 Minuten in normaler Lage halten konnten, wenn dasselbe nur mit den gewöhnlichen Bordinstrumenten ausgestattet und der Führersitz abgedeckt war. Da aber die meteorologischen Verhältnisse oft derartige sind, daß die Bodensicht vollkommen fehlt oder — wie bei Überwasserflügen — schon bei diesigem Wetter Wasser- und Himmelsfläche ineinander verschwimmen, wurden besondere Instrumente entwickelt (Fliegerhorizont, Gyrorektor), welche auch das Kurven der Maschine exakt anzeigen. Dadurch und durch weitestgehende technische Vervollkommnung der verschiedensten Meßgeräte wie der drahtlosen Navigationsverfahren ist es heute möglich, auch ein leistungsfähigeres Flugzeug ohne Sicht („blind") nicht nur sicher auch bei schlechtem Wetter auf Kurs zu halten, sondern dasselbe auch zu starten und zu landen. Dieser reine Instrumentenflug wird als „Blindflug" bezeichnet und nach speziellen Methoden erlernt. Hierbei können mit dem Flugzeug nicht nur gewöhnliche Manöver, wie Kurven, Steilspiralen, Gleitflüge usw., sondern auch Loopings, Rollen „blind" geflogen, ja auch heiklere Fluglagen, wie Abrutschen und Trudeln, geübt werden. Derartige Flüge sind vom physiologischen Standpunkte als Flüge unter ungewöhnlichen Bedingungen zu werten. Der Flieger muß sich vollkommen nach den Instrumentenzeigern richten, also alle seine anderen Sinnesempfindungen ausschalten. Das Erlernen dieser besonderen Art der Fliegerei besteht demnach vor allem darin, automatische Handlungen, welche durch die gewöhnliche Fliegerei erworben wurden, unterdrücken zu lernen. Das Ablesen der verschiedenen Geräte und das Abhören der verschiedensten akustischen Signale bietet physiologisch keine Besonderheiten. Nur ein Umstand macht sich beim Blindflugschulen auch bei sonst erfahrenen Piloten bemerkbar, nämlich das Auftreten von Schwindelerscheinungen bei Flugzuständen, welche mit Drehbewegungen einhergehen; insbesondere beim Hereinlegen wie beim Herausnehmen der Maschine aus scharfen Kurven, bei Steilspiralen, Rollen und Trudeln treten sie auf. Diese Schwindelerscheinungen beruhen auf Erregungen des Vestibularapparates. Es liegen meist durch zusätzliche Beschleunigungen ausgelöste PURKINJEsche Drehempfindungen (s. S. 126), sowie durch Erregungsnachdauer hervorgerufene Drehnachempfindungen vor. Diese Bewegungen werden gefühlt, aber nicht optisch vermittelt, wodurch der Schwindel subjektiv besonders eindringlich wird. Die praktische Folge ist nicht nur ein Gefühl der Unsicherheit, sondern auch die Tendenz mit Steuerbewegungen zu reagieren. Es erweist sich praktisch als überaus zweckmäßig, Flugschülern, insbesondere Blindflugschülern diese Bewegungsempfindungen am Drehstuhle unter Verwendung von Abblendevorrichtungen, welche mit Blindfluginstrumenten versehen sind, vorzuführen, damit sie frühzeitig als Sinnestäuschungen erkannt und gewertet werden [SCHUBERT (48), OCKER (47)]. Natürlich können leichter als beim gewöhnlichen Fluge Bedingungen für das Auftreten von Fallreaktion auftreten. Bei allen derartigen Fällen, welche eine vollkommene Desorientierung und damit Verwirrung auslösen, wird praktisch so vorgegangen, daß bei Freigabe der Steuer eine kurze Zeit lang zugewartet wird; handelt es sich doch um rasch vorübergehende Reaktionen. Die ständig notwendige Kontrolle der verschiedenen Blindfluginstrumente erfordert eine hohe geistige Konzentration. Dementsprechend ermüden länger dauernde Blindflüge sehr. Die automatische Steuerung ist hier von allergrößtem Vorteil.

g) Licht- und Farbensinn.

Zwei Grenzzustände sind es, die in praktischer Hinsicht in Betracht zu ziehen sind: die Dunkeladaptation einerseits, die Blendung andererseits. Mit der Beleuchtung schwankt der Adaptationszustand des Auges. Bei einer Beleuchtung, die bei 30 bis 50 Lux auf Weiß liegt, herrscht praktisch reines Tagessehen (Netzhautzapfen in Funktion), unterhalb einer solchen von etwa 1 Lux auf Weiß nahezu reines Dämmerungssehen (Netzhautstäbchen in Funktion); bei zwischenliegenden Beleuchtungsstärken sind beide Sehweisen an der Gesamtfunktion der Retina beteiligt [v. KRIES (49)]. Bei Dunkelaufenthalt, das ist bei vollkommenem Lichtabschluß, tritt neben Pupillenerweiterung eine Steigerung der Lichtempfindlichkeit des Auges ein, wobei bereits nach 10 Minuten die Dunkeladaptation des Tagesapparates (Zapfen) vollzogen ist; dabei wird die Empfindlichkeit um etwa das 50fache gesteigert. Die Dunkeladaptation des Dämmerungsapparates (Stäbchen) erreicht nach $1/2$

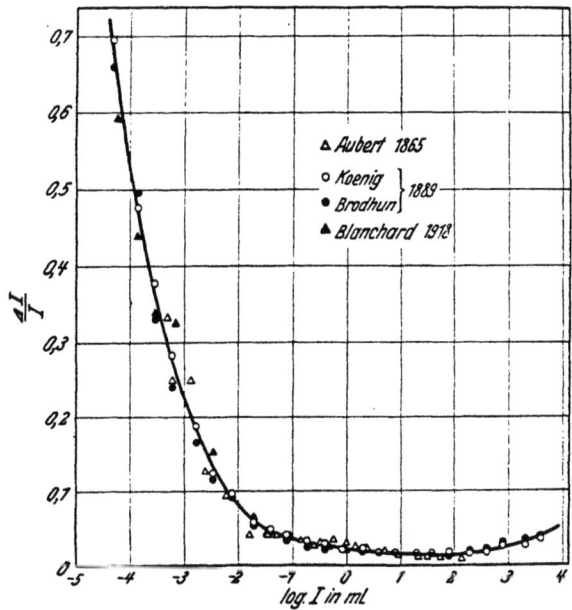

Abb. 18. Intensitäts-Unterscheidungsvermögen über die gesamte, dem Auge sichtbare Beleuchtungsreihe.

bis $3/4$ Stunde Dunkelaufenthalt nahezu ihren Endwert und steigert die Empfindlichkeit um etwa das 10000fache [v. KRIES, NAGEL, KOHLRAUSCH (50)]. Das Helligkeitsgebiet, innerhalb welchem sich das Auge adaptieren kann, reicht von rund 10^{-6} bis 10^3 Millilambert (1 Millilambert $= 3,53 \times 10^{-4}$ HK/cm^2 $= 3,18 \times 10^{-4}$ K/cm^2 $=$ 11,7 H Lux $\perp$ MgO).

Das Verhalten der sog. Unterschiedsschwelle über dieses Beleuchtungsgebiet zeigt Abb. 18 [nach HECHT (51)]; es ergibt sich, daß dieselbe nur für eine kleine Reihe von Beleuchtungsintensitäten konstant ist, daß also von einer allgemeinen Gültigkeit des WEBER-

FECHNERschen Gesetzes keine Rede sein kann. Dieses Urteil ist unabhängig davon, daß gewisse Unterschiede in den Angaben der verschiedenen Autoren — was Feldgröße, Einfluß des Nachbarbezirkes der belichteten Region usw. betrifft — vorhanden sind.

Wie liegen die Verhältnisse während des Nachtfluges? Diesbezüglich muß es als großer Mangel empfunden werden, daß Messungen der Beleuchtungsstärken, welche am Führersitz herrschen, nicht vorliegen. Denn offensichtlich kommt es nicht allein auf die von meteorologischen Faktoren abhängige Helligkeit der Nacht allein, sondern auch auf die Intensität der künstlichen Beleuchtung der Bordinstrumente sowie des Führersitzes überhaupt an. BEYNE und WORMS (52) bestimmten die Beleuchtungsstärke während einer klaren, mondlosen Nacht, welche nach Ansicht von Fachleuten gute fliegerische Arbeit gestattete, am Boden mit 0,0015 Lux. Die Messung erfolgte allerdings indirekt durch Bestimmung der Sehschärfe, was als überaus unsicher bezeichnet werden muß. NUTTING (53) nimmt als durchschnittliche Beleuchtungsstärke in der Nacht 0,001 Millilambert = 0,0117 Lux an. Die Nachthelle kann aber sehr schwanken, auch dann, wenn der Mond nicht über dem Horizonte steht. Der Nachthimmel ist niemals dunkel; in sog. hellen Nächten kann er derart hell sein, wie etwa bei Viertelmond, ohne daß dieser sichtbar ist [PERNTER und EXNER (43)]. Die Horizontbegrenzung ist auch immer, wenn nicht Wolken den Himmel verdecken, wahrnehmbar. Es braucht hier kaum betont zu werden, daß ein Flug im Flugzeuge bei absoluter Dunkelheit ohne beleuchtete Instrumente ausgeschlossen ist. Die Frage, ob bei Nachtflügen reines Dämmerungssehen herrscht oder nicht, hängt also weniger von der meteorologischen Helligkeit als vielmehr von der Intensität der künstlichen Beleuchtung ab, die am Führersitz herrscht. Dem Umstande, daß die Orientierung des Nachtfliegers eine optische bei herabgesetzter Beleuchtung ist und daß sein Sehorgan an diese angepaßt ist, soll praktisch Rechnung getragen werden, d. h. es soll diese Anpassung durch künstliche Beleuchtung der Bordinstrumente möglichst wenig gestört werden. Eine stärkere Beleuchtung würde schon durch die Kontrastwirkung die Sichtbarkeit von Objekten außerhalb des Führersitzes aufheben. BEYNE (54) machte den praktischen Vorschlag, die Instrumente bei Nachtflügen rot zu beleuchten. (Bekanntlich erregen die roten Lichter von größerer Wellenlänge als 680 $\mu\mu$ nahezu nur den Tagessehapparat.) Allerdings erscheinen bei reinem Dämmerungssehen farbige Lichtsignale (Positionslichter anderer Flugzeuge oder solche auf der Erde), wenn sie über die Schwelle treten, d. h. eben sichtbar werden, farblos.; sie werden erst bei entsprechender Steigerung ihrer Intensität, also bei Annäherung farbig gesehen. Die als Nachtblindheit oder Hemeralopie bezeichnete Anomalie, bei welcher bei verminderter Beleuchtung schlecht oder nicht mehr gesehen wird, schließt natürlich von der berufsmäßigen Führung eines Flugzeuges aus.

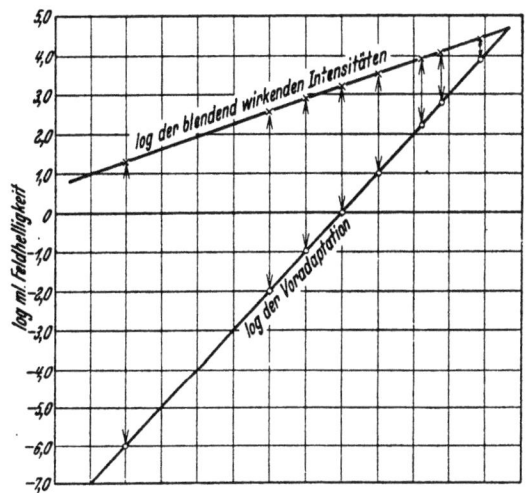

Abb. 19. Die blendend wirkenden Lichtintensitäten in Abhängigkeit vom Adaptationszustande des Auges.

Die Voraussetzung für Blendung der Augen sind bei Tagesflügen durch direkte Sonnenstrahlung, während des Nachtfluges durch künstliche Lichtquellen gegeben. Die Blendung besteht in einer überstarken Reizung der Netzhaut durch Licht. Die Blendungsempfindlichkeit wurde von NUTTING (53) durch den reziproken Wert des plötzlichen Lichtzusatzes gemessen, welcher unangenehm empfunden wird; für diesen Lichtzusatz G als Funktion der Feldhelligkeit B ermittelte er die Beziehung $G = 1700\, B^{0,32}$. (Wenn z. B. $B = 0,001$ Millilambert ist, wirken 186 Millilambert blendend.) BLANCHARD (55) stellte fest, daß der Logarithmus der Blendungsflächenhelle (log G) linear vom Logarithmus der Umfeldbeleuchtung (log B) abhängig ist. Diese Ergebnisse seien in Abb. 19 wiedergegeben; hierbei wurde das Auge an eine bestimmte Feldhelligkeit voradaptiert und dann sofort die Helligkeit eines 4° vom Fixationspunkte abliegenden spiegelnden Feldes gemessen, welches das Gefühl der Blendung auslöste. Das gleiche Resultat gaben auch die Scheinwerferblendungsversuche von GEHLHOFF und SCHERING (56) nach entsprechender Auswertung von KÜHL (57). Von diesem Autor wurden auch die Abhängigkeitskurven zwischen den Logarithmen der Blendungsflächenhelle und dem scheinbaren Durchmesser der blendenden Leuchtflächen für verschiedene Umfeldbeleuchtungen konstruiert, wie sie in Abb. 20 wiedergegeben sind. (Die Beobachtungen für den Durchmesser 4° stammen von BLANCHARD.) Es ergibt sich, daß bei gleicher Umfeldbeleuchtung

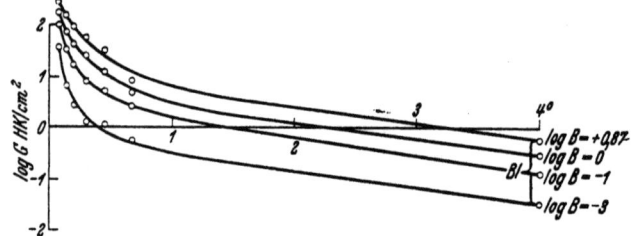

Abb. 20. Abhängigkeit der Blendungsflächenhelle (log G HK/cm²) vom scheinbaren Durchmesser der blendenden Leuchtfläche bei verschiedener Umfeldbeleuchtung (log B) in Lux.

die Blendungsflächenhelle umso geringer ist, je größer der Durchmesser der blendenden Leuchtfläche ist. Das schmerzhafte Blendungsgefühl, auf Grund dessen die Messungen vorgenommen wurden, entsteht vor allem durch die starke Pupillenverengerung; dabei ist es unmöglich Akkommodation und Blickrichtung festzuhalten. Eine weitere Ursache der unangenehmen Empfindungen, die das Blendungsgefühl begleiten, dürfte nach COMBERG (58) die Unmöglichkeit sein, mit dem Auge richtige und zweckentsprechende Wahrnehmungen zu machen. Praktisch sagen die eben angeführten Messungen wenig aus, da es nicht auf das Blendungsgefühl, sondern darauf ankommt, ob bei einer gegebenen Feldhelligkeit wenigstens eine gewisse Sehschärfe vorhanden ist oder nicht. Die Abnahme der Sehschärfe bei hohen Lichtintensitäten beruht nach HERING (59) auf der Wirkung von falschem bzw. abirrendem Lichte, welches die Unterschiedsschwelle und damit die Sehschärfe herabmindert. Verursacht wird diese Lichtaberration durch die Inhomogenität der brechenden Medien des Auges, durch Lichtreflexion von seiten des Augenhintergrundes sowie durch Vermehrung des falschen Lichtes, welches durch Sklera und Iris fällt. (Die Lichtaberration führt beispielsweise bei Erweiterung der Pupille durch Homatropin selbst bei mäßiger Lichtstärke zu einem Blendungsgefühl.) Praktisch wichtige Messungen der blendenden Intensitäten dürften — worauf auch COMBERG hinweist — ganz anders ausfallen, wenn man nicht das Blendungsgefühl als Grundlage verwerten, sondern die Sehschärfe prüfen würde. In der fliegerischen Praxis liegen die Verhältnisse nun so, daß die Orientierung und Intensität der Befeuerung des Landeplatzes eine derartige ist, daß Blendung nicht zu befürchten ist. Auch die Streckenbefeuerung (Streckenzwischenfeuer = Blinkfeuer, Hauptstreckenfeuer = Scheinwerfer) schließt Blendung aus, da es sich hierbei ja nur um Lichtsignale handelt. Gerät man aber plötzlich in den Lichtkegel eines stärkeren Scheinwerfers in niederer Flughöhe, dann tritt starke Blendung auf. Auch direkte Blendung durch Sonnenlicht, besonders in großen Flughöhen oder bei Landung gegen die tiefstehende gleißende Sonne kommt in Betracht. Die praktischen Schutzmaßnahmen werden im folgenden Abschnitte besprochen werden.

Über das Farbensehen ist hier wenig zu berichten. Normaler Farbensinn ist unbedingt Voraussetzung für den Fliegerberuf, da ebenso wie beim Eisenbahn-, Schiffahrts- und Heeresdienst farbige Signale eine wichtige Rolle spielen. Daß bei Eignungsprüfung die Entlarvung eines Rotgrünblinden unter Umständen mit zu den schwierigsten Aufgaben gehört, ist bekannt. Die vorhandenen zahllosen Prüfmethoden sind nicht nur von beschränkter Leistungsfähigkeit, sondern sie tragen auch den praktischen Verhältnissen, z. B. den Bedingungen des Erkennens farbiger Signale bei Nacht, wenig Rechnung. Was die häufig verwendeten pseudoisochromatischen Tafeln betrifft, so ist hervorzuheben, daß mit diesen — neben der Sehschärfe — auch das Kombinationsvermögen des Untersuchten mitbestimmend für den Ausfall der Probe ist. Meines Erachtens sollte man die Methoden den praktischen Anforderungen mehr anpassen, d. h. Art, Form, Intensität und Entfernung der farbigen Signale mehr berücksichtigen. Die Untersuchung des Farbensinnes gehört natürlich in die Hand eines Facharztes, welcher nicht nur die Leistungsfähigkeit der verwendeten Prüfmethode, sondern auch seine eigenen Leistungen auf diesem Gebiete genau kennt.

Anhang: Über Fliegerschutzbrillen.

Während bei modernen Sport- und Verkehrsflugzeugen mit ihren zweckmäßig ausgestatteten Führersitzen ein besonderer Augenschutz kaum mehr notwendig erscheint, ist ein solcher bei Flugzeugen mit offenem Führersitz unbedingt erforderlich. Der Frage des Schutzglases ist besondere Aufmerksamkeit zuzuwenden. Denn es geht nicht an, einerseits überaus strenge Anforderungen an die Sehtüchtigkeit beider Augen zu stellen, andererseits aber den Piloten bezüglich praktischen Augenschutzes sich selbst zu überlassen. Die Forderungen, die an ein Schutzglas gestellt werden müssen, sind: 1. Verzerrungsfreiheit, 2. keine Einschränkung des Gesichts- und Blickfeldes, 3. rasch herzustellendes, gleichmäßiges, sicheres und dichtes Sitzen, 4. Verhinderung des Beschlagens der Gläser, 5. Blendungsschutz, 6. bei zweckmäßiger Ausführung Möglichkeit rascher Entfernung.

Insgesamt sind diese Forderungen praktisch schwer zu verwirklichen. Vor allem gilt es, das Auge gegen die starke Turbulenz der Luftströmung hinter der Stirnscheibe zu schützen und besonders dann zu schützen, wenn der Pilot gezwungen ist, den Kopf für kurze Zeiten außerhalb der gedeckten Zone zu bringen. In zweiter Linie ist Blendungsschutz erwünscht, z. B. bei Flügen in den Tropen, bei Landung gegen die tiefstehende gleißende Sonne, im Scheinwerferlicht usw., wobei die starke Lichtaberration die Helligkeitsunterschiedsempfindlichkeit des Auges stark herabmindern kann. Ein besonderer Strahlungsschutz ist hingegen nicht erforderlich. Weder ultraviolette noch infrarote Strahlung gefährden bei der praktisch in Betracht kommenden Größenordnung das Auge des Fliegers, wie jahrzehntelange augenärztliche Erfahrungen zeigen. Die Verhältnisse auch bei Höhenflug sind ganz andere als bei Hochtouristik, bei welcher die Augen der starken Reflexion seitens der Schneeflächen ausgesetzt sind [FROMBEURE (60)]. Abgesehen davon ist der Höhenflieger durch die aus anderen Gründen notwendige Schutzbrille vor jeder Strahlungswirkung geschützt. Von manchen Autoren wird auch Splitterfreiheit des Glases gefordert. Ich halte diese Forderung für eine Selbsttäuschung. Jeder verständige Flieger wird vor schwerer Bruchlandung schnell die Schutzbrille abstreifen. Möglichkeit raschester Entfernung ist daher viel wichtiger als Splitterfreiheit, abgesehen davon, daß sich splitterfreie Gläser nicht derart formen lassen, um Verzerrungsfreiheit zu gewährleisten. Dagegen scheint mir die Frage, ob sich Korrektions-

Anhang: Über Fliegerschutzbrillen.

gläser an Schutzgläser anschleifen lassen, der praktischen Bearbeitung wert zu sein. Auf bezügliche günstige Erfahrungen von Autofahrern und Hochtouristen sei hingewiesen. Viele Sportflieger sind Brillenträger. Über der Brille muß bei offenem Führersitz das Schutzglas getragen werden. Dabei ist die Gefahr des Verschiebens der Brillengläser und damit die einer starken Bildverzerrung sowie die einer Wasserdampfkondensation zwischen beiden Glasflächen eine sehr große.

Ohne auf die zahlreichen in- und ausländischen Ausführungen von Fliegerschutzbrillen und damit auf industrielle Fragen einzugehen, möchte ich nur eine Form erwähnen, und zwar lediglich deshalb, weil sie meines Erachtens heute das vollkommenste Erzeugnis der optischen Industrie darstellt. Es ist die Neophanschutzbrille 12—$53/_2$ (61). Was die optischen Eigenschaften der Brille anlangt, so sind die Gläser nicht von periskopischer, sondern von zylindrischer Form. Die periskopische Wölbung hat nämlich den Nachteil, daß sich mit einer solchen kein weites Gesichtsfeld herstellen läßt. Gerade das außerordentlich große Gesichtsfeld, besonders schläfenwärts, ist ein Hauptvorteil dieser Schutzbrille. Da natürlich hierbei die Achse des Zylinders nicht am Ort des Augendrehpunktes liegen kann, resultiert eine Scheinverschiebung der Objekte. Das Ausmaß derselben entspricht bei 2 mm Glasdicke bei Parallelstellung der Gesichtslinien einer Konvergenz derselben von 10 Minuten. (Die genaueren Daten bezüglich der optischen Eigenschaften wurden mir von der Auergesellschaft freundlichst zur Verfügung gestellt.) Bei Betrachtung näher gelegener Objekte addiert sich dieser Wert zu allen Konvergenzgraden. Da aber keine Trennung von Konvergenz und Akkommodation vorliegt, fehlt die Hauptursache für eine Tiefenfälschung (Porrhallaxie). Die praktische Prüfung mittels der bei Eignungsprüfung der Flieger gebräuchlichen Testmethode der Tiefensehschärfe (s. oben S. 87) ergab ebensowenig eine sicher erfaßbare Beeinträchtigung der Tiefenunterschiedsempfindlichkeit, wie eine Bildverzerrung an sich an einem der pupillo zentrischen Einteilung der Retina entsprechenden Hyperbelsystem [TSCHERMAK (62)] nachgewiesen werden konnte. Was die Frage des Entfernungseindruckes, das ist der Abstandslokalisation, betrifft, so wäre bei Tragen dieses Glases eine Fälschung derselben dann gegeben, wenn der Eindruck des beidäugig fixierten Objektes normalerweise genau nach dem Kreuzungspunkte der Blicklinien verlegt würde. Daß dies nicht der Fall ist und daß hierbei andere, auch psychologische Faktoren maßgebend sind, ist experimentell erwiesen. Eine derartige Fälschung erscheint mir daher praktisch nicht in Frage zu kommen; eine diesbezügliche genaue Prüfung wäre nur unter sehr gekünstelten Versuchsbedingungen möglich.

Vom praktischen Standpunkt aus beurteilt bietet also die zylindrische Wölbung gegenüber der periskopischen keinen Nachteil, sondern einen Vorteil. Bezüglich der spektralen Durchlässigkeit des Neophanglases sei bemerkt, daß dieselbe praktisch erst oberhalb 360 $\mu\mu$ beginnt. Die geringste Helligkeitsverminderung liegt bei 550 $\mu\mu$ und beträgt hier etwa 15%, allerdings nur auf einem äußerst schmalen Spektralbereich. Unter Berücksichtigung der Helligkeitsempfindlichkeit des Auges beträgt die feststellbare Gesamtdurchlässigkeit des leicht violett tingierten Glases bei 2,0 mm Dicke für weißes Tageslicht von 5000 K Farbtemperatur 52,3%. Für andere Lichter, z. B. für grüne und ganz besonders für rote ist die Durchlässigkeit wesentlich höher. Was das Neophanglas in praktischer Hinsicht auszeichnet, ist — neben einem allerdings geringen Blendungsschutz — vor allem der Umstand, daß gelbrote und gelbgrüne Körperfarben insofern verändert erscheinen, als Rot und Grün stärker hervortreten, ein Umstand, welcher sich bei Rot-Grünschwachen, besonders bei Deuteranomalen, sehr günstig auswirkt, aber auch für den farbentüchtigen Flieger, an dessen Farbunterscheidungsvermögen hohe Anforderungen gestellt werden, ein großer Vorteil ist (z. B. sicheres Erkennen von roten und grünen Positionslichter auch bei diesigem Wetter). Neben roten und grünen Tönen erscheinen auch die blauen vertieft, wie man leicht bei Betrachtung des blauen Himmels feststellen kann, welcher durch Neophanglas gesehen wesentlich reiner erscheint. Gerade für Flieger ist diese Eigenschaft von besonderer Bedeutung, weil leichte Wolkenbildung auf blauem Himmelsgrunde sich leichter erkennen läßt. Die sonstige Ausführung der Schutzbrille, wie — nach individueller Anpassung — absolut dichter und bequemer Abschluß durch Moosgummi, zweckmäßige Ventilation, um Beschlagen der Gläser zu vermeiden, sichere Lage, angenehmes Tragen, raschest mögliche Abnahme vervollkommnen die Ausführung in jeder Hinsicht.

Bezüglich Blendungsschutz sei angeführt: Ein solcher kommt praktisch eigentlich nur bei Landung gegen die tiefstehende gleißende Sonne sowie während Nachtflügen dann in Frage, wenn das Flugzeug vom Scheinwerferlicht erfaßt wird. Im ersteren Falle hilft man sich — da das Tragen entsprechender Schutzgläser auf die Dauer nicht gut möglich ist — durch Anbringen von Blendungsscheiben an der Verkleidung des Führersitzes, welche sich rasch vorschalten lassen. Bei Scheinwerferblendung ist ein für alle Fälle sicherer Schutz ausgeschlossen, weil die Blendungsgrade praktisch überaus verschieden sind; sie hängen nicht nur vom Scheinwerfertyp, sondern auch von der Extinktion in der Atmosphäre an sich und von der Flughöhe ab. In 1000 m Flughöhe ist die Blendung auch bei reiner Atmosphäre bei schwächeren Scheinwerfern durchaus erträglich, man kann dabei im Scheinwerferlicht sehr gut lesen. Bei stärkeren Typen oder wenn man gar in die Lichtkegel von mehreren Scheinwerfern gerät, ist die Blendung in der genannten Höhe derartig, daß jedes Erkennen von Konturen ausgeschlossen ist. Man hilft sich in diesem Falle so, daß man den Führersitz verblendet und nach Instrumenten steuert. Rauchgläser helfen nicht, denn die nötigen Stärken würden ja jedes Ablesen von Bordinstrumenten ausschließen. Auf die Dauer blind zu fliegen ist aber ausgeschlossen. Da ein Instrumentenflug nur dann sicher ist, wenn keine anderen Flugzeuge in der Nähe sind, bzw. ein von allen festgesetzter Kurs geflogen wird, ist die Scheinwerferblendung ein Hindernis, das unter Umständen unüberwindbar ist.

Literatur zum Abschnitt IV E.

1) GUILLERY, H.: Handbuch der normalen und pathologischen Physiologie, Bd. 12 (2), S. 783. 1931.
2) UHTHOFF: Graefes Arch. 32, 172 (1886).
3) LAAN u. PIEKEMA: Diss. Utrecht 1897.
4) HERLITZKA, A.: ABDERHALDENs Handbuch der biologischen Arbeitsmethoden, Abt. 6, Teil C 1, S. 813. 1928.
5) BAUER, H.: Aviation medicine. Baltimore: Williams and Wilkins 1826.
6) ERGGELET, H.: Handbuch der Ophthalmologie, Bd. 2, S. 680f. 1932.
7) FERRY and RAND: Amer. J. Ophthalm. 77, 704 (1918).
8) BANISTER, H. and G. H. POLLOCH: Brit. J. Psychol. 19, 394 (1929).
9) KRIES, J. v.: HELMHOLTZ' Handbuch der physiologischen Optik, 3. Aufl., Bd. 3, S. 309—311. 1910.
10) HOFMANN, F. B.: Raumsinn des Auges, S. 418f. Berlin: Julius Springer 1920.
11) TSCHERMAK, A. v.: Handbuch der normalen und pathologischen Physiologie, Bd. 12 (2), S. 928—946. 1931.
12) HOFMANN, F. B.: Tabul. biol. 1, 280 (1925).
13) HELMHOLTZ, H. v.: Handbuch der physiologischen Optik, 3. Aufl., Bd. 3, S. 257. 1910.
14) COULLAUD: Arch. d'Ophtalm. 28, 608 (1909).
15) WAECHTER, F.: Sitzgsber. Akad. Wiss. Wien, Math.-naturwiss. Kl. 105, 856 (1896).
16) HEINE, L.: Graefes Arch. 51, 146 (1900).
17) PULFRICH, C.: Z. Instrumentenkde 21, 249 (1901).
18) HILLEBRAND, F.: Z. Psychol. 16, 71 (1898).
19) WÜRDEMANN, H. V.: J. of Aviation Med. 5, 8 (1934).
20) BIELSCHOWSKY, A.: Ber. 39. Verslg. ophthalm. Ges. Heidelberg 1913, 67—78.
21) FISCHER, M. H.: Graefes Arch. 108, 252 (1922).
22) AUBERT, H.: Pflügers Arch. 39, 347; 40, 459 (1887).
23) BOURDON, R.: Perception visuelle de l'espace. Paris 1902.
24) FALLERT, F.: Z. Sinnesphysiol. 60, 297 (1930).
25) BASLER, A.: Pflügers Arch. 199, 457 (1923).
26) EXNER, S.: Pflügers Arch. 38, 217 (1886).
27) FISCHER, M. H.: J. Psychol. u. Neur. 41, 289f. (1930).
28) WULFFTEN-PALTHE, VAN: Handbuch der Neurologie des Ohres, Bd. 3, S. 693f. 1926.
29) GRAHE, K.: Handbuch der normalen und pathologischen Physiologie, Bd. 11 (1), S. 912. 1926.
30) TSCHERMAK, A. VON: Handbuch der normalen und pathologischen Physiologie, Bd. 12 (2), S. 838. 1931.
31) HERLITZKA, A.: Fisiologia ed aviazione, p. 95f. Bologna 1923.

32) Tschermak, A.: Pflügers Arch. **228**, 234 (1931). — Forsch. u. Fortschr. **1932**. — Acta aerophysiol. **1** (2) (1934).
33) Fihlene, W.: Arch. f. Physiol. **1912**, 461.
34) Schubert, G.: Pflügers Arch. **222**, 460 (1929).
35) Kurz, G.: Z.F.M. **22**, 167 (1931).
36) Jannin, M.: Aeronautique **1933**, No 172, 214.
37) Koschmieder, H.: Month. Weath. Rev. **58**, 439 (1930). Zitiert nach
38) Bennet, M. G.: Quart. J. roy. meteorol. Soc. **61**, 179 (1935).
39) Aubert, H.: Physiologie der Netzhaut. Breslau: Morgenstern 1865.
40) Nagel, W.: Zusatz in Helmholtz' Physiologische Optik, 3. Aufl., Bd. 2, S. 283. 1911.
41) Wiegand, A.: Physik. Z. **23**, 277 (1922).
42) Pollak, L. W. u. W. Gerlich: Beitr. Geophysik **37**, 272 (1932).
43) Pernter, J. M. u. F. M. Exner: Meteorologische Optik, S. 83. Wien-Leipzig: Wilhelm Braumüller 1922.
44) Schulte: 12. Kongr. dtsch. Ges. Psychiatr. Hamburg 1932. S. 418.
45) Gemelli, A.: Riv. Psicol. **29**, 4. Jan. 1933.
46) Schubert, G.: Z. Sinnesphysiol. **62**, 326 (1932).
47) Ocker, W. C. and C. J. Crane: Blindflight in theory and practice. Texas: Naylor Comp. San Antonio 1932.
48) Schubert, G.: Z. Hals- usw. Heilk. **30**, 595 (1932).
49) Kries, J. v.: Z. Sinnesphysiol. **49**, 247 (1917).
50) Kohlrausch, A.: Pflügers Arch. **196**, 113 (1922). — Tabul. biol. **1**, 308 (1925).
51) Hecht, S.: Erg. Physiol. **32**, 243 (1931).
52) Beyne, J. et G. Worms: J. Physiol. et Path. gén. **24**, 38 (1926).
53) Nutting: J. opt. Soc. Amer. **1**, 134 (1917); **4**, 55 (1920).
54) Beyne, J.: 1. Congr. internat. de la Sécurité aérienne. Rapp., Tome 2, p. 11. Paris 1930.
55) Blanchard, D.: Dtsch. opt. Wschr. **1921 I**, 936, 958, 975.
56) Gehlhoff u. Shering: Z. techn. Physik **4**, 321 (1923).
57) Kühl, A.: Sitzgsber. bayer. Akad. Wiss., Math.-physik. Kl. **1933**, 447.
58) Comberg, W.: Schieck-Brückners Handbuch der Ophthalmologie, S. 240 f. Berlin: Julius Springer 1932.
59) Hering, E.: Grundzüge der Lehre vom Lichtsinn. Graefe-Saemisch' Handbuch der Augenheilkunde, Bd. 3, S. 145 f. 1907.
60) Frombeure, G.: 1. Congr. internat. de la Sécurité aérienne. Rapp., Tome 2, p. 19. Paris 1930.
61) Faber, J.: Optische Werke. Stuttgart-Untertürkheim. Vgl. auch Harting, H.: Z.ztg Opt. Mech. **53**, H. 24, 287 (1932); s. auch **54**, 101 (1933).
62) Vgl. A. v. Tschermak: Z. Augenheilk. **66**, 35 (1928).

F. Das Labyrinth als Sinnes- und Reflexorgan beim Fluge.

Dem Labyrinthe wird unter Bezugnahme auf die gangbaren Vorstellungen über die physiologischen Funktionen dieses **Organes** bei Flugzeugsteuerung große Bedeutung zugeschrieben. Ja, es wird von manchen Autoren direkt als das Gleichgewichtsorgan bezeichnet, da es physiologisch am Körperstellungs- und Körperhaltungsmechanismus wesentlichen Anteil nimmt. Inwieweit eine solche Auffassung berechtigt ist, soll eine kurze kritische Zusammenstellung über die Art der Beanspruchung sowie der Reaktionen dieses Organes bei Steuerung eines Flugzeuges ergeben. Dabei soll dem heutigen Stande der Physiologie dieses Organes eingehend Rechnung getragen werden.

a) Labyrinth und Bewegungsempfindungen.

Das Labyrinth ist in erster Linie ein *Sinnesorgan*. Als solches vermittelt es Empfindungen, und zwar solche der Lage („statische" Empfindungen) und solche der Bewegung („dynamische" Empfindungen). Es muß aber mit allem Nachdruck darauf hingewiesen werden, daß solche Empfindungen durchaus nicht lediglich, ja vornehmlich auf labyrinthärem Wege zustande kommen; auch Individuen mit funktionsuntüchtigen Labyrinthen perzipieren sowohl passive Drehungen wie von der Norm abweichende Körperlagen. Was jedoch die Wahrnehmungen von passiven Drehungen — und um solche handelt es sich in der Fliegerei — anlangt, so ist doch wohl das Labyrinth als das Organ anzusehen, dem die Vermittelung der fein abgestuften Drehempfindungen zukommt. Konnte doch M. H. FISCHER (1) an völlig Ertaubten mit erloschenen Funktionen beider N. octavi einwandfrei zeigen, daß derartige Individuen nur unter groben Versuchsbedingungen fähig sind, Drehrichtung sowie Beginn und Ende der Drehung anzugeben. Andere Sinnesorgane spielen also diesfalls eine untergeordnete Rolle. Die Annahme LEIRIs (2), daß die Drehempfindungen nicht direkt durch das Labyrinth, sondern dadurch zustande kommen, daß die durch das Labyrinth ausgelösten Reflexe auf dem Wege der Muskelsensibilität perzipiert werden, ist meines Erachtens nicht zu Recht bestehend. Können doch viele Erscheinungen, besonders die, welche bei zusätzlichen Winkelbeschleunigungen auftreten, durch diese Annahme keine Erklärung finden.

Voraussetzung für die via Labyrinth ausgelösten Bewegungsempfindungen sind Beschleunigungen. Bezüglich der Natur der peripheren Rezeptionsorgane sei folgendes ausgeführt: Einwandfrei sichergestellt ist, daß die Empfänger für Winkelbeschleunigungen die in den Ampullen gelegenen Sinnesorgane, also die Cristae ampullares sind. Ihr physiologischer Reiz ist eine durch Winkelbeschleunigung ausgelöste Impulsströmung (genauer: eine Trägheitsströmung) der Endolymphe mit konsekutiver Verlagerung der Cupula, welche den eigentlichen Reiz darstellt. Obwohl diese Theorie sehr alt ist, wurde sie doch erst in jüngster Zeit durch die klassischen Untersuchungen STEINHAUSENs (3) am lebenden Präparat des Hechtlabyrinthes einwandfrei erwiesen.

Daß auch für das menschliche Labyrinth grundsätzlich das gleiche gelten muß, konnte ich dadurch zeigen, daß die Reaktionen auf Winkelbeschleunigung unabhängig sind von einer gleichzeitig einwirkenden konstanten Zentrifugalbeschleunigung. Dies beweist, daß der peripheren Erregung nur dynamische, also Strömungsvorgänge zugrunde liegen können [SCHUBERT (4)]. Nach DE KLEYN und MAGNUS (5) reagiert das Bogengangssystem auch bei geradlinigen Beschleunigungen (Progressivbeschleunigungen). Diese Ansicht, der auch LORENTE DE NÒ (6) zustimmt, und die auch in namhafte Lehrbücher kritiklos aufgenommen wurde, ist entschieden falsch. Nach den genannten Autoren kommt die Cupulaablenkung in diesem Falle dadurch zustande, daß die Endolymphe in den Saccus endolymphaticus „ausweichen" kann und daß auch die Membranen des runden und ovalen Fensters ein sekundäres Ausweichen des Perilymphe gestatten. Die Unhaltbarkeit einer derartigen Annahme wird durch folgende Tatsachen dargetan (SCHUBERT):

Konstante Zentrifugalbeschleunigung ist äquivalent einer konstanten geradlinigen Beschleunigung. Sie müßte also bei überschwelligen Werten, z. B. bei $3 \times g$ nach DE KLEYN und MAGNUS bei Dauereinwirkung ein dauerndes Ausweichen der Endolymphe und damit eine dauernde Ablenkung der Cupula bewirken. Diesen Kraftwirkungen gegenüber müßten Trägheitsstöße der Endolymphe — z. B. ausgelöst durch aktive Kopfbewegungen — ohne Reizeffekt bleiben oder zumindestens anders ablaufen als bei normaler Massenbeschleunigung. In Wirklichkeit verhält sich jedoch das Bogengangssystem (nicht so der später zu betrachtende Otolithenapparat!) genau so wie bei Einwirkung der Schwerkraft allein: Kopfdrehungen, Drehungen des Gesamtkörpers in beliebiger Richtung gehen — solange der Zentrifugaldruck solche Bewegungen gestattet — nicht mit abnormen Empfindungen einher und lassen auch keine Änderung der Schwellenempfindlichkeit bemerken. Erreicht aber die der Zentrifugalbeschleunigung zugrunde liegende Winkelgeschwindigkeit einen gewissen Grenzwert, dann erzeugen Drehbewegungen des Kopfes oder des Gesamtkörpers zusätzliche Strömungsimpulse (vgl. S. 127), auf welche das Bogengangssystem in der gleichen Weise reagiert, wie z. B. nach plötzlichem Stoppen einer passiven Rotation am Drehstuhl und einer Kopfbewegung sofort nach Stillstand; das System reagiert also wiederum genau so wie bei Einwirken der Schwerkraft allein. Der mit der Zentrifugalbeschleunigung gegebene erhöhte hydrostatische Druck ist eben ein allseitiger und besteht nicht nur in den endo- und perilymphatischen Räumen des Labyrinthes, sondern auch in den Subdural- und Subarachnoidalräumen des Schädels. Der Ausfall von Versuchen nach operativen Eingriffen wie Plombierung der Bogengänge usw., der als Beweis für eine Reaktion der Bogengänge auf Progressivbeschleunigung herangezogen wird, ist absolut nicht stichhaltig. Wird doch durch einen Eingriff die Dynamik der Endolymph- und Perilymphströmung in allen Teilen des Labyrinthes, die in innigstem Zusammenhange stehen, vollkommen gestört. Diese Störung läßt sich aber nicht durch die so viel gerühmte histologische Nachprüfung erkennen. Daß auch nach Abschleuderung der Otolithenmembranen Reflexe auf geradlinige Beschleunigungen auftreten, beweist durchaus nicht ein Ansprechen der Bogengangsapparate auf diese Art von Beschleunigungen. Denn die Ablösung der Membran ist nicht gleichbedeutend mit einer Ausschaltung des Sinnesepithels und seiner Funktion.

Es kommen daher als peripherer Receptor für geradlinige Beschleunigungen nur die Otolithenorgane in Betracht. Daß derartige Beschleunigungen diese Organe nachweisbar beeinflussen, zeigen die Abschleuderungsversuche der Otolithenmembranen von WITTMAACK (7). Einwirken von geradliniger Beschleunigung kommt — allgemein gesprochen — einer Änderung der normalen Massenbeschleunigung, das ist der Erdbeschleunigung, nach Richtung und Intensität gleich; dabei kann die normale Angriffsrichtung der Erdbeschleunigung am Organ beibehalten oder aber verändert sein. Die normale, d. h. physiologische Beanspruchung der Otolithenorgane besteht jedoch in einer Änderung ihrer Einstellung zur Angriffsrichtung der Erdbeschleunigung („Änderung der Angriffsrichtung des Schwerkraftreizes am Organ"). Die Organe ändern dann ihre Dauererregung, wenn ihre Stellung, also die Lage des

Kopfes oder des Gesamtkörpers im Gravitationsfeld sich ändert. Es braucht wohl kaum hervorgehoben zu werden, daß das Gravitationsfeld äquivalent ist einer dauernden Beschleunigung, d. h. daß die Schwerkraft, die auf einen Körper wirkt, gegensinnig äquivalent ist einer dauernden Beschleunigung dieses Körpers nach oben. Daß die Otolithenorgane auf geradlinige Beschleunigungen genau so ansprechen wie auf Änderung der Lage des Körpers im Raume, ergibt sich schon aus der Tatsache, daß sich ja dieser Reiz qualitativ in keiner Weise von der Erdbeschleunigung unterscheidet. Dementsprechend zeigt sich die HERTWIG-MAGENDIEsche Schielstellung der Augen am Kaninchen in gleicher Weise, gleichgültig, ob das Tier seitlich geneigt oder bei normaler Körperhaltung einer zusätzlichen Progressivbeschleunigung ausgesetzt wurde [FLEISCH (8)]; ebenso sind diese Schielstellungen am Fisch wie die kompensatorischen Augenrollungen am Menschen die gleichen bei seitlicher Körperneigung und bei Änderung der Richtung der resultierenden Massenbeschleunigung durch zusätzliche Zentrifugalbeschleunigung [TSCHERMAK und SCHUBERT (9), SCHUBERT (10)]. Die Otolithenorgane sind demnach ebenfalls beschleunigungsempfindliche Organe, nur anderer Art als die Bogengänge. Die reizphysiologische Bedeutung einer zusätzlichen Progressivbeschleunigung ist entsprechend der Eigenschaft der Beschleunigung als Vektor zweifach: eine quantitative im Sinne einer Erhöhung der normalen Beschleunigung; ferner eine qualitative, indem sie die Richtung der resultierenden Massenbeschleunigung festlegt. Gleiches gilt für die Erdbeschleunigung allein, nur daß in diesem Falle die Intensität unveränderlich ist.

Daß die Otolithenorgane tatsächlich sowohl auf Intensität wie auf Richtung der resultierenden Beschleunigung reagieren, brauche ich wohl nicht ausführlich zu begründen. Die nachweisbar vom Otolithenapparat ausgehenden Reaktionen, wie z. B. die Liftreaktion bei in vertikaler Richtung angreifenden Beschleunigungen bzw. bei freiem Fall sind allgemein bekannt. Andererseits zeigt sich eine gesetzmäßige Abhängigkeit der Reflexe von der Angriffsrichtung, sei es der Erdbeschleunigung allein; sei es der aus Progressivbeschleunigung und Erdbeschleunigung resultierenden Massenbeschleunigung: die strenge Abhängigkeit der sog. statischen oder Lagereflexe der Augen in Form der HERTWIG-MAGENDIEschen Schielstellung oder der kompensatorischen Gegenrollung von der Richtung der Körperneigung ist allgemein geläufig.

Die gangbaren Vorstellungen über die Art der Wirksamkeit der Beschleunigungsreize befriedigen nicht, sei es, daß man nach DE KLEYN und MAGNUS (11) Zug, oder mit QUIX (12) Druck der Otolithenmembran als adäquaten Reiz für das Sinnesepithel annehmen will. Es läßt sich durch Versuche an normalen Erwachsenen der Nachweis erbringen, daß in allen Lagen des Körpers, die Kopfhängelage inbegriffen, die Otolithenorgane in Erregung sind [SCHUBERT und BRECHER (13)]. Demnach muß sowohl Druck wie Zug der Otolithenmembran das Sinnesepithel erregen. Gleiches gilt ja bekanntlich für die Receptoren des Drucksinnes der Haut. Die tatsächliche Beanspruchung ist folgende: Die aus geradlinigen Beschleunigungen oder aus der Richtungsänderung der Erdbeschleunigung resultierenden Kräfte der Membranen werden auf die Gallertmasse übertragen und bewirken hier eine Änderung der bestehenden Druck-Spannungsschichtung; diese Änderung wird von den Haaren aufgenommen und in modifizierter Weise auf die Sinneszellen übertragen, wodurch deren Erregung erfolgt. Dabei können auch in tangentialer Richtung angreifende Kräfte wirksam werden, da sowohl die Membranen wie die Gallertmasse in dieser Richtung einen gewissen Grad von Freiheit besitzen. Denn das Sinnesepithel ist dem undifferenzierten Randepithel überhöht und die Verbindung der Membranen zu den benachbarten Wandstellen ist locker; auch die relative Lage der Membran, als der spezifisch schwereren Masse, zum Sinnesepithel begünstigt eine solche Verlagerung, ebenso weist der dem Epithel der Cristae analoge Bau auf eine Kräfteübertragung in dieser Richtung hin. Entsprechend der Eigenschaft der von den Membranen her übertragenen Kräfte als Vektoren ist nicht allein das Ausmaß der Änderung der Druck-Spannungsverteilung in der Gallerte, sondern auch die Richtung derselben mitbestimmend für den physiologischen Effekt. Dementsprechend ist der Reflexerfolg nicht allein eine Funktion des Ausmaßes der Körperneigung, sondern hängt auch von der Richtung derselben ab. Für die in den Reizeffekten gegebenen Momente: „Dauererregung" (bzw. reflektorische Dauerbeeinflussung) in jeder beliebigen Raumlage des Körpers, Abhängigkeit der Reaktion von der Wirkungsrichtung der angreifenden Beschleunigung — bildet das Vorhandensein mehrerer, von einer Ebene abweichender und verschieden orientierter Sinnesflächen das morphologische Substrat. Gerade das Gegebensein mehrerer Receptorflächen beweist, daß nicht jede einzelne — wie LORENTE DE NÒ annimmt — funktionell verschieden gegliedert ist. Sinnfälliger begegnet uns das Prinzip der Reaktion in Abhängigkeit von der Richtung der Beschleunigung beim Bogengangsapparat. Doch nicht allein in dem klaren Hervortreten der räumlichen Anordnung der Receptoren besteht die höhere Differenzierungsstufe; auch im Aufbau des Sinnesepithels tritt diese hervor, indem dieses auf eine ganz bestimmte mechanische Beanspruchung eingerichtet erscheint.

Das sind die Schlüsse, welche sich unter Zugrundelegung von experimentellen Versuchsergebnissen am Menschen ableiten und beweisen lassen. Weitere Erörterungen über reizphysiologische Gesetzmäßigkeiten der Otolithenorgane würden ein näheres Eingehen auf die räumliche Anordnung der Maculae im Schädel und auf ihre relative Beanspruchung rechter- und linkerseits erfordern. Ich begnüge mich hier, das Prinzipielle des peripheren Erregungsvorganges festgelegt zu haben.

Nur eine Frage bedarf noch der Klärung. Reagieren die Otolithenorgane auf Winkelbeschleunigung ? Grundsätzlich ist dies deshalb möglich, weil diese Beschleunigungen auch Kraftwirkungen an den Membranen entfalten. Für die physiologische Beanspruchung durch derartige Beschleunigungen, das ist Beanspruchung durch aktive Drehungen (Drehbewegung des Kopfes oder Körpers) sowie passive (Kippbewegungen), ist jedoch ein Organ höherer Anspruchsfähigkeit entwickelt, nämlich das Bogengangssystem. Beim Menschen kommt unter physiologischen Bedingungen die Reaktion des Otolithenapparates auf Winkelbeschleunigungen nach Ausbildung eines besonderen Receptors hierfür kaum mehr in Frage. Dieser funktionellen Differenzierung der verschiedenen Beschleunigungsreceptoren geht die morphologische parallel. Während die Druckempfänger der Haut Beschleunigungsreceptoren schlechthin sind, d. h. auf geradlinige und Winkelbeschleunigungen ansprechen, ist der Otolithenapparat ein hauptsächlich auf geradlinige Beschleunigungen ansprechender Receptor, während der Bogengangsapparat eine unverhältnismäßig größere und spezialisierte Anspruchsfähigkeit aufweist, indem er auf die geringsten Kraftwirkungen, welche aus Winkelbeschleunigungen resultieren, reagiert.

Voraussetzung für das Auftreten einer Bewegungsempfindung ist ein bestimmter Beschleunigungswert sowie eine bestimmte Einwirkungsdauer der Beschleunigung. Als Schwellenwerte für *Winkelbeschleunigungen* ergaben sich $2-3°/sec^2$ bei einer Einwirkungsdauer von 14—16 Sekunden [MACH (14)] oder eine solche von 72°/sec^2 bei $^1/_{45}$ Sekunden Einwirkung [VAN ROSSEM (15)]. MULDER (16) gibt als durchschnittliches Minimum von 3 Versuchspersonen einen Wert von 2°/sec^2 an, wenn derselbe während 0,8 Sekunden einwirkt. Eine gleichförmige Beschleunigung von 2°/sec^2 erweckt noch den Eindruck einer gleichmäßigen Drehung [MULDER, BUYS (17)]. Die Schwelle im Flugzeug liegt bei einer Winkelbeschleunigung von etwa 2°/sec^2 und einer Einwirkungsdauer von 5 Sekunden [WULFF-TEN-PALTHE (18), TSCHERMAK-SCHUBERT (9)]. Ein Einfluß der Übung auf die Reizschwelle im Flugzeuge zeigt sich nicht. Was die Schwellenwerte für *geradlinige Beschleunigung* anlangt, so schwanken die Werte beträchtlich, was insofern verständlich ist, als auch extralabyrinthäre Sinnesorgane je nach Art der Prüfung in verschiedenem Ausmaße beteiligt sind. Als Schwellenwerte für vertikale Beschleunigungen wurden 12 cm/sec^2 (MACH) und 4 cm/sec^2 [BOURDON (19)], für solche in horizontaler Richtung 2—20 cm/sec^2 [KUNZE (20)] gefunden.

Es ist eine Tatsache, daß bei normaler Durchführung der gangbarsten Flugmanöver die Winkelbeschleunigungen im allgemeinen unterschwellig sind, teils infolge niedriger Werte, teils infolge überaus kurzer Einwirkungsdauer. Dementsprechend treten auch keine Drehempfindungen auf; bei geschlossenen Augen hat man lediglich — entsprechend der veränderten Größe der Massenbeschleunigung — das Gefühl zu sinken oder zu steigen (z. B. bei Kurven, Loopings, Rollen). Natürlich kann auch mit überschwelliger Beschleunigung in Kurven bzw. aus diesen wieder in Normallage gegangen werden, ebenso das Flugzeug rasch aus dem Trudeln aufgerichtet oder rasch in die Rolle gerissen werden. Das sind besondere Fälle. Auch hartes Abfangen der Maschine aus Sturzflug sowie seitliche Drehungen infolge harter Böen, die das Flugzeug einseitig fassen, können mit überschwelligen Winkelbeschleunigungen einhergehen. In diesen Fällen wird besonders die Richtung, aber auch die Intensität der Drehung wahrgenommen. Dies ist natürlich auch der Fall bei schlecht durchgeführten Manövern, z. B. bei seitlichem Ausbrechen der Maschine aus dem Looping. In diesen Fällen wirken jedoch nicht reine Winkelbeschleunigungen, sondern auch Progressivbeschleunigungen ein. Demnach ist auch mit den reinen Drehempfindungen nur bei ganz besonderen Flugzuständen zu rechnen. Dabei können aber auch abnorme Bewegungsempfindungen auftreten, welche jedoch, da sie mit labyrinthären Reflexen einhergehen, besser im Zusammenhange mit diesen zu erörtern sind.

Überschwellige geradlinige Beschleunigungen in Richtung der Flugzeuglängsachse treten bei Katapultstart (bis $3 \times g$, Einwirkungsdauer etwa 3 Sekunden), bei plötzlichem Hochziehen (bis $2,3 \times g$ während 1—2 Sekunden einwirkend) und Drücken (bis $-0,35 \times g$ während 1—2 Sekunden einwirkend) des Apparates — hier im Verein mit Winkelbeschleunigungen — und besonders bei vertikalen Luftströmungen auf. Letztere sind es, die bei empfindlichen Individuen den Symptomenkomplex der Luftkrankheit (s. unten S. 135) auslösen.

Die Wahrnehmungsschärfe für geradlinige Beschleunigungen überhaupt spielt für den Motorflieger eine geringe Rolle. Denn die Abschätzung der Geschwindigkeit, die notwendig ist, um den Apparat hochziehen zu können, sowie die Abschätzung des Gleitwinkels erfolgt mittels Seh- und Gehörorgan und auf Grund von Druck-Kraftempfindungen, welche durch das Bedienen der Steuerhebel ausgelöst werden. Niemals kann sich der Motorflieger auf Bewegungsempfindungen allein verlassen. Dagegen wird angegeben [NOLTENIUS (21)], daß Segelflieger eine hohe Empfindlichkeit für vertikale Luftströmungen, die sich durch vertikale Beschleunigungen auswirken, besitzen müssen. Nun ist es eine Tatsache, daß man gegen derartige Beschleunigungen auch im Flugzeuge sehr empfindlich ist (Fahrstuhlgefühl). Inwieweit hierbei der Otolithenapparat und inwieweit extralabyrinthäre Receptoren von Bedeutung sind, läßt sich vom Standpunkt der Flugpraxis beantworten. Amerikanische Untersuchungen an Taubstummen mit funktionsuntüchtigen Labyrinthen ergaben nämlich, daß diese besser imstande sind, nach auf- oder abwärts gerichtete positive oder negative Beschleunigungen bzw. das Aufhören der Bewegung wahrzunehmen als Normale, und zwar insofern, als sie nicht wie diese der Täuschung einer Umkehr der Bewegung bei Stillstand unterlagen. Ursache ist der Wegfall der Otolithenfunktion (WULFFTEN-PALTHE). Diese Funktion stellt demnach in diesem besonderen Falle keinen Vorteil, sondern eher einen Nachteil dar. Genauer arbeitet der Drucksinn der Haut sowie der tiefer liegenden Organe allein. Um aber ein abschließendes Urteil über die Bedeutung des Labyrinthes als Sinnesorgan zu gewinnen, ist es notwendig, kurz auf das Zustandekommen der Lageempfindungen, an denen dieses Organ teilnimmt, einzugehen.

b) Labyrinth und Lageempfindungen.

Allgemein haben die verschiedenen Beschleunigungen Lageänderungen des Flugzeuges und damit des Körpers im Raume zur Folge. Die Reize, welche bei länger beibehaltener Neigungslage auf die Sinnesorgane wirken, sind veränderte Angriffsrichtung der Erdbeschleunigung am Körper oder der aus dieser und der zusätzlichen Beschleunigungen resultierenden Massenbeschleunigung. Durch die aus diesen Dauerbeschleunigungen resultierenden Kraftwirkungen wird nachweisbar der Otolithenapparat erregt (s. oben S. 117). Dementsprechend lassen sich Lageempfindungen von seiten des Labyrinthes aus verändern [GRAHE (22)]. Hinwiederum ergeben sich am Neigungsstuhle [GARTEN (23)] keine verschlechterten Einstellungen, wenn der Kopf in abnormen Lagen gehalten wird, oder an der Lageänderung überhaupt nicht teilnimmt oder während der Prüfung ungleichmäßig passiv bewegt wird [BACKHAUS (24)]. Es spielen demnach auch der Drucksinn der Haut und — wenn man von dem nicht sichergestellten sog. tiefen Drucksinn absieht — auch veränderte Spannung der Muskeln und sensible Erregungen in den Eingeweiden eine entscheidende Rolle. Wird der Drucksinn der Haut durch Unterwasserversuche (GARTEN) ausgeschaltet, dann wird die Orientierung wohl beeinträchtigt, aber doch nicht vollkommen aufgehoben. Bezüglich der relativen Wertigkeit der außerhalb des Labyrinthes gelegenen Sinnesorgane muß man wohl mit ARNDTS (25), welcher die Oberflächensensibilität des Gesäßes und der Extremitäten künstlich ausschaltete, auf dem Standpunkte stehen, daß dem Drucksinn die Feinheit der Wahrnehmung und damit auch die Sicherheit des Urteiles zuzuschreiben ist, während die tiefliegenden Empfänger mehr die grobe Orientierung vermitteln. Auf jeden Fall liegt aber dem Urteil über die Körperlage im Raume ein ganzer Empfindungskomplex zugrunde, an dem sich labyrinthäre wie extralabyrinthäre Sinnesorgane beteiligen. Wichtiger als Erörterungen über die Genese der Lageempfindungen scheint mir die Frage, wie groß denn die Wahrnehmungsschärfe in praxi ist. Über das Minimum perceptibile bei passiven Körperneigungen liegen Untersuchungen von WULFFTEN-PALTHE vor.

Aus der Zusammenstellung seiner Versuchsergebnisse (Tabelle 6) ergibt sich, daß die Schwelle für passive Neigungen im Flugzeug erheblich höher liegt als auf fester Erde; vor allem erschweren Vibrationen die Beobachtung. Einfluß der Übung ist offenkundig. Ähnliche Ergebnisse liegen von amerikanischer Seite vor.

Tabelle 6.

	Minimum der Neigung				
	vornüber	hintenüber	nach rechts	nach links	
Normale ohne Flugerfahrung	10⁰	10⁰	20⁰	20⁰	im Flugzeuge
Flieger	5⁰	5⁰	10⁰	10⁰	
Normale ohne Flugerfahrung	2⁰	2⁰	1—1,5⁰	1—1,5⁰	im Neigungsstuhle
Flieger	1—1,5⁰		etwa 1⁰		

Wie steht es nun mit der Güte der Wahrnehmung der Raumorientierung in beliebiger Neigungslage? Bei seitlicher Neigung des Flugzeuges (Side-slip, Glissade) ist die Wahrnehmung ohne optische Anhaltspunkte, das ist ohne Horizont, äußerst mangelhaft. Davon kann man sich leicht in der Weise überzeugen, daß man dem Beobachter eine Leuchtlinie darbietet und diese in die scheinbar vertikale Richtung einstellen läßt. Bei einer seitlichen Neigung von 40° wird nicht das Lot, sondern eine von diesem im Sinne der Neigung um 6—10° abweichende Linie als vertikal anerkannt. Bei passiver Körperneigung auf fester Erde steigert sich diese Abweichung von 17° bei einer seitlichen Neigung von 90° bis 50° bei einer Neigung von 135° nach rechts oder links [TSCHERMAK und SCHUBERT (9)]. Ähnlich liegen die Verhältnisse bei Vor- und Rückwärtsneigung des Körpers [SCHUBERT und BRECHER (26)]. Auch die Schätzung des Neigungsgrades ist sehr ungenau [GRAHE (27)]. Dementsprechend hat auch die fliegerische Erfahrung gezeigt, daß ohne Augenhilfe ein Flugzeug bei unruhiger Luft auf die Dauer nicht in Normallage gehalten werden kann — besser gesagt — sich auf die Dauer Kurven nicht vermeiden lassen. Kurvt aber das Flugzeug, dann vermag aus dem schon öfter erwähnten Grunde (s. oben S. 96) kein labyrinthäres oder extralabyrinthäres Sinnesorgan die veränderte Raumlage anzuzeigen. Es muß daher vom sinnesphysiologischen Standpunkte mit allem Nachdruck hervorgehoben werden, daß die genannten Sinnesorgane bezüglich Raumorientierung keine Präzisionsinstrumente darstellen, und daß der Flieger bei fehlender Sicht absolut auf Meßgeräte angewiesen ist. Mir erscheinen die zahlreichen Untersuchungen der Leipziger Schule GARTENs mit dem Neigungsstuhle praktisch-fliegerisch von sehr bescheidenem Werte zu sein; insbesondere als „Testversuche" für Eignungsprüfung lehne ich dieselben ab. Nicht die nachweisbar geringe Wahrnehmungsschärfe für passive Lageänderungen im Raume, sondern die Wahrnehmungsschärfe für Beschleunigungen, was deren Richtung und Intensität betrifft, ist für den Flieger das Wichtige: doch nicht wichtig für die räumliche Orientierung, sondern wichtig als Grundlage der Wahrnehmung der Beanspruchung des Körpers und damit des Flugzeuges nach Richtung und Intensität.

c) Labyrinthäre Reflexe.

Nachweisbar vom Labyrinthe ausgehende Reflexe werden in herkömmlicher Weise in statische und dynamische Reflexe geschieden, obwohl nach den einleitenden Ausführungen auch die statischen ihrem Wesen nach eigentlich ebenfalls dynamische sind, da sie ebenfalls durch Beschleunigung — allerdings durch dauernde — zustande kommen. Erfolgsorgane sind die verschiedensten Körperorgane. Entsprechend der hohen praktischen Bedeutung soll das Auge vorerst berücksichtigt werden. Ich möchte betonen, daß nur die tatsächlich beim Fluge beobachteten Erscheinungen zu berücksichtigen sind. Erörterungen, was unter Umständen eventuell eintreten könnte, erscheinen mir zwecklos.

Dynamische Augenreflexe in Form eines vestibularen Nystagmus konnte ich bei raschem Aufrichten des Flugzeuges aus dem Sturzfluge beobachten. Trotz Fixationsbestreben ist es eine gewisse Zeit lang unmöglich, Objekte ruhend zu sehen. Insbesondere erscheint die Horizontlinie wellenförmig verzerrt und bewegt. WULFFTEN-PALTHE gibt an, daß es wahrscheinlich ist, daß die Schwierigkeit bei plötzlichem Hochziehen bzw. Drücken den Bewegungen des Apparates sogleich korrekt mit den Augen zu folgen, auf reflektorische Abweichungen der Augen nach unten bzw. oben zurückzuführen ist. Ob es sich in diesen beiden Fällen um Otolithen- und Bogengangsreflexe handelt, läßt sich nicht entscheiden, da derartige Manöver mit Erregung beider Systeme einhergehen. Was die dynamischen Reflexe auf die Körpermuskulatur betrifft, so glauben M. H. FISCHER und VEITS (28) solche bei plötzlichem Kippen des Gesamtkörpers beobachtet zu haben. Im allgemeinen spielen sie aber beim *Erwachsenen* eine geringe Rolle, da sie durch die Tätigkeit übergeordneter Zentren gehemmt werden. Mechanische Momente (Trägheit, Zentrifugalkraft) geben an sich schon Anlaß zu mehr oder weniger willkürlichen Gegenreaktionen der Körpermuskulatur, die mit dem eigentlichen labyrinthären

Reflexgeschehen nichts zu tun haben. Dies gilt insbesondere bei Einwirken von Progressivbeschleunigungen. Inwieweit die von WULFFTEN-PALTHE beschriebene kräftige Beugeneigung des Kopfes bei plötzlichem Hochziehen des Apparates auf einen dynamischen Reflex zu beziehen ist, muß dahingestellt bleiben. Ein sichergestellter derartiger Reflex auf die Körpermuskulatur im Flugzeug ist mir nicht bekannt. Ebensowenig prägt sich meines Erachtens in den Reaktionen, welche von seiten der Körpermuskulatur, insbesondere von seiten der Extremitäten bei freiem Fall auftreten, ein reines Reflexgeschehen aus. Bei Absacken des Flugzeuges — welches allerdings nicht immer einem freien Fall entspricht — besteht ein Gefühl der Kraftlosigkeit besonders in den unteren Extremitäten, deren Bewegungen unsicher werden [FERRY (29)]. Man könnte dieses Symptom als Ausdruck eines plötzlichen Tonusverlustes auffassen, bedingt durch den Wegfall der Dauererregung der Otolithenorgane, freien Fall vorausgesetzt. Daß aber auch hierbei aktive Gegenbewegungen mit im Spiele sind, beweist die bei Aufrechtstehen eintretende Streckung der Beine, bekannt als Liftreaktion [LEIRI (30)].

Was die sog. Fallreaktion betrifft, so liegt derselben ebenfalls kein einfacher Reflexablauf zugrunde. Plötzlich einsetzende Drehempfindungen mit dem Gefühl des plötzlichen Verlustes des Körpergleichgewichtes sind es, die das plötzliche „sich nach der Gegenseite Werfen" veranlassen. Zielt doch die Fallreaktion immer nach der entgegengesetzten Richtung der Drehempfindung. Ihre Ursache liegt — wie ich nachweisen konnte [SCHUBERT (31)] — darin, daß die Kopf- oder Körperbewegung nicht nur mit den ihr adäquaten, sondern noch mit „zusätzlichen" Trägheitsstößen der Endolymphe einhergeht, die nach einer anderen Richtung ablaufen, als es der Willkürbewegung entspricht. Dies ist dann der Fall, wenn eine passive Rotation des Körpers plötzlich abgebremst wird und sofort nach Stillstand eine aktive Kopfbewegung ausgeführt wird. Zu den durch das plötzliche Abbremsen gesetzten Trägheitsstößen in bestimmten Kanalpaaren treten infolge der Kopfbewegung noch in anderer Richtung zielende solche, welche eben die plötzlich einsetzenden abnormen Drehempfindungen — nach PURKINJE, welcher diese Empfindungen bei Drehstuhlversuchen als erster beschrieb, als PURKINJEsche Drehempfindungen bezeichnet — auslösen. Sie und die sog. Fallreaktion treten in diesem Fall nur dann auf, wenn die Kopfbewegung sofort nach Abstoppen der Rotation erfolgt,

d. h. nur dann, wenn im peripheren Receptor noch ein mechanischer Reizvorgang herrscht [M. H. FISCHER und WODAK (32), SCHUBERT (31)]. Statt der aktiven Kopfbewegung können natürlich auch rasche Lageänderungen des Gesamtkörpers diese zusätzlichen Impulsströmungen auslösen. Eine andere, praktisch bedeutsame Auslösung der PURKINJEschen Drehempfindungen und damit der Fallreaktion ist dann gegeben, wenn während passiver Rotation — gleichgültig, ob beschleunigt oder nicht — eine aktive Kopfbewegung vorgenommen wird. Diese erzeugt eine zusätzliche Beschleunigung, eine sog. CORIOLIS-Beschleunigung.

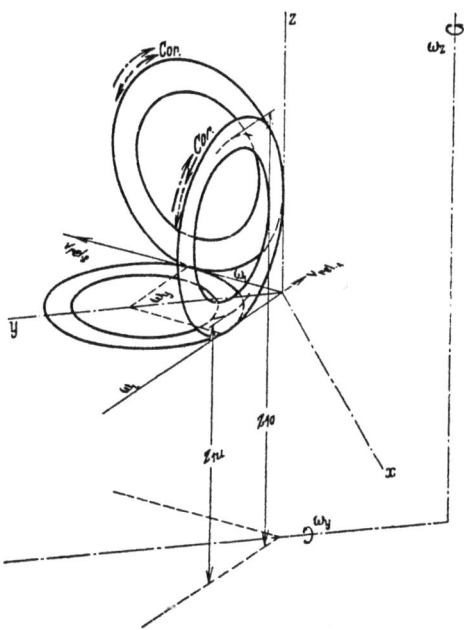

Abb. 21. Ableitung der durch CORIOLIS-Kräfte ausgelösten Trägheitsstöße der Endolymphe.

Im allgemeinen tritt eine CORIOLIS-Beschleunigung dann auf, wenn einer Masse, die einer Winkelgeschwindigkeit (ω) unterliegt, eine Relativgeschwindigkeit (v_{rel}) erteilt wird. Die Größe dieser Beschleunigung ergibt sich mit: $b_{cor} = 2\,v_{rel} \cdot \omega$ [CORIOLIS (33)]; ihre Richtung erhält man, indem man die Richtung von v_{rel} im Sinne von ω um 90° dreht. Die physiologische Wirkung dieser von mir in die Reizlehre eingeführten Beschleunigung sei an einem übersichtlichen Beispiel erörtert:

Die Versuchsperson befinde sich in einer Drehkammer, welche sich mit konstanter Winkelgeschwindigkeit ω_z um eine vertikale Achse drehe, und zwar entgegen dem Uhrzeigersinn (s. Abb. 21); die Versuchsperson sitze aufrecht. Nun werde der Kopf um eine horizontale Achse (Y) mit der augenblicklichen Geschwindigkeit ω_y nach vorne bewegt. Zwecks rechnerischer Erfassung der hiermit gegebenen Beschleunigungen sei ein sich drehendes Koordinatensystem mit folgenden Achsen eingeführt: X-Achse horizontal nach vorne,

Y-Achse horizontal nach links, Z-Achse nach oben gerichtet (s. Abb. 21, Bogengänge schematisch als Kreisringe dargestellt, positive X-Achse nicht eingezeichnet). Die Winkelgeschwindigkeit muß für jeden der beiden vertikalen Bogengänge — die einen annähernd rechten Winkel miteinander einschließen bzw. um annähernd $\pm 45^0$ gegen die ZY- wie ZX-Ebene geneigt stehen — in zwei Komponenten zerlegt werden, nämlich eine in der Ebene der Bogengänge, die andere senkrecht zu dieser. Die Komponente der Winkelgeschwindigkeit in der Ebene des vorderen Bogenganges ergibt sich

mit: $\omega_1 = \frac{1}{2} \sqrt{2\,\omega_y}$, in der Ebene des hinteren Bogenganges

mit: $\omega_2 = \frac{1}{2} \sqrt{2\,\omega_y}$, in der Ebene des horizontalen Bogenganges

mit: $\omega_3 = 0$. (Die Komponenten senkrecht zur Ebene der Bogengänge kommen für die weitere Betrachtung nicht in Frage.) Die Richtungen dieser Beschleunigungen, die mit Eintritt der erwähnten Winkelgeschwindigkeit gegeben sind, bzw. die Richtungen der durch sie bedingten Trägheitsströmung der Endolymphe, wie sie im ruhenden Raume vorhanden ist, finden sich in Abb. 21 durch ausgezogene Pfeile bezeichnet. Es resultiert im vorderen vertikalen Bogengange eine sog. ampullopetale, im hinteren vertikalen eine sog. ampullofugale Trägheitsströmung. Nach den Gesetzen der Relativbewegung für ein bewegtes Koordinatensystem treten nach der Formel: $\bar{b}_{abs} = \bar{b}_s + \bar{b}_{rel} + \bar{b}_{cor}$ CORIOLIS-Beschleunigungen auf; von diesen haben nur die in der Ebene der Bogengänge, also tangential wirkende Komponenten Einfluß auf die Endolymphströmung. Diese Komponenten sind: $b_{cor\,t} = 2\,\omega_1 z \cdot \omega_z$ für den vorderen, $b_{cor\,t} = 2\,\omega_2 z \cdot \omega_z$ für den hinteren vertikalen Bogengang. Dabei ist $v_{rel} = 2\,\omega_1 z$ bzw. $2\,\omega_2 z$, wobei mit z der Abstand des betrachteten Punktes von der XY-parallelen Ebene durch ω_y bezeichnet ist. Es ergibt sich infolge des größeren Abstandes z für die obere Hälfte des Bogenganges eine größere $b_{cor\,t}$ als für die untere Hälfte. Die Richtung der resultierenden CORIOLIS-Beschleunigung ist in Abb. 21 durch gestrichelte Pfeile angedeutet. Wesentlich ist nun, daß diese Betrachtung für die relativ bewegten Bogengänge gilt, d. h. die wirklich vorhandene Zusatzbeschleunigung der Bogengänge darstellt. Die Endolymphe, auf welche — von Reibungseinflüssen abgesehen — keine Kraft in tangentialer Richtung übertragen werden kann, bleibt gegenüber dieser Beschleunigung zurück, die CORIOLIS-Beschleunigung wirkt also in entgegengesetzter Richtung, d. h. es wird eine Trägheitsströmung entgegen dem Sinne des auf die Bogengänge einwirkenden Drehmomentes hervorgerufen (strichpunktierte Pfeile in Abb. 21). Das Ergebnis der Betrachtung ist: Es erfolgt bei Kopfneigung nach vorne eine zusätzliche Trägheitsströmung der Endolymphe in den vertikalen Bogengangspaaren, und zwar in jenen des linken Labyrinthes ampullopetal, in jenen des rechten ampullofugal; diese Strömung entspricht der einer Kopfneigung zur linken Schulter oder — bei Normalstellung des Kopfes — einer plötzlichen Körperdrehung um eine dorsoventrale Achse nach links-unten. Diese Strömung ist das auslösende Moment der zusätzlichen PURKINJE-Drehempfindung nach links-unten und der Fallreaktion nach rechts-unten.

Es treten also — allgemein gesprochen — die PURKINJEschen Drehempfindungen (Scheindrehungen) und damit die Fallreaktion dann auf, wenn die Kopf-Körperdrehung nicht nur die ihr entsprechenden Trägheitsstöße der Endolymphe, sondern noch zusätzliche in anderer Richtung zielende auslöst. Bei welchen Flugzuständen kann dies der Fall sein? Nur bei jenen, die mit höherer Winkelgeschwindigkeit einhergehen, also vor allem beim Trudeln. Kopfbewegungen während stationären Trudelns lösen PURKINJE-Drehempfindungen aus, die als plötzlich einsetzende Drehungen des Apparates gewertet werden [SCHUBERT (34)], besonders dann, wenn ruhende Raumobjekte (Erdoberfläche) dabei aus dem Blickfeld schwinden (Blick in den Sitzraum, Beobachtungen von Bordinstrumenten). Eine typische Fallreaktion läßt sich jedoch hierbei nicht beobachten — wenigstens nicht subjektiv feststellen. Man ist ja an den Sitz gegurtet; sie kann sich also nur an den Extremitäten auswirken, und zwar — analog der Reaktion gegen den Fall bei aufrechtem Stand — Gegensteuerbewegungen gegen die scheinbare Drehung des Flugzeuges auslösen. Die gleichen Reaktionen können auch dann auftreten, wenn der Apparat rasch aus dem Trudeln aufgerichtet wird, wodurch die gleichen Bedingungen geschaffen werden wie bei plötzlichem Abstoppen einer passiven Rotation und einer sofort nachfolgenden Kopfverlagerung (s. oben S. 126). Auf diesen flugpraktisch wichtigen Fall weist bereits WULFFTEN-PALTHE hin. Normalerweise, d. h. sachgemäß, erfolgt aber die Wiederherstellung der Normallage allmählich. In praktisch überaus störendem Ausmaße können diese Scheindrehempfindungen aber bei Übung von Kunstflug im sog. Blindflug (s. S. 103) auftreten.

Von diesen durch zusätzliche Impulsströmungen der Endolymphe ausgelösten Effekten sind die eigentlichen Drehnachempfindungen streng zu trennen. Bekanntlich tritt nach Abbremsen einer passiven Rotation am Drehstuhle auch bei Ruhe des Kopfes eine scheinbare Drehempfindung in der gleichen Ebene der vorangegangenen Rotation, jedoch in entgegengesetztem Sinne, auf; auch diese klingt ab, es tritt dann wieder die Empfindung einer Drehung im Sinne der Rotation auf usw., kurz, die Drehnachempfindungen klingen in allmählich schwächer werdenden Phasen ab; sie werden auf eine Erregungsnachdauer in den nervösen Zentren zurückgeführt (M. H. FISCHER und WODAK). Ein Auftreten derartiger Drehnachempfindungen bei Wiederaufrichten des Flugzeuges aus dem Trudeln habe ich nie beobachten können, wohl deshalb nicht, weil der Apparat allmählich aus diesem Flugzustande herausgenommen wurde. Mit der Möglichkeit eines solchen muß natürlich besonders bei labyrinthär sehr erregbaren Individuen gerechnet werden. Bei raschem Zurücknehmen in die Normallage kann es auch zu Scheinbewegungen im Blickfelde infolge Nachdauer des optokinetischen, und zwar rotatorischen Nystagmus kommen. Dieser wie der Drehnachschwindel können nach Beenden des Trudelns oder auch von Steilspiralen natürlich die Steuerung für kurze Zeit sehr erschweren.

Wesentlich ist nun, daß mit der PURKINJEschen Drehempfindung und der Fallreaktion die Effekte der zusätzlichen Beschleunigungen durchaus nicht erschöpft sind, ebensowenig, wie sie etwa nur während des Trudelns und gerade nur durch Kopfbewegungen ausgelöst werden können. So kommt es auch, wie ich aus eigener Erfahrung weiß, beim Abfangen der Maschine aus dem Sturzfluge durch aktive Kopfbewegungen zu den gleichen Erscheinungen, und zwar dann, wenn die Kopfbewegung nicht in einer reinen Vor-Rückwärtsneigung besteht. Die Ursache liegt darin, daß beim Abfangen nicht nur die Winkelbeschleunigungen bei kurzer Einwirkungsdauer hohe, überschwellige Werte erreichen, sondern auch die Winkelgeschwindigkeiten hoch werden (s. Abb. 3). Kopfbewegungen während Einwirken derselben verursachen ebenfalls CORIOLIS-Beschleunigungen. Diese sind jedoch nicht nur Ursache von Scheindrehungsempfindungen und Fallreaktionen, sondern sie lösen im allgemeinen auch vegetative Reizwirkungen, das ist den

Symptomenkomplex der Nausea und depressorische Gefäßreflexe aus (vgl. S. 38). Dieser, labyrinthogene depressorische Reflex führt natürlich nur dann zu manifesten Störungen der Hirn-Netzhautdurchblutung, wenn das Kreislaufsystem durch die gleichzeitig einwirkende Zentrifugalbeschleunigung bereits überlastet ist. In höherem Maße als bei Trudelbewegung ist dies gerade beim Abfangen der Fall, zumal hier die Zentrifugalbeschleunigung plötzlich zu abnorm hohen Werten ansteigen kann. Besonders günstig liegen die Verhältnisse für das Auftreten der CORIOLIS-Beschleunigung und ihrer Kreislaufeffekte, wenn das Abfangmanöver nicht zu langsam (geringe Werte von Zentrifugalbeschleunigung und Winkelgeschwindigkeit), aber auch nicht zu abrupt durchgeführt wird (abnorm hohe Beschleunigungswerte, jedoch nur Bruchteile von Sekunden einwirkend). Bei diesem Manöver sind auch nur momentane Gleichgewichts- und Zirkulationsstörungen deshalb ganz besonders gefährlich, weil der Flugzustand ein kritischer ist, d. h. mit rapidem Höhenverlust in kürzester Zeit einhergeht. Allgemein gilt daher: Bei Kunstflug mit Hochleistungsflugzeugen Kopfbewegungen vermeiden. Diese Erkenntnis ist eine der wesentlichsten, welche die Sinnesphysiologie der praktischen Fliegerei vermitteln kann.

Die eben geschilderten labyrinthären Reizwirkungen sind überaus starke. Natürlich kann bei labyrinthär sehr erregbaren Individuen Drehung allein ebenso wie optokinetische Reizung allein Schwindel, ja Erbrechen usw. auslösen. Bei Fliegern, welche das Steuer führen, ist dies natürlich nicht der Fall. (Über mechanische Reizung des Labyrinthes s. unten S. 137.)

Bezüglich der durch Vermittlung der Otolithenorgane ausgelösten statischen oder Lagereflexe des Auges sei bemerkt, daß dieselben bis jetzt im Flugzeuge infolge methodischer Schwierigkeiten nicht nachgewiesen werden konnten, wenn sie auch sicher zu erwarten sind; insbesondere gilt dies von den sog. kompensatorischen Gegenrollungen der Augen bei seitlicher Neigung (Side-Slip), nicht Kurve! (vgl. TSCHERMAK und SCHUBERT). Eine praktische Bedeutung haben dieselben nicht. Statische Abweichungen der Höhe nach werden unter allen Umständen durch den Blickbewegungsmechanismus ausgeschaltet (SCHUBERT und BRECHER). Statische Reflexe auf die Körpermuskulatur sind beim gesunden Erwachsenen überhaupt nicht mit Sicherheit nachzuweisen.

Die Frage, worauf bei Eignungsprüfung bezüglich Labyrinthfunktionen besonders zu achten ist, läßt sich nach Vorstehendem unschwer beantworten. Auszuschließen sind: labyrinthär Übererregbare sowie Unerregbare. Wie läßt sich praktisch die Übererregbarkeit nachweisen? Ist doch die physiologische Breite der Labyrinthreaktionen, bzw. — wenn die nervösen Zentralorgane mit in Betracht gezogen werden — die der Vestibularisreaktion sehr groß; absolute Werte lassen sich nicht aufstellen. Bei experimenteller Prüfung ergeben sich daher sehr selten sichere Anhaltspunkte, die für eine gesteigerte oder herabgesetzte Erregbarkeit sprechen. So ist z. B. die Dauer des postrotatorischen Nystagmus kein absoluter Beweis für eine erhöhte oder verminderte vestibulare Reizbarkeit. Er kann fehlen und trotzdem können deutliche Symptome von Labyrinthreizung bestehen (Schwindel, Erbrechen; vgl. auch die Angaben WULFFTEN-PALTHEs). Spielt doch die Hemmung oder Förderung labyrinthogener Reflexe seitens übergeordneter Zentren eine ausschlaggebende Rolle. Nur so ist es erklärlich, daß erfahrene Kunstflieger bei Prüfung auf dem Drehstuhle schon bei einfacher Drehung schwere Anfälle von Nausea zeigen, während bei Durchführung zeitlich gehäufter Kunstflugfiguren nichts dergleichen auftritt. Ich bin daher der Ansicht, daß es, um die Frage der Übererregbarkeit zu klären, notwendig ist, einen in sonstiger Hinsicht geeigneten Kandidaten Kunstflug mitmachen zu lassen, wobei die einzelnen Flugfiguren aufeinanderfolgend durchzuführen sind. Praktisch läßt sich auch ein Training des Vestibularapparates durch Schaukelbewegungen sowie durch wiederholte Teilnahme an Kunstflügen erzielen [CHYLOV (35)]. Das Training besteht in einem Unterdrücken dynamischer Labyrinthreflexe, wie es ja auch bei anderen Berufen, wie z. B. Tänzern und Akrobaten, der Fall ist. Hingegen sind sich alle maßgebenden Kreise (vgl. WULFFTEN-PALTHE) darüber einig, daß labyrinthäre Untererregbarkeit, die durch eine Drehstuhlprüfung erschlossen wird, durchaus kein Grund für eine Ablehnung des Kandidaten ist. Hierzu berechtigt nur totale Unerregbarkeit, die ja am leichtesten nachzuweisen ist. [Betr. methodischen Vorgehens bei Untersuchung labyrinthärer Funktionen s. bei BAUER (36), HERLITZKA (37).] Denn es geht doch nicht an, dem Labyrinthe jede Bedeutung in der Fliegerei abzusprechen. Aus den verschiedenen Kräften, welche vom Flugzeug auf den Organismus übertragen werden, resultiert ein Komplex von Empfindungen, der den

Flieger in Kenntnis setzt von Art und Grad der Beanspruchung der Maschine, sowie deren Reaktion auf die Steuerbewegungen. Am Zustandekommen dieser Empfindungen ist das Labyrinth sicher mitbeteiligt. Es sei auch darauf hingewiesen, daß dieses Organ nicht nur den Tonus der Körpermuskulatur beeinflußt, sondern daß auch Beziehungen zwischen dem Vestibularapparat und den Eigenreflexen der Muskeln bestehen [FLICK und HANSEN (38), STRUGHOLD (39)], deren genaue Kenntnis heute allerdings noch aussteht. Ebenso wird ein reflektorisches Zusammenspiel zwischen Blickbewegungen und den Bogengangserregungen vermutet, welche durch die gewohnheitsmäßig mit diesen Bewegungen einhergehenden Kopfdrehungen ausgelöst werden [MOWRER (40)]. Daß das Labyrinth beim Fluge oft infolge nicht-physiologischer Beanspruchung in nicht-physiologischer Weise reagiert, beweist also nicht seine flugpraktische Bedeutungslosigkeit.

Wichtig erscheint mir noch mit HEAD (41) hervorzuheben, daß bei Zuständen nervöser Erschöpfung oder nach Infektionskrankheiten der Ablauf labyrinthärer Reflexe ein anderer sein kann, d. h. normalerweise refraktäre Individuen gegenüber labyrinthären Reizen sehr empfindlich sein können. Daher ist es unbedingt notwendig, sowohl bei Aufnahme in den Flugdienst wie nach überstandenen Krankheiten überhaupt, die üblichen labyrinthären Reaktionen zu prüfen, um relative Werte bei dem gleichen Falle zu gewinnen; diese können anzeigen, daß Gefahr vorhanden ist.

G. Der Gleichgewichtssinn des Fliegers und das „fliegerische Gefühl".

Nach Klarlegung der Beanspruchung und Leistung sämtlicher Sinnesorgane bei Flugzeugsteuerung kann zur Analyse des Gleichgewichtssinnes des Fliegers geschritten werden. Dieser Sinn ist eine Funktion einer ganzen Anzahl von Sinnesorganen. Es ergab sich, daß bei Ausschluß des Auges einerseits das Labyrinth, andererseits an der Körperoberfläche und in tiefen Organen gelegene Sinnesapparate die räumliche Orientierung des Körpers und damit die Raumlage des Flugzeuges zur Wahrnehmung bringen können. Allerdings besteht dieselbe nicht in einem direkten Erkennen der Lage. Im Gegenteil: Gerade die Lagewahrnehmungen sind bei Ausschluß des Gesichtssinnes sehr vage und unbestimmt. Das Labyrinth selbst ist das Sinnesorgan, dem — beim Menschen —

besonders die Perzeption der Winkelbeschleunigung zugeschrieben werden muß. Bei den meisten Flugmanövern sind jedoch die Winkelbeschleunigungen unterschwellig; auch in dem praktisch wichtigen Falle des Nebelfluges kommt das Flugzeug ohne überschwellige Winkelbeschleunigung ins Kurven. Wenn sich aber labyrinthäre Reaktionen auf Winkelbeschleunigungen im Fluge zeigen, so erfolgt das immer in einer für den Flieger unangenehmen Weise (Nachreaktionen, CORIOLIS-Beschleunigungen). Empfindungen bei geradlinigen Beschleunigungen wiederum vermittelt nicht das Labyrinth allein, sondern auch extralabyrinthäre Sinnesorgane. Dabei befinden sich Individuen mit unerregbaren Labyrinthen insofern im Vorteil, als sie nicht durch Nachempfindungen gestört werden. Das Labyrinth ist mithin — vom Standpunkte des Fliegers beurteilt — ein schlechtes Gleichgewichtsorgan. Eine Orientierung auf Grund labyrinthärer Erregungen allein ist ausgeschlossen.

EVERLING (42) weist darauf hin, daß dem Flieger bei Nebel- und Wolkenflug der Kopf als ,,Wendezeiger'' dienen kann, indem Drehbewegungen des Flugzeuges, das sind Kurven, die infolge unterschwelliger Winkelbeschleunigung sowie infolge der gleichen Richtung der resultierenden Massenbeschleunigung wie bei Geradeausflug nicht wahrzunehmen sind, durch Kopfbewegungen (Kopfwiegen) wahrgenommen werden können. Sie lösen CORIOLIS-Beschleunigungen und damit Drehempfindungen (PURKINJEsche) aus, deren Richtung und Größe ungefähr ,,erkannt'' wird. Dadurch sei es möglich, Kurven von Geradeausflug zu unterscheiden. Ich hege jedoch starke Zweifel bezüglich des praktischen Wertes eines derartigen Vorgehens. Die Kopfbewegungen müßten ununterbrochen vorgenommen werden, was — da eine überschwellige CORIOLIS-Beschleunigung vorauszusetzen ist — bald zu höchst unangenehmen Nauseasymptomen führen muß. Auf Grund welcher Empfindungen erkennt aber der Flieger nicht nur sicher, sondern auch rasch — da ja bei böiger Luft zeitlich gehäufte Steuerausschläge erforderlich sind — die erreichte Normallage wieder? Das Fehlen einer Drehempfindung allein ist ein viel zu ungenaues und Zeit beanspruchendes subjektives Kriterium. Das gleiche gilt für den Flug im Nebel, wobei jede stärkere thermische Unruhe der Luft fehlt. Für das Wiederfinden der Flugrichtung, das ist des einzuhaltenden Kurses gibt es natürlich überhaupt keinen subjektiven Anhaltspunkt. Auf gar keinen Fall kann sich der Führer eines Flugzeuges auf

seinen Gleichgewichtssinn allein verlassen. Sicherung der Funktion der automatischen Steuerung und der Meßgeräte (Gyrorektor usw.) ist das allein Gegebene.
Mit Ausnahme des Auges versagen praktisch alle Sinnesorgane als Organe des Gleichgewichtssinnes. Der Flieger ist in dieser Hinsicht nur und ausschließlich optisch eingestellt. Die flugpraktische Bedeutung der Druckempfänger der Haut sowie der in den tiefer gelegenen Organen vorhandenen Receptoren und der des Labyrinthes liegt nicht auf dem Gebiete der Raumorientierung. Diese Sinnesorgane werden beim Motorfluge durch Beschleunigungen, Vibrationen und sonstige auf den Organismus via Sitz, Gurten und Steuerhebel übertragene Kräfte erregt. Die urteilsmäßige Verwertung dieser Erregungen bedingen mit das, was man gemeiniglich als „fliegerisches Gefühl" bezeichnet. Diese Bezeichnung ist ein zusammenfassender Ausdruck für die Wahrnehmungsschärfe betreffs Orientierung des Flugzeuges im Raume, die Wahrnehmungsschärfe für den jeweiligen Flugzustand und — ich betone dies — die Wahrnehmungsschärfe für Beanspruchung und Reaktion der Maschine; diese Wahrnehmungsschärfe wird aber fast ausschließlich durch die Erregung der eben genannten Sinnesorgane gewährleistet. Eine weitere Voraussetzung für „fliegerisches Gefühl" ist hohe Empfindlichkeit für das Ausmaß der Steuerbewegung und für auftretende Steuerkräfte, also „Steuergefühl". Es liegt demnach dem fliegerischen Gefühl ein ganzer Komplex afferenter Erregungen zugrunde, die zum Teil urteilsmäßige Verwertung erfahren, zum Teil automatisch-efferente Handlungen auslösen. Daraus ergibt sich, daß es einen „Test" für das „fliegerische Gefühl" natürlich nicht geben kann, da das Zusammenspiel der einzelnen Organleistungen auch nicht im entferntesten einer Analyse zugänglich ist. Die fliegerischen Qualitäten sind in dieser Hinsicht individuell sehr verschieden, was nicht allein auf Übung und Erfahrung, sondern auch auf die verschiedene Schulungsfähigkeit der Sinnesorgane zurückzuführen ist. In höchster Vollendung tritt das „fliegerische Gefühl" beim Versuchsflieger entgegen, welcher nicht nur einen bestimmten Flugzeugtyp „auszufliegen" weiß, sondern der auf allen Meister ist.

Anhang: Die Luftkrankheit.

Nach dem Stande der heutigen Kenntnisse ist der als „Luftkrankheit" bezeichnete Symptomenkomplex weder ätiologisch noch symptomatisch von der Seekrankheit zu trennen; beide sind labyrinthären Ursprungs. Dies gilt natürlich nur für die echte See- wie Luftkrankheit, nicht etwa für die rein optisch oder psychisch ausgelösten Nauseaanfälle. Der Beweis der labyrinthären Genese auch der Luftkrankheit ist einmal in der Erfahrungstatsache gegeben, daß labyrinthär hochgradig erregbare Individuen eher und schwerer erkranken als solche mit untererregbaren Labyrinthen, ferner, daß es auch bei sonst „luftfesten" Personen zum Ausbruch der Nausea in der Luft kommt, wenn eine nachweisbare Überreizung des Labyrinthes vorliegt (s. die Ausführungen über CORIOLIS-Beschleunigungen oben S. 127). Unter gewöhnlichen Verhältnissen sind es aber die durch thermische Unruhe der Luft hervorgerufenen plötzlichen Sinkbewegungen („Absacken") des Flugzeuges, weniger die plötzlichen Steigbewegungen („Hochgerissenwerden"), also Vertikalbeschleunigungen, die den Ausbruch hervorrufen. Hierbei erfährt vor allem der Otolithenapparat, aber auch — durch passive und aktive Kopfbewegungen — das Bogengangssystem Erregungen. Bei Ausführung von Kurven mit großer Winkelgeschwindigkeit verursachen zusätzliche Kopfbewegungen auch CORIOLIS-Beschleunigungen. Damit soll jedoch nicht behauptet werden, daß ausschließlich labyrinthäre Erregungen auftreten. In weit höherem Ausmaße als bei Schiffsbewegungen kommt es im Flugzeuge auch zu mechanischen Reizungen der sensiblen Organe in den Eingeweiden. Kann doch — in extremen Fällen — das Flugzeug mit einer die Erdbeschleunigung übertreffenden Beschleunigung in die Tiefe gerissen werden, wobei der nicht angegurtete Flieger in der Luft schwebt; die Fallstrecke kann dabei Hunderte von Metern betragen. Jeder, der böiges Flugwetter erlebte, wird die unangenehmen Empfindungen kennen, die bei plötzlichem Absacken — streng in der Magengegend lokalisiert — auftreten. Ich möchte dieselben nicht sekundär, das ist auf labyrinthärem Reflexwege, ausgelöst ansehen, sondern direkt als Folge der plötzlich veränderten Zugspannung auffassen, welche die Eingeweideorgane auf ihre Aufhängeapparate ausüben. Besonders die Leber mit ihrem hohen Eigengewicht kommt bei Beschleunigung nach unten in plötzlich stärkere Berührung mit dem Zwerchfell, wodurch die Inspiration erschwert wird; auch der Magen und — gegen diesen drückend — die übrigen Eingeweide erfahren eine plötzliche Verlagerung nach oben. Andererseits vermag plötzlicher Zug nach unten bei raschem Anstieg der Zentrifugalbeschleunigung zu hohen Werten in Richtung

Kopf → Fuß, z. B. bei raschem Hereinlegen des Flugzeuges in scharfe Kurven, ebenfalls unangenehme Empfindungen beim Nichtflieger auszulösen. Inwieweit diese mechanischen Reize an der Auslösung der Luftkrankheit ursächlich mitbeteiligt sind, läßt sich am Normalen kaum entscheiden, auch nicht leicht am Taubstummen mit funktionsuntüchtigen Labyrinthen, da es bei diesem wiederum auf die mechanische Erregbarkeit einerseits, auf den Grad der praktischen Beanspruchung andererseits ankommt; ferner können bei diesen Fällen andere Erregungen — optische wie solche des Geruchsinnes — an sich zur Nausea führen.

Vibrationen in der bei Verkehrsfliegerei auftretenden Größenordnung scheinen mir an sich nicht geeignet, Nausea auszulösen. Hingegen ist es eine bekannte Tatsache, daß insbesondere einseitige mechanische Reizungen des Labyrinthes zu Schwindel, Koordinationsstörungen und Erbrechen führen können. Derartige Reizungen treten bei raschem Abstieg aus größeren Höhen auf, wenn der Druckausgleich zwischen Cavum tympani und Außenluft via Tube gestört ist, was insbesondere durch katarrhalische Schleimhautschwellung verursacht wird. Es kann dabei nicht nur zu überaus starken Schmerzen und zu Blutungen im Trommelfell, sondern auch zu Ruptur desselben kommen. Die maximal erträgliche Druckdifferenz des Trommelfelles beträgt ja nur 160 mm Hg. Bei raschem Aufstiege treten normalerweise derartige schwere Symptome nicht auf, da infolge der besonderen anatomischen Verhältnisse bei Überdruck im Cavum tympani Luft durch die Tube entweichen kann. Bestehen keine pathologischen Veränderungen, dann wird bei Niedergang aus großen Höhen durch Tubenöffnung (Gähnen, Schlucken) der Druckausgleich ohne weiteres hergestellt. Bekannt ist, daß erfahrene Höhenflieger — wenn keine entzündlichen Affektionen vorliegen — auch bei raschestem Abstiege nicht mehr durch derartige Symptome gestört werden, ohne daß sie willkürlich schlucken oder gähnen müßten. — NOLTENIUS (43) ist der Meinung, daß bei wiederholter Beanspruchung das Trommelfell sich durch Zunahme der Elastizität und Dehnungsfähigkeit gewissermaßen adaptiert. Ich möchte glauben, daß bei diesen Fliegern unbewußte Muskelaktionen vorliegen, welche die Tuben zur Öffnung bringen; unbewußt auch deshalb, weil ja die Aufmerksamkeit des Fliegers bei derartigen Flügen durch wichtigere Dinge abgelenkt ist. Hingegen ist der Druckausgleich zwischen Stirn-Nasen-Nebenhöhlen einerseits, Außenluft andererseits immer vollkommen, wenn keine pathologischen Veränderungen, besonders Katarrhe, vorliegen.

Was die Symptomatologie der Luftkrankheit betrifft, so erscheint als Prodromalsymptom Schwindelgefühl, zu dem dann vegetative Symptome hinzutreten: Anämie der Haut, Schweißausbruch, Änderung der Pulsfrequenz und des Blutdruckes (letzterer meist herabgesetzt), allgemeines Übelkeitsempfinden, Speichelfluß; Erbrechen und Erschöpfungszustände folgen, welche nach Beendigung des Fluges noch stundenlang, ja tagelang anhalten können. Man kann sich vorstellen, daß diese der Seekrankheit vollkommen gleichenden Symptome durch Übergreifen der unphysiologischen Erregung des Labyrinthes bzw. des Vestibularendkernlagers auf das Vasomotorenzentrum, die Vaguskerne und das Brechzentrum entstehen. Übergeordnete Zentren wirken fördernd und hemmend. Bekanntlich genügt das Erbrechen eines Passagiers, um die gesamte Kabinenbesatzung luftkrank zu machen. Zentrale Hemmungen zeigen sich bei Fliegern: Während die Notwendigkeit der Flugzeugführung auch bei schlechtestem Flugwetter keine objektiven Anzeichen von Nausea hervortreten läßt, kann diese mit aller Stärke ausbrechen, wenn der Flieger als Passagier den Flug in der geschlossenen Kabine mitmacht. Ich kenne auch viele Flieger, die sehr an Eisenbahn-, Auto- und Seekrankheit leiden, während sie im Fluge unter allen Umständen „luftfest" sind. Bezüglich der Frage der Gewöhnung ist zu bemerken, daß es eine solche wohl gibt, doch geht sie nur bis zu einem gewissen Grade, besser gesagt, sie bezieht sich nur auf einen bestimmten Reizkomplex. Was den Einfluß des Alters, des Geschlechtes und der Rasse betrifft, so scheinen mir diesbezüglich die gleichen Verhältnisse vorzuliegen wie bei Seekrankheit [vgl. ABELS (44)]. Neurasthenische, nervös labile Individuen und Frauen erkranken besonders leicht.

Bezüglich Prophylaxe und Therapie der Luftkrankheit kann ich kein fachliches Gutachten abgeben, sondern nur meine Erfahrungen mitteilen. Vorbeugung durch rechtzeitige Einnahme von Pharmaca, die auch bei Seekrankheit verwendet werden, ist ebenso anzuraten wie bei Ausbruch die Einnahme einer horizontalen Körperlage, wobei besonders für gute Durchlüftung der Kabine zu sorgen ist. Der Vorteil der horizontalen Lage gegenüber dem Aufrechtsitzen scheint mir zum Teil darin gelegen, daß der Kopf fixiert wird und damit wenigstens die zusätzlichen Beschleunigungen durch aktive wie passive Kopfbewegungen wegfallen, ferner, daß

Anhang: Die Luftkrankheit. 139

hierdurch bei Vertikalbeschleunigungen die plötzlichen Eingeweideverlagerungen gegen das Zwerchfell vermieden werden. Für den Flieger liegen die Verhältnisse klar: Luftkrankheit und Flugzeugführung schließen einander aus. Natürlich fühlt auch der Flieger die Beschleunigungen und sie gehen auch bei ihm mit unangenehmen Empfindungen einher. Hingegen sind die vegetativen Symptome nicht oder nur andeutungsweise vorhanden. Eine Feststellung der Eingeweide durch Binden, Gurte um die Bauchgegend halte ich für überflüssig. Bildet sich doch mit fortschreitender Flugerfahrung ein Reflexmechanismus aus, der darin besteht, daß Beschleunigungen nach unten inspiratorischen Atemstillstand sowie Kontraktion der Bauchdeckenmuskulatur auslösen, wodurch die Verschiebung der Eingeweideorgane verhindert oder wenigstens vermindert wird. Gleiches ist ja der Fall bei Beginn von Manövern, die mit hoher Zentrifugalbeschleunigung einhergehen. Allerdings wirkt dieser Mechanismus nur dann, wenn er rechtzeitig einsetzt, d. h. wenn die Reflexerregbarkeit eine hohe ist, was nur beim Flieger, nicht beim Fluggast der Fall ist.

Die Luftkrankheit ist es auch, die für den allgemeinen Luftverkehr ein großes Hindernis bildet. Im Gegensatz zum Schiffsverkehr, bei welchem man hilflos dem Elemente ausgeliefert ist, hat es jedoch der Flugzeugführer bis zu einem gewissen Grade in der Hand, die durch thermische Unruhe in der Luft hervorgerufenen Beschleunigungen rechtzeitig zu verhindern bzw. ihnen aus dem Wege zu gehen: Aufsuchen ruhiger Luftschichten, Umfliegen berüchtigter Gebiete und besondere Flugweise sind die Auswege. Das besondere Fliegen besteht in rechtzeitigem Abwehren der Böen, sowie — bei besonders schwerem Wetter — darin, daß abwechselnd Gas zurückgenommen und zugegeben wird, wodurch die „Härte" der Böenauswirkung und damit die Größenordnung der Beschleunigung vermindert werden kann. Auf jeden Fall aber muß beim allgemeinen Luftverkehr darauf geachtet werden, daß sich unter den Fluggästen nicht Leute befinden, denen eine schwere Luftkrankheit verhängnisvoll werden kann; ich erinnere diesbezüglich nur an Glaukomkranke. Es ist an der Zeit, daß sich Luftverkehrsgesellschaften an ärztliche Stellen wenden, um Aufschlüsse zu erhalten, welche Krankheiten von der Beförderung im Flugzeuge ausschließen, einerseits wegen Gefahr der Luftkrankheit, andererseits wegen mechanischer Beeinflussung des Blutkreislaufes insbesondere bei

Schnellverkehrsflugzeugen (s. oben S. 37). Eine ähnliche, praktisch wichtige Frage ist die, welche Art akut-operativer Fälle mit dem Flugzeug aus Gegenden befördert werden können, in denen Krankenhäuser und Straßen fehlen.

Literatur zum Abschnitt IV F, G.

1) FISCHER, M. H.: Die Regulationsfunktionen des menschlichen Labyrinthes. Erg. Physiol. **27**, Separat, 27f. München: J. F. Bergmann 1928.
2) LEIRI, F.: Z. Hals- usw. Heilk. **17**, 381, 392 (1927).
3) STEINHAUSEN, W.: Verh. dtsch. zool. Ges. **1934**, 85.
4) SCHUBERT, G.: Pflügers Arch. **233**, 537 (1933).
5) DE KLEYN, A. u. R. MAGNUS: Pflügers Arch. **186**, 58 (1921).
6) LORENTE DE NÒ: Erg. Physiol. **32**, 71 (1931).
7) WITTMAACK, K.: Verh. dtsch. otol. Ges. **18**, 150 (1909).
8) FLEISCH, A.: Pflügers Arch. **195**, 499 (1922).
9) TSCHERMAK, A. u. G. SCHUBERT: Pflügers Arch. **228**, 234 (1931).
10) SCHUBERT, G.: Pflügers Arch. **230**, 194 (1934).
11) DE KLEYN, A. u. R. MAGNUS: Pflügers Arch. **194**, 407 (1922).
12) QUIX, F. K.: Z. Hals- usw. Heilk. **8**, 516 (1924).
13) SCHUBERT, G. u. G. A. BRECHER: Im Erscheinen.
14) MACH, E.: Grundlinien der Lehre von den Bewegungen. Leipzig: Wilh. Engelmann 1875.
15) ROSSEM, A. VAN: Onderzoek. physiol. labor. Utrecht. 5. Reihe **9**, 151 (1908).
16) MULDER, W.: Proofschrift. Utrecht 1908.
17) BUYS: Rev. d'Oto-Neuro-Ocul. **2**, 641, 721 (1924); **3**, 10, 105 (1925).
18) WULFFTEN-PALTHE, VAN: Zintuidelijke en psychische functies tijdens het vliegen. Diss. Leiden 1922. Handbuch der Neurologie des Ohres, Bd. 3, S. 685. 1926.
19) BOURDON, B.: Année psychol. **20**, 1 (1914).
20) KUNZE, B.: Diss. Techn. Hochsch. Berlin 1928.
21) NOLTENIUS, F.: Med. Welt **1934**, Nr 34.
22) GRAHE, K.: Handbuch der normalen und pathologischen Physiologie, Bd. 11 (1), S. 970f. 1926.
23) GARTEN, S.: Die Bedeutung unserer Sinne für die Orientierung im Luftraume. Leipzig: Wilh. Engelmann 1917.
24) BACKHAUS, E.: Z. Biol. **70**, 65 (1919).
25) ARNDTS, F.: Z. Biol. **82**, 131 (1924).
26) SCHUBERT, G. u. A. G. BRECHER: Z. Sinnesphysiol. **65**, 1 (1934).
27) GRAHE, K.: Z. Hals- usw. Heilk. **12**, 640 (1925).
28) FISCHER, M. H. u. C. VEITS: Pflügers Arch. **213**, 565 (1927).
29) FERRY, G.: L'aptitude à l'aviation. Paris 1918.
30) LEIRI, F.: Z. Hals- usw. Heilk. **17**, 127 (1926).
31) SCHUBERT, G.: Pflügers Arch. **233**, 527 (1933).
32) FISCHER, M. H. u. E. WODAK: Pflügers Arch. **202**, 523, 553 (1924).

33) Coriolis, G.: Traité de mechanique des corps solides et du calcul de l'effet des machines. II, ed. Paris 1845; deutsch von C. H. Schnuse. Braunschweig 1846.
34) Schubert, G.: Acta oto-laryng. (Stockh.) 16, 39 (1931). — Z. Hals- usw. Heilk. 30, 595 (1932).
35) Chylov, K.: Vojenno med. J. (russ.) 4, 2 (1933).
36) Bauer, L. H.: Aviation medicine. Baltimore: William and Wilkins 1926.
37) Herlitzka, A.: Abderhaldens Handbuch der biologischen Arbeitsmethoden, Abt. 4, Teil C 1, S. 813. 1928.
38) Flick, K. u. K. Hansen: Z. Nervenheilk. 96, 185 (1927).
39) Strughold, H.: 13. Tagg. dtsch. physiol. Ges. Göttingen 1934. Diskussionsbemerkung.
40) Zitiert nach Northington: J. of Aviation Med. 5, 103 (1934).
41) Head, H.: The sense of stability and balance in the air. Med. Res. Comp. Spec. Rep. 1919, Nr 28, 18.
42) Everling, E.: Acta aerophysiol. 1, H. 2, 30 (1934).
43) Noltenius, F.: Fortschr. Med. 39, Nr 20 (1921).
44) Abels, H.: Die Seekrankheit. Handbuch der Neurologie des Ohres, Bd. 3, S. 601. 1926.

H. Gehörsinn.

Für die Steuerung eines Flugzeuges spielen Schallreize an sich eine untergeordnete Rolle. Gewiß kann das Geräusch der Spanndrähte beim Gleitfluge die Beurteilung des Gleitwinkels ermöglichen, ebenso wie beim Segelfluge Gehörwahrnehmungen den Staudruckmesser ersetzen können, da die Tonhöhe des Geräusches dem Staudruck entspricht [v. Diringshofen (1)]. Auch die Überwachung des störungsfreien Ganges des Motors erfolgt vor allem durch den Gehörsinn. Doch erst die Entwicklung des funktelephonischen und funktelegraphischen Verkehres war es, die dem Gehörorgane eine wesentliche flugpraktische Bedeutung zukommen ließ.

Da aber dieses Organ durch den Flugzeuglärm dauernd, und zwar hochgradig beansprucht wird, ist zu untersuchen, wie weit seine Leistungsfähigkeit unter diesen abnormen Bedingungen reicht.

Hierzu ist eine kurze Übersicht der in der Schalltechnik verwendeten Maße und Methoden notwendig. Die kritische Würdigung der letzteren hat jedoch — wenn die tatsächlichen Verhältnisse erfaßt werden sollen — von sinnesphysiologischen Gesichtspunkten aus zu erfolgen. Foges (2) behandelt in einer jüngst erschienenen Arbeit ähnliche Fragen; auf dieselbe sei besonders hingewiesen.

a) Die normale Hörfläche.

Die physikalische Reizintensität des Gehörorganes, die Schallstärke, wird als Energiedichte in Erg/cm³sec oder als Schalldruckamplitude in Dyn/cm² angegeben. Nach einem praktischen Vorschlage von GILDEMEISTER (3) ist es jetzt allgemein üblich, die Abhängigkeit der Schwellenwerte von der Schallstärke und der Frequenz in der sog. Hörempfindungsfläche zusammenzufassen, wobei

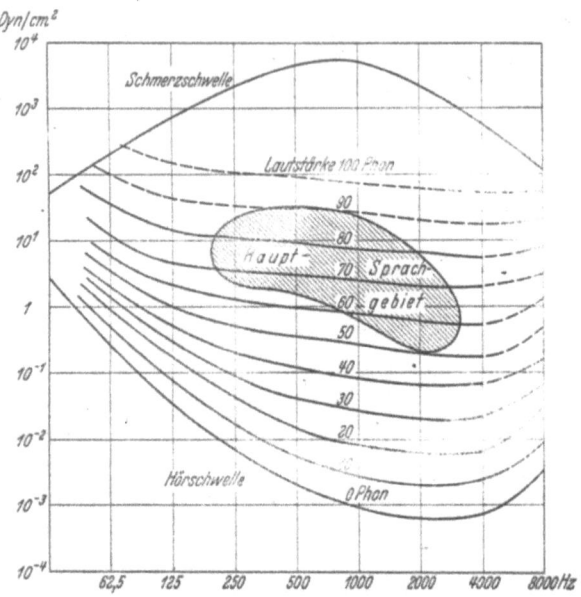

Abb. 22. Hörflächenschaubild mit den Kurven gleicher Lautstärke.

als Ordinaten die Schalldrücke in Dyn/cm², als Abszissen die Frequenzen, und zwar beide in logarithmischem Maßstab, gewählt sind. Begrenzt wird diese Fläche (Abb. 22) von der Hörschwelle und von der Schmerzschwelle. Einer gegebenen Schallstärke entspricht als physiologischer Reizeffekt eine bestimmte Lautstärke. In Abb. 22 finden sich auch die Kurven gleicher Lautstärke eingezeichnet, wie sie durch die sog. heterotone Phonometrie ermittelt wurden. [Messung der Lautstärke von Tönen verschiedener Frequenz: LOMMATZSCH (4).] Sie stellen die Änderung der Lautstärke bei verschiedenen Frequenzen im Verhältnis zur Schallstärke dar. Im Gebiet großer Lautstärken und hoher Frequenzen sind natürlich die Werte unsicher (gestrichelte Kurven). Das Diagramm zeigt sofort, daß das Verhalten der Lautstärke in Abhängigkeit von der Frequenz dem WEBER-FECHNERschen Gesetze nicht entspricht, daß also eine Umrechnung von Schallstärken in Lautstärken oder umgekehrt im allgemeinen nicht möglich ist. Die Lautstärke S wird, wie es heute in der Schalltechnik üblich ist, in Phon ausgedrückt, wobei $S = 20 \log \frac{P}{P_0}$ Phon ist. ($P_0 =$ Schwellenwert = die Schallstärke von $3{,}3 \cdot 10^{-4}$ Dyn/cm² eines Tones von 1000 Hertz, $P =$ die zu messende Schalldruckamplitude.) Die Phonskala, welche in Anlehnung an das WEBER-FECHNERsche Gesetz geschaffen wurde, umfaßt 130 Einheiten. Andere gebräuchliche logarithmische Einheiten sind: das Decibel (praktisch gleich dem Phon), die BARKHAUSEN-Einheit und das Neper. Für die Umrechnung gilt: 1 Phon = 1 Decibel = 0,115 BARKHAUSEN-Einheiten = 0,166 Neper. Zwecks praktischer Orientierung über die Phonskala sei angeführt, daß bei einer Lautstärke eines Störgeräusches von 45—60 Phon die Sprachverständigung normal ist, bei 65—70 Phon hingegen ohne besonderen Stimmaufwand nur bei 3 m Distanz, bei 80—85 Phon nur bei 3,5 m Entfernung, bei 95—100 Phon (Stärke des Flugzeuglärmes in nicht besonders schallgeschützten Kabinen der Verkehrsflugzeuge) nur bei stärkstem Stimmaufwande in 50 cm Ohrdistanz möglich ist; ab 100 Phon ist jede Sprachverständigung ausgeschlossen. Was die ebenfalls praktisch wichtige Frage der Hörschwelle betrifft, sei darauf hingewiesen, daß eine Erhöhung derselben auf das 100fache (im Dynmaße) nicht störend ist. Erst eine Erhöhung auf das 1000fache bereitet dem Sprachverständnis leichte Schwierigkeiten [GILDEMEISTER (5)]. Ungleichmäßige Erhöhungen der Schwellenkurve nach oben in Form mehr oder minder schmaler Ausbuchtungen bezeichnet man als sog. Hörlücken; praktisch bedeutsam ist wieder, ob dieselben ins Sprachgebiet reichen oder nicht.

b) Der akustische Störspiegel.

Als akustischer Störspiegel werden die Geräusche bezeichnet, welche das Gehörorgan zugleich mit dem zu empfangenden Schallsignal treffen. Die hauptsächlichsten Quellen des Störspiegels sind: Luftschraube, Auspuff, Getriebe und Fahrtwind. Die Grundwellenfrequenzen des Luftschrauben- und Auspuffschalles lassen sich durch Näherungsformeln erfassen [ZAND (6)]. Zwecks Lautstärkenbestimmung und Frequenzanalysen des Flugzeuglärmes sind verschiedene Methoden entwickelt worden. Wesentlich ist jedoch für die physiologische Auswertung des Untersuchungsmaterials, daß sämtliche Angaben in Lautstärkeneinheiten gemacht werden. Dort, wo die Lautstärke einer direkten Messung nicht zugänglich ist — wie z. B. bei der Frequenzanalyse —, muß eine näherungsweise Bestimmung mit Hilfe der Kurven gleicher Lautstärke vorgenommen werden; hierzu ist aber mindestens die Kenntnis von Schalldruck und Lautstärke einer Teilfrequenz notwendig.

Lautstärkemessungen des Lärmes verschiedener Flugzeugtypen sind unter Verwendung des Geräuschmessers von BARKHAUSEN von FASSBENDER und KRÜGER (7) durchgeführt worden.

Dieser Geräuschmesser arbeitet nach dem Prinzipe des dichotischen Lautstärkevergleiches. Die zu messende Lautstärke eines Geräusches wird von einem Ohre beobachtet, während an das andere Ohr als Meßhörer ein durch einen Summerton erregtes Telephon gelegt wird. Die Stärke des Summertones wird solange meßbar verändert, bis sie die gleiche Lautstärke besitzt wie das vom zweiten Ohre beobachtete Geräusch. Der Geräuschmesser ist nach BARKHAUSEN-Einheiten geeicht. Ein neueres einfaches Prinzip von Geräuschmessern besteht darin, daß man feststellt, innerhalb welcher Zeit der Ton einer in bestimmter Stärke angeschlagenen Stimmgabel bis zu dem Lautstärkeniveau des zu messenden Geräusches abgeklungen ist. Die Zeit, welche hierfür notwendig ist, kann als Maß für die Geräuschlautstärke dienen [DAVIS (7a)]. Dieses Verfahren hat den Vorteil, daß der Abfall der Lautstärke der Stimmgabel nach einem exponentiellen Gesetz erfolgt. Es ergibt sich daher ein linearer Zusammenhang zwischen Lautstärke in Phon und der durch Abstoppen ermittelten Zeit zwischen Anschlag der Gabel und Erreichen des betreffenden Lautstärkeniveaus.

Das wesentliche Ergebnis der Untersuchungen von FASSBENDER und KRÜGER ist, daß die Zunahme der Lautstärke durchaus nicht parallel der Größe und der Leistung des Motors geht; eine ausschlaggebende Rolle spielt der Schutz des Beobachters vor dem Fahrtwind sowie die relative Lage der Auspuffleitungen zum Führersitz oder zur Kabine. Die höchsten Lautstärken 130 Phon fanden sich bei einer offenen Junkers-A 20-Maschine mit einem 300-PS-B.M.W.-Motor, und zwar dann, wenn der Beobachter den Kopf nach außen in den Fahrtwind beugte. Bei normaler Kopfhaltung wurden 113 Phon, bei Kopfbeugung nach innen und unten nur 105 Phon gemessen, ein Beweis für die große Bedeutung des Fahrtwindes als Lärmquelle. Den besten Schutz bilden natürlich eine entsprechend profilierte Schutzscheibe oder die geschlossene Kabine. Der Unterschied der Lautstärken zwischen Kabine und Führersitz beträgt bei manchen Flugzeugtypen bis 35 Phon. Daher ist zu fordern (FASSBENDER und KRÜGER, FOGES), daß die Funkeinrichtung nicht neben dem Führer, sondern in der Kabine unterzubringen ist. Daß eine gute Abführung der Auspuffgase die Lautstärke stark herabmindert, beweisen die Messungen von FASSBENDER und KRÜGER ebenfalls.

Die Bestimmung der Lautstärke von Geräuschen durch Hörvergleich mit einem Normalton beruht auf dem von BARKHAUSEN und LEWITZKY (8) auf Grund experimenteller Untersuchungen aufgestellten Satz, daß die Hörbarkeit zusammengesetzter, nicht sinusförmiger Töne gleich der Hörbarkeit der subjektiv lautesten darin enthaltenen sinusförmigen Teilschwingung ist; alle übrigen sinusförmigen Töne tragen zur Hörbarkeit nichts bei, wenn sie von dem subjektiv lautesten eine um mindestens 20% abweichende Frequenz besitzen. Die mit Hilfe des Geräuschmessers von BARKHAUSEN ermittelten Werte sind demnach nur ein Maßstab für die Lautstärke des lautesten Frequenzanteiles ohne einen Anhaltspunkt über seine Frequenz zu geben. Frequenzanalysen des Lärmspektrums im Flugzeug gestattet neben einer Reihe anderer Verfahren (zusammengestellt bei FOGES) das Suchtonverfahren nach GRÜTZMACHER. Hierbei wird dem Frequenzgemisch ein rein sinusförmiger Suchton überlagert und in einem Analysator der Differenzton zwischen dem Geräusch und dem Suchton gebildet. Die Frequenz dieses Suchtones wird über den ganzen Frequenzbereich der Aufnahme verschoben und ein enges Frequenzband ausgesiebt, dessen Amplituden photographisch registriert werden.

Die mit dieser Methode von EISNER, REHM und SCHUCHMANN (9) an einer dreimotorigen Rohrbach-Roland-Maschine vorgenommenen Analysen zeigen, daß das Frequenzspektrum im wesentlichen lautstarke Teiltöne zwischen 100 und 1000 Hertz enthält. Gegenüber Außenaufnahmen sind in der Kabine insbesondere die höheren Frequenzen abgeschwächt, da die Kabinenwände die höheren Frequenzanteile stärker absorbieren als die tiefen.

c) Der Einfluß des akustischen Störspiegels auf die normale Hörfläche.

Die Kenntnisse von der Wirkung des Flugzeuglärmes auf das normale Hörvermögen sind, wie die zusammenfassende Darstellung von FOGES zeigt, recht bescheiden. Es sind nur wenige Untersuchungen im Flugzeuge selbst durchgeführt, wobei die verwendeten Methoden leider nicht einwandfrei genannt werden können. Die Wirkung des akustischen Störspiegels beruht — allgemein gesprochen — auf einer Erhöhung der Hörschwellenwerte. Dieser Einfluß wird als sog. Verdeckungseffekt bezeichnet. Eingehende quantitative Untersuchungen über den Verdeckungseffekt reiner Töne wurden von WEGEL und LANE (10) mit Hilfe des Audiometers vorgenommen.

Das Prinzip des Audiometers besteht darin, daß einem gegebenen Geräusche ein Vergleichston oder besser — um Schwebungen zu vermeiden — ein Heulton (ein Ton, welcher sich innerhalb eines bestimmten Frequenzbereiches kontinuierlich ändert) überlagert wird. Derselbe wird solange verstärkt, bis er überschwellig, also hörbar wird. Die Verstärkung erfolgt mittels eines nach Phon geeichten Potentiometers, an dem die Lautstärke des Vergleichstones direkt abgelesen werden kann. Auf diese Weise erhält man auch bei Frequenzgemischen einen Anhaltspunkt dafür, wie stark die Schwelle für die betreffende Vergleichstonfrequenz erhöht ist. Das Audiometer wird natürlich auch für reine Schwellenbestimmungen verwendet.

Die Versuche von WEGEL und LANE wurden so durchgeführt, daß dem Ohre ein Ton F_1 einer bestimmten Frequenz und Lautstärke geboten wurde; dann wurden nacheinander Töne F_2 abweichender Frequenz gleichzeitig mit F_1 dem gleichen Ohre zugeführt und festgestellt, bei welcher Lautstärke die Töne F_2 hörbar werden. Die festgestellte Lautstärke ergibt die Erhöhung des Schwellenwertes für die Frequenz von F_2. Die Versuche wurden für verschiedene Lautstärken von F_1 wiederholt. Ich entnehme der Arbeit von FOGES die im Phonmaßstabe umgezeichneten und entzerrt wiedergegebenen Diagramme WEGEL und LANEs. Die Abb. 23 und 24 lassen alle charakteristischen Eigenschaften des Verdeckungseffektes erkennen. Die größte Erhöhung der Schwellenwerte tritt bei Tönen auf, deren Frequenzen der Frequenz des verdeckenden Tones naheliegen. Nimmt der Unterschied der Frequenzen zu, dann nimmt der Verdeckungsgrad ab, und zwar schneller bei Abweichung gegen tiefe als gegen hohe Frequenzen. Geräuschuntersuchungen von BAKOS und KAGAN (11) sowie von GALT (12) ergaben, daß das gleiche Verhalten auch für Geräusche gilt, wenn man Schwebungserscheinungen vermeidet, d. h. als Vergleichstöne Heultöne verwendet.

Der Verlust an Hörfläche während des Motorfluges wurde von MIRICK (13) untersucht. Die audiometrischen Messungen ergaben

Der Einfluß des akustischen Störspiegels auf die normale Hörfläche. 147

aber — wahrscheinlich infolge Schwebungserscheinungen — derart jeder Erfahrung widersprechende Resultate, daß ich von einer Wiedergabe absehen muß.

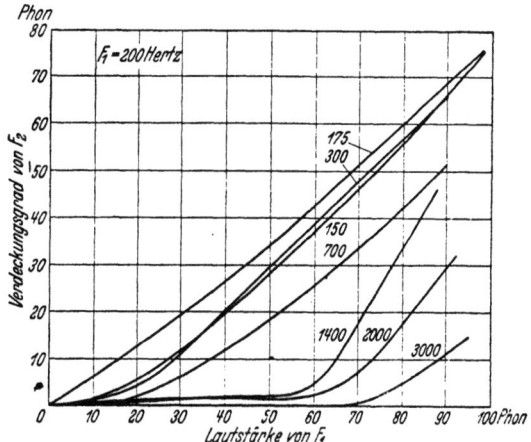

Abb. 23. Der Verdeckungsgrad reiner Töne bei einer Frequenz des verdeckenden Tones von 200 Hertz.

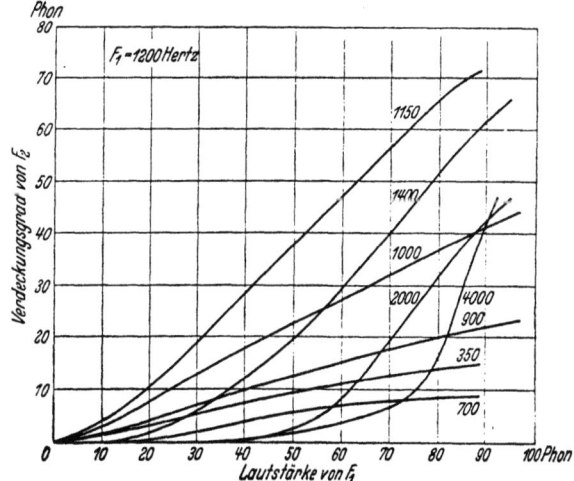

Abb. 24. Wie Abb. 23; Frequenz des verdeckenden Tones 1200 Hertz.

Die praktisch wichtige Frage, wie sich die Silbenverständlichkeit bei Telegraphieempfang im Flugzeuge verhält, ist meines Wissens bisher nicht untersucht worden. Die von der D.V.L. [EISNER (14)]

10*

am Boden unter Verwendung eines Riesenblatthallers durchgeführten Versuche lassen sich vor allem deshalb nicht auf die Flugverhältnisse übertragen, weil nur mit Frequenzen von 70 und 140 Hertz gearbeitet wurde, während im Flugzeuge Frequenzanteile bis gegen 1000 Hertz eine Lautstärke von 80—100 Phon aufweisen.

Was den Telephonicempfang während des Motorfluges betrifft, so ist bekanntlich die Reichweite desselben infolge geringerer Empfindlichkeit und Selektivität des Empfängers eine geringere; hierzu kommt noch die Verzerrung der Sprache durch das Gerät. Betriebsversuche der D.V.L. ergaben, daß die optimal überhaupt mögliche Silbenverständlichkeit bei Telephonieempfang im Flugzeug ungefähr 55% beträgt. Die untere Grenze, bei welcher Sprachverständigung überhaupt noch möglich ist, hängt natürlich beträchtlich vom Kombinationsvermögen der Versuchsperson ab.

Akustische Signale sind es auch, welche bei Vertikal- und Horizontalnavigation in Verwendung treten können, wie es z. B. der Fall ist beim Echolot der General Electric Co. mit subjektivem Schallempfang oder beim Nahortungsverfahren nach FOGES (15) zwecks Ermöglichung von Nebellandungen. Von einer eingehenden Erörterung dieser Verfahren, welche physiologisch viel Interessantes bieten, sei abgesehen, da sie noch keinen allgemeinen Eingang in die Flugpraxis gefunden haben. Der oben S. 85 erwähnte mechanische Landungsfühler stellt ein zwar primitives, aber praktisch sehr zweckmäßiges Mittel dar, die Abfanghöhe bei verminderter Bodensicht festzustellen und dient bei geeigneter Ausführung auch als akustische Signalvorrichtung.

Bezüglich der Wahrnehmung der Schallrichtung sei kurz ausgeführt, daß dieselbe nach den Seiten hin auf Grund der verschiedenen Intensität der Erregung beider Gehörorgane (Intensitätstheorie) oder auf Grund der Zeitfolge der Empfindungen (Zeittheorie) erfolgen kann, oder es kann die Phasendifferenz der Schwingungen in beiden Ohren (Phasentheorie) die Grundlage bilden. Die Mehrzahl der Autoren neigt zur Phasen- oder Zeittheorie. Nach dieser hängt die Lokalisation nach rechts-links davon ab, welches Ohr früher erregt wird. Bei gleicher Weglänge erscheint der Schall in der Medianen. Eben seitlich erscheint er bei einem Wegunterschied (d) von 0,5 bis 1 cm (sog. Mittenschwelle), extrem seitlich (90⁰) bei $d = 21$ cm. Für Zwischenrichtungen gilt die Beziehung: $\sin \varphi = \dfrac{d}{K}$, wobei d den Wegunterschied bzw. das Produkt aus

Zeitunterschied und Schallgeschwindigkeit im betreffenden Medium, $K = 21$ cm ist. Der eben merkliche Winkelunterschied wächst demnach von der Mitte (wo er 1,5⁰ bis 3⁰ beträgt) nach der Seite hin; hier beträgt er 12⁰ bis 18⁰. [Vorstehendes nach HORN-BOSTEL (16).] Gegen die Zeittheorie spricht die Tatsache, daß das Unterscheidungsvermögen eines derart kleinen Zeitintervalles, wie es nach der Theorie zu fordern wäre, bisher nicht festgestellt ist. Gleiche Bedenken bestehen gegen die unmittelbare Wahrnehmung von Phasendifferenzen. Keine der drei Theorien kann aber die Lokalisation in der Richtung oben-unten, vorne-rückwärts erklären, bei welcher keine Intensitäts-, Zeit- und Phasenunterschiede bestehen. Allerdings ist die Schallokalisation in diesen Richtungen weniger scharf als nach den Seiten hin.

Maßnahmen, welche zwecks Verbesserung der akustischen Verständigung im offenen Flugzeuge in physiologischer Hinsicht in Betracht kommen, sind: Erhöhung der Signallautstärke sowie der Gebrauch zweckmäßiger Hörkappen. Was die erstere betrifft, so sind derselben durch die Schmerzschwelle Grenzen gesetzt (s. unten S. 152).

Den praktischen Effekt des Tragens von Hörkappen, welcher natürlich von der Art der Ausführung abhängig ist, zeigt Tabelle 7. Die Prüfung wurde von der D.V.L. (EISNER) bei einem künstlichen

Tabelle 7.

Nr.	Bezeichnung der Hörkappe	Verständlichkeit ohne Geräusch			Verständlichkeit mit Geräusch 8,5			Verhältnisse der Verständlichkeit mit Geräusch ohne Geräusch:
		Beob. I.	Beob. II.	Mittel	Beob. I.	Beob. II.	Mittel	
0	Hörer E H 555	95	97	96	50	64	57	0,57
1	Einfache Haube mit eingenähtem Hörer (1) .	96	87	92	51	60	56	0,61
2	Einfache Haube mit eingenähtem Hörer (2) .	99	93	96	65	72	68	0,71
3	Hörer (Marine) mit dicken Gummiwülsten	95	85	90	55	64	59	0,65
4	Hörkappe aus Leder mit Lammfütterung und eingenähtem Hörer .	97	94	96	67	67	67	0,70
5	Hörer aus Leder mit Fellfütterung, Hörer getrennt	geschätzt	94		80	77	79	0,85

Störspiegel von 75 Phon (Frequenzzusammensetzung ist nicht angegeben), durchgeführt, was allerdings nur den durchschnittlich geringsten Lautstärken in der Kabine, nicht aber den durchschnittlichen Verhältnissen im Flugverkehr entspricht, besonders dann nicht, wenn es sich um offene Flugzeuge handelt.

Besondere Verhältnisse herrschen beim Höhenfluge. Da dieser in offenen Flugzeugen nicht ohne O_2-Atemgerät vor sich gehen kann, ist die Verständigung der Besatzung nur mittels Kehlkopftelephon möglich. Ich möchte hier darauf hinweisen, daß beim Aufenthalt in großen Höhen die Sprachverständigung nicht allein vom akustischen Störspiegel, sondern auch von anderen Faktoren abhängig ist, nämlich: 1. Infolge geringerer Dichte der Luft ist die Schalleitung vermindert. 2. Die Stimmbildung ist verändert, wie Erfahrungen in der Unterdruckkammer bei starken Luftverdünnungen zeigen. 3. O_2-Mangel und mangelhafter Druckausgleich zwischen Mittelohr und Außenluft können die Hörschwelle stark erhöhen. Die Frage, wie sich bei Flügen in großen Höhen die funktelegraphische Verständigung praktisch verhält, bedarf meines Wissens noch der eingehenden Untersuchung.

d) Professionelle Hypakusie der Flieger und Hörschutz.

Die Frage, ob und in welchem Ausmaße bei Fliegern und insbesondere bei Bordfunkern mit dem Auftreten von Hörstörungen zu rechnen ist, ist von Bedeutung für die Sicherheit des Flugverkehres. Wird doch — ob mit Berechtigung bleibe vorläufig dahingestellt — das Aussetzen der Funkverbindung während Langstreckenflügen oft nicht auf Empfangsstörungen, sondern auf vorübergehende Taubheit durch Überbeanspruchung des Gehörorganes durch den Flugzeuglärm zurückgeführt. Außerdem ist natürlich die Frage der Hypakusie als Berufsschädigung von allgemeiner forensischer Bedeutung.

Zwecks Klärung dieser Frage wurden von MIRICK (13) audiometrische Messungen an einer größeren Zahl von Fliegern, Funkern sowie Nichtfliegern vor, während und nach dem Fluge vorgenommen. Das Ergebnis war, daß — unter Berücksichtigung des akustischen Störspiegels — bei Prüfung während des Fluges keine Anzeichen einer Herabsetzung der Hörfähigkeit nachweisbar waren. So konnte auch während eines achtstündigen, ununterbrochenen Fluges kein Verlust festgestellt werden. Was die Dauerbeeinflussung des Gehörsinnes des Fliegers und des Funkers betrifft, ergaben die Messungen eine Herabminderung der Empfindlichkeit gegenüber Nichtfliegern von durchschnittlich 1,5%; besonders war die Empfindlichkeit gegenüber höheren F enzen herabgesetzt. Es betrug der Verlust bei 4096 Hertz gegenüber Nichtfliegern 8%, jedoch nicht bei allen, selbst lange in Dienst stehenden Fliegern. Die angegebenen Werte bedeuten den durch Schwellenwerterhöhung bedingten prozentualen Verlust an Hörfläche, wobei MIRICK den zu jeder Frequenz gehörigen Ordinatenabschnitt, welcher durch die Schnittpunkte mit der Hör- und der Schmerzschwelle gebildet wird, in 100 Teile teilt. Eine praktische Bedeutung haben die gefundenen Hörverluste natürlich nicht, da nach den oben S. 143 gegebenen Erörterungen erst eine 1000fache Schwellenwerterhöhung dem Sprachverständnis geringe Schwierigkeiten bereitet, was nach der MIRICKschen Charakteristik einem Hörverlust von 40% entsprechen würde. Andererseits ergaben ausgedehnte klinische Untersuchungen von BALLA (17), daß auch bei jahrelang im Dienst stehenden Fliegern keine Anzeichen einer Taubheit für bestimmte Töne, bzw. Hörlücken, gefunden wurden, welche das Auftreten einer professionellen Hypakusie erweisen könnten.

Diesen negativen Befunden steht aber eine Reihe anderer gegenüber, nach welchen das Auftreten vorübergehender Schwerhörigkeit nicht geleugnet werden kann. So führt SCOTT (18) auf Grund von Untersuchungen an amerikanischen Fliegerschulen die insbesondere nach lang dauernden Flügen vorübergehend auftretende, mit subjektiven Geräuschen verbundene Hypakusie auf Schallschädigung durch Flugzeuglärm zurück, wobei der mangelhafte Druckausgleich zwischen Paukenhöhle und Außenluft als komplizierender Faktor ausgeschlossen werden konnte. Auch sonst finden sich Berichte über vorübergehende Schwerhörigkeit besonders der Bordfunker (MIRICK). FOGES neigt auf Grund eigener Erfahrungen der Ansicht zu, daß die Beeinträchtigung des Hörvermögens nicht auf den Einfluß des akustischen Störspiegels, sondern auf die Wirkung übermäßig verstärkter Signaltöne zurückzuführen ist. MIRICK teilt hiezu noch die Beobachtung mit, daß Signallautstärken, welche während des Fluges ohne weiteres ertragen werden, ohne Störspiegel Schmerzempfindungen auslösen. Dies könnte so erklärt werden (FOGES), daß die Adaptation an den Störspiegel eine nervöse Zustandsänderung herbeiführt, welche sich praktisch in einer Erhöhung der Schmerzschwelle äußert. Diese vorübergehenden Störungen sind natürlich identisch mit einer sog. Übertäubung durch Schall, wie sie auch bei anderen Berufen vorkommt. Nach pathologisch-anatomischen Befunden einer Anzahl von Autoren bewirkt diese Übertäubung eine vorübergehende Schädigung der Sinneszellen. Schädigungen des Receptors können aber auch an sich die Schmerzschwelle erhöhen. FOGES macht darauf aufmerksam, daß die Frage der günstigsten Frequenz des Signaltones nicht nur vom Gesichtspunkte der geringsten erforderlichen Signallautstärke, sondern auch nach der relativen Entfernung von der Schmerzschwelle zu werten sei; es stelle diejenige Frequenz das Optimum dar, bei welcher die relative Entfernung zwischen Störspiegel-Schwellenwert und Schmerzschwelle ein Maximum erreicht; sie dürfte schätzungsweise zwischen 600 und 800 Hertz liegen.

Eine Übertäubung während des Fluges kann natürlich auch durch einen abnorm hohen Störspiegel an sich verursacht werden, z. B. dann, wenn sich bei besonderen Flugzeugtypen der Kopf des Führers direkt unterhalb hochwertiger Motore befindet. Abnorm starke Schallerregung bildet den Übergang zu Erschütterungen; sie erzeugt neben Schallschädigungen auch mechanische Wirkungen auf den Gesamtorganismus (Druckwirkung auf die Brustgegend usw.). Insbesondere ist es neben dem Gehörorgan auch das Labyrinth, welches durch Peri- und Endolymphverschiebungen derart überreizt wird, daß MENIÈREsche Anfälle auftreten, die erst nach Tagen allmählich abklingen (persönliche Erfahrung Professor HERLITZKAs nach Aufenthalt im Motorenprüfraum). Eine vorübergehende starke Herabsetzung der Hörfähigkeit kann auch nach Rückkehr von Höhenflügen infolge mangelhaften Druckausgleiches zwischen Paukenhöhlen und Außenluft auftreten. Praktisch kann sich dieselbe in einer Unsicherheit des Landens auswirken, da die Schätzung des Gleitwinkels mit auf Gehörwahrnehmungen beruht.

Zusammenfassend sei bezüglich der Frage einer durch den Flugdienst erworbenen *dauernden* Hypakusie folgender Standpunkt vertreten: Bis jetzt fehlen alle Unterlagen, welche einen Beweis liefern könnten, daß eine solche durch den Störspiegel an sich zustande kommt. Dies schließt nicht aus, daß eine dauernd bestehende Schwerhörigkeit durch andere Faktoren, wie z. B. infolge Schädigung durch hochgradig erschwerten Druckausgleich zwischen Mittelohr und Außenluft (was zu Hämotympanon, ja sogar zu Zerreißungen des Trommelfells führen kann) verursacht sein kann. Auch andere mit dem Flugbetrieb nicht zusammenhängende

Momente wie interkurrente Infektionskrankheiten, erlittene Kopftraumen kommen natürlich in Betracht, wobei es im Einzelfalle oft schwer sein kann, die Ursache der erlittenen Schädigung einwandfrei zu klären. Noch verwickelter als bei Flugzeugführern liegen die Verhältnisse bei Bordfunkern. Diesbezüglich möchte ich nur an die Schwerhörigkeit der Telephonisten und Telephonistinnen erinnern, bei welchen auch psychische Komponenten eine Rolle spielen, deren Entstehung sich aus der Art der Tätigkeit ergibt; bei diesen kann die sich Jahre hindurch auf mehrere Stunden des Tages erstreckende Einwirkung der dem Ohre unmittelbar anliegenden Schallquelle im Sinne eines überwertigen Schalles — besonders bei entsprechender Disposition — wirken [nach REHSE (19)].

Zwecks Schutzes des Gehörorganes während des Fluges stehen verschiedene Mittel zur Verfügung. Beim Verkehrsflug kommt für den Fluggast in der Hauptsache eine entsprechende Schallisolierung der Kabine in Betracht, in welcher auch der Bordfunker unterzubringen ist. Die technischen Fortschritte hinsichtlich Schallisolierung sind heute schon soweit gediehen, daß in den Kabinen großer Verkehrsmaschinen die Sprachverständigung ohne besonderen Stimmaufwand möglich ist (z. B. bei der Douglas DC 2-Verkehrsmaschine mit einer Lautstärke des Lärms von 70 Phon bei normaler Reisegeschwindigkeit, während in nicht besonders schallgeschützten Kabinen 90 Phon gemessen werden; s. bei ZAND). Für den Führer spielt die Verkleidung des Führersitzes die Hauptrolle. Bei Freiflugzeugen besteht der praktische Schutz für Funker, wie Tabelle 7, S. 149, zeigt, in geeigneten Hörkappen, welche sich durch besondere Fütterung und Ausführung zwecks Anbringens der Hörer von den gewöhnlichen Fliegerhauben unterscheiden. Ein sehr zweckmäßiger Schutz des Führers besteht in innen an der Fliegerhaube angebrachten Puderquasten, die die Ohrmuschel decken. Das Tragen käuflicher Schutzeinrichtungen (Ohropax, Ear-Defender) ist Sache des persönlichen Geschmackes.

Die ausschlaggebende Rolle, welche dem Gehörsinn des Funkers zukommt, erfordert es, daß derselbe einer besonderen Prüfung unterzogen wird. Daß die obere Hörgrenze nicht unter 10000 Hertz liegen darf, bedarf wohl kaum der Erwähnung; ist doch bei Telephonieempfang praktisch mit Frequenzen bis zu 8000 Hertz zu rechnen. Die Prüfung mittelst Audiometer dürfte wohl am raschesten und dabei mit genügender Sicherheit Aufschluß über den Verlauf der Hörschwellenkurve geben.

Literatur zum Abschnitt IV H.

1) DIRINGSHOFEN, H. v.: Segelflieger 8, Nr 3, 7 (1931).
2) FOGES, G.: Arch. Gewerbepath. 6, 197 (1935).
3) GILDEMEISTER, M.: Z. Sinnesphysiol. 50, 253 (1918).
4) LOMMATZSCH, E.: Siehe bei G. ZURMÜHL: Z. Psychol. u. Physiol. Sinnesorg. 61, 40 (1931).
5) GILDEMEISTER, M.: Handbuch der normalen und pathologischen Physiologie, Bd. 11, S. 545. 1926.
6) ZAND, ST. J.: J. Soc. automot. Engr. 34, 41 (1934).
7) FASSBENDER, H. u. K. KRÜGER: Z. techn. Physik 1927, Nr 7, 277.
7a) Zitiert nach TRENDELENBURG, F.: Naturwiss. 20, 158 (1932).
8) BARKHAUSEN, H. u. G. LEWITZKY: Physik. Z. 25, 537 (1924).
9) EISNER, F., H. REHM u. H. SCHUCHMANN: DVL-Jb. 1932, 85.
10) WEGEL, R. u. CH. LANE: Physic. Rev. 23, 266 (1924).
11) BAKOS u. KAGAN: Z. VDI 76, 147 (1932).
12) GALT, R.: J. Acoust. Soc. Amer. 1, 147 (1930); zit. nach 1.
13) MIRICK, C. B.: Proc. Inst. Radio Engr. 17, 2283 (1929).
14) EISNER, F.: 148. DVL Bericht. Z. techn. Physik 10, 532 (1929).
15) FOGES, G.: 1. Congr. internat. de la Securité aérienne, Rapports Tome 4, p. 31. Paris 1930. — Z.F.M. 1930, Nr 17.
16) HORNBOSTEL, E. M.: Handbuch der normalen und pathologischen Physiologie, Bd. 11, S. 613. 1926.
17) BALLA, A.: La Protection de l'oreille contre les bruits. 1. Congr. internat. de la Securité aérienne, Tome 2, p. 3. Paris 1930.
18) SCOTT, E.: Zbl. Ohrenheilk. 3, 3 (1923).
19) REHSE, H.: Handbuch der normalen und pathologischen Physiologie, Bd. 11, S. 638, 644. 1926.

V. Beanspruchung und Leistung des Zentralnervensystems.

a) Die zentralnervösen Funktionen bei Flugzeugsteuerung.

Die Darstellung der Beanspruchung und Leistung der verschiedenen Körper- und Sinnesorgane, wie sie in den vorhergehenden Abschnitten durchgeführt wurde, ist insofern eine einseitige zu nennen, als hierbei die nervösen Zentralorgane, denen die sinnvolle Vereinheitlichung der Gesamtleistung des Organismus zukommt, keine Berücksichtigung fanden. Es sollen im folgenden nun jene nervösen Funktionen in den Kreis der Betrachtung gezogen werden, die den wesentlichen Anteil an der Erfüllung der Aufgaben haben, die dem Flieger gestellt sind.

Wie in Abschnitt III eingehend erörtert, besteht die zweckentsprechende Steuerbetätigung in bestimmten, fein abgestuften, also koordinierten Bewegungen der Extremitäten, welche auf Grund bestimmter Sinneseindrücke durchgeführt werden. Dieses Zusammenspiel erfolgt anfangs willkürlich, später läuft es — zum Teil wenigstens — sozusagen reflektorisch ab. Welches sind die nervösen Zentralorgane, denen hierbei die Hauptaufgabe zufällt? Es ist wohl eine feststehende Tatsache, daß es beim Menschen nicht Reflexfunktionen des Rückenmarkes sind, sondern daß hier die nervöse Integration höher liegt. Besonders von klinisch-neurologischer Seite sind am Menschen Befunde erhoben worden, welche darauf hindeuten, daß besonders das extrapyramidale System einen Apparat für Koordination in dem Sinne darstellt, als es das geordnete Zusammenarbeiten der peripheren motorischen Systeme ermöglicht [SPATZ (1)]. Zu diesem System im engeren Sinne gehören bekanntlich: Striatum, Pallidum, Corpus subthalamicum-Luys, Substantia nigra, Nucleus ruber und Nucleus dentatus. Bei vielen Basalganglienkranken fallen nicht nur die die Willkürbewegungen begleitenden ,,Mitbewegungen" aus, sondern — was hier wesentlich ist — auch die Reaktionsbewegungen auf äußere Sinneseindrücke hin; des weiteren ist die Innervationsverteilung bei Willkürbewegungen mangelhaft. Über die genaue Funktion wie über das engere Zusammenarbeiten der einzelnen Abschnitte dieses reich gegliederten Systems können heute noch keine genaueren Aussagen gemacht werden. Seine afferenten Erregungen erhält es von seiten des Kleinhirns, des Thalamus und der Vierhügel, welche Systeme wiederum Stationen afferenter Leitungen der Oberflächen- und der Tiefensensibilität sowie von Sinnesorganen her (Auge, Ohr, Labyrinth) darstellen. Mit diesen Ausführungen soll jedoch nicht behauptet werden, daß das extrapyramidale System das ,,fliegerische Zentralorgan" schlechtweg ist. Unterliegen doch die koordinierten Steuerbewegungen der ständigen Kontrolle höherer Zentren, insbesondere der Sinnessphären. Andererseits sind aber natürlich bei jedem Willkürbewegungsakt eine Reihe reflektorischer Komponenten enthalten. Daneben ist noch die Funktion des Kleinhirns zu berücksichtigen. Wurde doch dieses Organ und wird es noch als ,,der selbständige Koordinationsapparat" bezeichnet. Es spielt ja im Leben der Fische und Vögel eine große Rolle, also bei Tieren, bei denen das Schwimmen und die Flugbewegungen fein abgestufte Koordination verlangen. Mir scheinen aber diesbezüglich die entwicklungsgeschichtlichen Verhältnisse ähnlich zu liegen wie beim Labyrinth. Wie im Gegensatz zu den niederen Tieren der Mensch vor allem optisch eingestellt ist und das Labyrinth hinsichtlich der Raumorientierung praktisch nahezu bedeutungslos ist, so scheint mir auch die Funktion des Kleinhirns beim Menschen eine wesentlich andere zu sein, insofern, als bei ihm die Automatismen nicht mehr die funktionelle Bedeutung besitzen wie bei den als Beispiel angeführten Tieren, ohne daß erstere natürlich zu fehlen brauchen. Der Mensch ist eben kein fliegendes Wesen im biologischen Sinne. Bei ihm hat das Kleinhirn vielmehr die Automatismen übernommen, die für die Fortbewegung des Menschen ausschlaggebend sind, das ist vor allem die Tonus- und Innervationsverteilung bei Aufrechtgehen und -stehen. Auch neuere Anschauungen von klinischen Fachleuten [GOLDSTEIN (2)] über die Funktionen des Kleinhirns beim Menschen gehen dahin, daß dieses Organ an sich kein selbständiger Koordinationsapparat ist, sondern daß es nur als sensorischer Regulationsapparat zwischen cerebralen — das extrapyramidale System mit inbegriffen — und peripheren Systemen zwischengeschaltet ist, wobei es automatisch den Ablauf der cerebral innervierten Bewegungen reguliert und die cerebral innervierten Stellungen automatisch festigt. Dabei werden die cerebralen Impulse in einer den wechselnden Anforderungen der Peripherie entsprechenden wechselnden Weise verstärkt oder gehemmt (GOLDSTEIN). Das Wesen dieser Regulation besteht vor allem in einer tonischen Innervation. Hingegen besteht keine Veranlassung, dem Kleinhirn eine besondere koordinative Leistung zwecks Gleichgewichtserhaltung zuzuschreiben [GOLDSTEIN, VAN RIJNBERK (3)]. Allgemein läßt sich sagen, daß die Funktion des Kleinhirns in einer Sicherung der zweckentsprechenden Exaktheit der motorischen Innervation besteht. Es bildet also neben dem extrapyramidalen System auch das Kleinhirn mit eine Zentralstation, auf deren Schulung der Erwerb der bei Steuerung notwendigen Koordination beruht. Damit soll nicht behauptet werden, daß sich der Flieger gewissermaßen ,,neue Koordinationszentren" zulegen muß. Die vorhandenen zentralnervösen und peripheren Apparate sowie ihre gegenseitige Verknüpfung erfahren vielmehr in ihrer Gesamtheit eine funktionell andersartige Beanspruchung. Heute ist ja die allerdings oft recht einseitig dargestellte und kritisierte ,,Zentrenlehre" bei einem großen Teile der Physiologen in Verruf geraten. Daß sie in ihrer extrem starren Form nicht berechtigt ist, ist nicht zu bestreiten. Die Hypothesen jedoch, die an ihre Stelle getreten sind, wie die Resonanzhypothese usw. sagen — vom praktischen Standpunkte beurteilt — auch nicht viel mehr und bleiben besser hier unerörtert.

Absolut irrig wäre es anzunehmen, daß die Steuerkoordination beim ausgebildeten Flieger lediglich eine automatische Leistung darstellt. In Wirklichkeit verhält es sich doch so, daß die sensiblen und motorischen Erregungen nur unterhalb der Schwelle des Bewußtseins bleiben. Jeder Steuerausschlag, z. B. der auf eine plötzlich angreifende Böe hin, stellt eine Reaktion dar, d. h. eine Beantwortung eines bestimmten Sinnesreizes mit einer sofortigen Bewegung bestimmter Muskelgruppen. Eine Reaktion ist auf keinen Fall eine einfache Reflexleistung ohne bewußten Bewegungsimpuls, auch nicht nach langer Übung. [Vgl. auch die Ausführungen von WIRTH (4).]

b) Die praktische Bedeutung der Reaktionszeiten.

Da die Bestimmung der Reaktionszeiten seit langem zur Fliegereignungsprüfung gehört, soll hier kurz über ihren praktischen Wert gehandelt werden.

Die Reaktionszeit als Zeit zwischen der Wahrnehmung eines Reizes und dem Erfolgen einer bewußt vorbereiteten Reaktion ist vor allem abhängig von der Reizqualität. Sie beträgt bei optischem Reiz 150—220 msec (σ), bei akustischem 120—180 msec, bei taktilem 90—190 msec. Außerdem besteht aber auch eine individuelle Abhängigkeit. Lange Reaktionszeiten von konstanter Größe, auch bei Wiederholung der Prüfung bei gleichem Individuum weisen auf eine von Natur aus träge „Person" hin. Außerdem schwanken die Werte bei gleichem Individuum auch mit der psycho-physischen Disposition, mit dem Alter, Ermüdungsgrad usw. Je stärker die Ermüdung, desto länger werden die Reaktionszeiten. Es ist daher möglich, den Ermüdungsgrad durch Bestimmung dieser Zeiten messend zu charakterisieren. Solange aber der Anteil der Empfindungszeit, das ist die Zeit zwischen Reizanfang und Empfindungsbeginn, der exakten Messung nicht zugänglich bzw. die diesbezüglichen Verhältnisse nicht vollkommen geklärt sind, hat es wenig Sinn, über die Ursache dieser Schwankungen der Größenordnung Überlegungen anzustellen. Weiterhin ist bekannt, daß auch psychische Erregungen die Reaktionszeit verlängern, ferner daß bei Unfallneurosen ebenfalls Verlängerungen bis zu 50% auftreten. Bei der Fliegereignungsprüfung werden meist optische Signale verwendet, wobei man nicht nur die manuelle

Reaktion, sondern auch die der unteren Extremitäten verwendet, welche einen Teil des effektorischen Apparates bilden, der bei Steuerung ebenfalls eine wichtige Rolle spielt. Außerdem wird in einigen Ländern auch die diskriminative Reaktionszeit bestimmt, wobei dem Untersuchten eines von mehreren Reizlichtern vorgezeigt wird, auf welches er mit einer bestimmten Bewegung, die er unter mehreren auswählt, zu antworten hat. In Weiterführung und Anpassung an praktische Verhältnisse werden auch die Zeiten gemessen, die gebraucht werden, um die tatsächliche Arm-Beinbewegung, die zur Steuerung notwendig ist, auszuführen [Reidapparat, Ruggles Orientator usw.; s. bei BAUER (5), MASHBURN (6); betr. Methodik der Reaktionszeitmessung verweise ich auf HERLITZKA (7) sowie GEMELLI (8); die von letzterem Autor angegebene Methode gestattet die Durchführung folgender Bestimmungen: 1. Reaktionsgeschwindigkeit, 2. die mittlere Variationszeit dieser Geschwindigkeit, 3. die Regelmäßigkeit der Reaktion, 4. die mittlere Variationsbreite zu verschiedenen Untersuchungszeiten]. Hierbei handelt es sich natürlich nicht mehr um reine Reaktionszeiten; eine gewisse Gesetzmäßigkeit und Normung dürfte sich daher schwer ermitteln lassen. Was den praktischen Wert der Bestimmung betrifft, so bieten weder die Größenordnung der reinen Reaktionszeiten noch die der diskriminativen einen Test für die Fähigkeit der Erlernung schneller und koordinierter — hier Koordination im weitesten Sinne des Wortes gemeint — Bewegungen, wie sie die Steuerung unter den verschiedensten Umständen erheischt. (Auch sei nachdrücklich bemerkt, daß die Geschwindigkeit des Reagierens für die fliegerische Praxis nicht allein bedeutsam ist, daß vielmehr ein richtiges, energisches und zielbewußtes Handeln wichtiger erscheint.) Auch die Autoren, die über große praktische Erfahrungen auf diesem speziellen Gebiete verfügen, kommen zum gleichen Ergebnis (BAUER). Die sichere Feststellung einer unter allen Umständen überlangen Reaktionszeit am gleichen Individuum, die von der Eignung ausschließen würde, ist eine überaus heikle Angelegenheit; eine solche Ausschließung dürfte bei der Beschaffenheit des Menschenmaterials, die zum Fliegerberufe neigen, kaum in Betracht kommen. (Eine konstante Verlängerung der optischen Reaktionszeit um 100 msec schließt nach französischen Autoren von der Eignung aus.) Trotzdem erscheint mir die Messung wichtig, und zwar die wiederholte Messung am gleichen Individuum anläßlich der vorgeschriebenen Überprüfungen. Auffallende Verlängerungen, die sich plötzlich einstellen, können nämlich einerseits auf Änderung der allgemeinen Erregbarkeit, andererseits auf sich entwickelnde Neurosen hindeuten. In ähnlicher Weise ist für letztere Fälle ja auch die psychogalvanische Reaktion (VERAGUTH) von großem Nutzen [ČAPEK (9); über allgemeine Bedeutung derselben bei Fliegerprüfungen s. bei TALENTI (10)].

Die praktische Bedeutung vor allem der optischen Reaktionszeit, die man im technischen Sinne als Maß der Trägheit des reagierenden menschlichen Systems bezeichnen kann, ist um so größer, je rascher die Flugzeuge werden. Bei der Prüfung muß man sich natürlich mit den für den normalen Menschen geltenden Durchschnittswerten der Reaktionszeiten begnügen. Diese betragen für die optische Reaktionszeit rund 200 msec (HERLITZKA). Der Weg, den das Flugzeug während Ablaufes der Reaktionszeit nimmt, wächst proportional der Geschwindigkeit desselben. Legt man den genannten Durchschnittswert von 200 msec der Berechnung zugrunde, so ergibt sich dieser Weg l in Metern nach der Formel: $l = \frac{km/h}{18}$. Bei einer Geschwindigkeit von 100 km/h beträgt die Strecke 6 m, bei 400 km/h 22 m. Rechnet man noch die Trägheit der Steuerorgane sowie die Massenträgheit des Flugzeuges überhaupt dazu, so wächst dieser „tote Raum", auf den der Flieger keinen Einfluß hat, noch beträchtlicher.

Daß auch dem vegetativen Nervensystem, dessen Hauptaufgabe in einer sinngemäßen Korrelation der einzelnen Organfunktionen besteht, große Bedeutung zukommt, beweist die Beanspruchung der verschiedenen Regulationsmechanismen der Atmung, des Kreislaufes, des Wärmehaushaltes usw. beim praktischen Flugbetrieb; auch die gerade im Fliegerberufe so häufigen psychischen Erregungen belasten es. Demgemäß kommt es auch zuerst zu einem Versagen dieser Art nervöser Steuerung bei überanstrengten Fliegern (siehe unten S. 162).

c) Psychische Faktoren.

Wohl bei keinem anderen Berufe ist die psychische Verfassung von so ausschlaggebender Bedeutung für die Leistungsfähigkeit wie bei dem des Fliegers. Dementsprechend werden seit frühester Zeit die Anwärter dieses Berufes einer besonderen psychotechnischen Untersuchung unterzogen. Diese erstreckt sich insbesondere auf die psychische Erregbarkeit, das Verhalten der Aufmerksamkeit, der Wahrnehmungsbreite und der Wahrnehmungsgeschwindigkeit. Haupterfordernis ist aber auch eine gewisse Weite des Bewußtseinsfeldes, d. h. der Flieger muß den verschiedenen Vorgängen in der Außenwelt gleichzeitig seine Aufmerksamkeit zuwenden können, ebenso wie er gleichzeitig Empfindungen urteilsmäßig verwerten und Handlungen ausführen muß. Voraussetzung ist also eine gewisse geistige Beweglichkeit und Intelligenz. Über psychologische Fragen und Probleme kann ich mir als Physiologe kein Urteil anmaßen. Diesbezüglich steht bereits eine reichhaltige Fachliteratur zur Verfügung (11). Aber meines Erachtens kommt gerade den psychischen Eigenschaften des Bewerbers die allergrößte Bedeutung zu, auf die sich die psychotechnische Prüfung nicht erstreckt: Kaltblütigkeit und Ruhe, gepaart mit schnellster Entschlußfähigkeit in lebensgefährlichen Situationen, Selbstsicherheit, Pflichtgefühl und ein gewisses mit Überlegung gepaartes Draufgängertum bzw. eine gewisse Waghalsigkeit. Bravoursucht ist hingegen durchaus zu verwerfen. Leute, denen es nur auf die Effekthascherei ankommt, sind absolut ungeeignet und haben als Flieger auch kein langes Leben. Unter der Allgemeinheit stellen einfache „Naturkinder" mit einer gewissen Intelligenz sowie dem Sport ergebene Leute immer das beste Material. Obwohl die praktische Bedeutung psychotechnischer Prüfungen nicht geleugnet werden soll, und von psychologischer Seite betont wird [GEMELLI (11), SCHULTZ (12)] scheint mir gerade bezüglich des Nachweises der angeführten psychischen Qualitäten der Aufwand an Mühe und finanziellen Kosten in gar keinem Verhältnis zu stehen zu den greifbaren Resultaten der Prüfungen, wenn ich vom praktisch-fliegerischen Standpunkte urteile. Mit dieser Meinung dürfte ich durchaus nicht allein dastehen. Mit aller Entschiedenheit muß ich aber der von Psychologen vertretenen Ansicht widersprechen, daß durch eine entsprechend durchgeführte psychotechnische Untersuchung eines Kandidaten dessen zukünftige fliegerische Fähigkeiten erfaßt werden können. Da die Grundlagen für in dieser Hinsicht wesentliche Organreaktionen überhaupt nicht bekannt sind (s. oben S. 67), läßt sich unmöglich die Schulungsfähigkeit desselben durch ein methodisches Vorgehen irgendwelcher Art erfassen. Auf Grund der vorhandenen psycho-physischen Konstitution kann man wohl herumdeuten, aber keine sicheren Schlüsse ziehen.

Was das Alter der Flieger betrifft, so steht heute nur folgendes fest: Fliegen kann ab 16. bis zum 60. Lebensjahre erlernt werden,

d. h. in diesem Altersbereich können die für die Eignung notwendigen physischen und psychischen Voraussetzungen gefunden werden. Eine schwierige Frage ist jedoch die nach der oberen Altersgrenze von Berufsfliegern. Allgemeine Regeln hier aufzustellen ist schon aus dem Grunde nicht möglich, weil die Lebensjahre in keiner direkten Beziehung zur körperlichen und seelischen Verfassung stehen. Vom überwachenden Arzt wird immer nach dem Status, den der Einzelfall bietet, entschieden werden müssen. Für Post- und Verkehrsflieger wird in einzelnen Staaten das vollendete 45. Lebensjahr als obere Grenze angesehen. In anderen Ländern geht man mehr individuell vor. Ganz anders liegen die Verhältnisse in der Heeresfliegerei. Hier sind die Anforderungen viel höher, aber wiederum je nach Kategorie verschieden. Am höchsten sind sie beim Hochleistungsfluge, das ist beim Fluge mit hochwertigen Jagd-, Kampfflugzeugen. Seit dem Weltkriege gesammelte flugärztliche Erfahrungen zeigen, daß für diese Art der Fliegerei ein Alter von 20—27 Jahre das Optimum darstellt [GORE (13)]. Nur in diesem Alter werden die Maschinen tatsächlich ausgeflogen, d. h. die Leistungsfähigkeit derselben bis zum höchsten Prozentsatz ausgenützt. Die Abnahme der Leistungsfähigkeit des Fliegers über dieses Alter hinaus ist nicht körperlich, sondern durch die bekannte psychische Entwicklung des Menschen bedingt, indem sich in späteren Jahren ein stärkeres Verantwortungsgefühl und damit eine gewisse Vorsicht einstellt, welche das für diese Art der Fliegerei notwendige Draufgängertum schwinden läßt. Dementsprechend ist ein Alter von 27—35 Jahren mehr geeignet für die Führung von Bomben- und Beobachtungsflugzeugen. Es werden also die Flieger, an denen höchste Anforderungen gestellt werden, zuerst psychisch untauglich. Gewiß gibt es Flieger — die heute noch im Dienst stehenden alten Kriegspiloten beweisen dies —, welche noch mit 40 Jahren in jeder Hinsicht ihren Mann stellen. Das sind aber Ausnahmen, und zwar Ausnahmen in psychischer Hinsicht.

d) Nervöse und psychische Störungen im Fliegerberufe.

Die physischen und psychischen Anforderungen an den Organismus sind natürlich auf den verschiedenen Gebieten der Fliegerei überaus verschieden. Schon beim Verkehrsflieger, der täglich unter verschiedenen Wetterverhältnissen im Dienste steht und hohe Verantwortung trägt, sind sie ganz andere als beim Sportflieger. Die größten Anforderungen werden aber an den Versuchsflieger und den

Kriegsflieger gestellt. Bei den letztgenannten ist nicht nur Ermüdung und Übermüdung häufiger, sondern auch die Gefahr des körperlichen und seelischen Zusammenbruches größer, und diese wird immer größer, je leistungsfähigere Flugzeuge in den Dienst gestellt werden.

Jeder länger dauernde Flug, und sei es nur ein Sportflug, erzeugt ein gewisses Ermüdungsgefühl. Schon die ununterbrochene vielseitige Aufmerksamkeitseinstellung (Motor-, Bordinstrumente-, Wetterbeobachtung, Navigation usw.) strengt an, wenn auch unbewußt, und strengt um so mehr an, je gewissenhafter geflogen wird. Das gilt auch vom Verkehrs-, insbesondere aber vom Versuchsflug. Natürlich spielen auch die näheren Flugumstände (Wetter, Nachtflug) eine Rolle. Allgemein gilt die Regel, daß täglich mehr als 4—6 Flugstunden während längerer Zeit unbedingt zu Ermüdung führen. Dabei handelt es sich um eine Ermüdung im Bereiche der physiologischen Grenzen (z. B. totale Erschöpfung nach Rekordflügen). Anders liegen jedoch die Verhältnisse bei Hochleistungsfliegern, die ständig ihr Herz- und Kreislaufsystem durch tägliche Kunstflüge von Berufs wegen belasten müssen. Hier geht die Ermüdung mit einem Versagen niederer Zentren einher, vor allem mit einer mangelhaften vasomotorischen Regulation: Unbeständigkeit des arteriellen Druckes, Hypotension, Unregelmäßigkeiten der Herzfrequenz schon bei geringer körperlicher Anstrengung, Auftreten von angioneurotischen Beschwerden; bei Höhenfliegern kommen dazu noch Anzeichen einer respiratorischen Insuffizienz, besonders eine starke Herabsetzung der Vitalkapazität [FLACK (14)]. Dabei besteht eine Verminderung der fliegerischen Fähigkeiten, vor allem kenntlich an schlechten Landemanövern. Diese Zustände werden als „Fliegerasthenie" bezeichnet. Sie sind aber durchaus nicht lediglich dem Fliegerberufe eigen, sondern finden sich auch bei anderen Berufen, ja auch bei Sportleuten; die Bezeichnung „Fliegerasthenie" oder „Fliegerkrankheit" ist also unberechtigt. Diese Erscheinungen sind natürlich bei überanstrengten Versuchs- und Kriegsfliegern sehr häufig. Zu ihrer restlosen Behebung genügt lediglich Ruhe. FERRY (15) nimmt als Ursache dieser Asthenie eine Insuffizienz der Nebennieren an, hervorgerufen durch zeitlich gehäufte Flüge, insbesondere Höhenflüge. Ein exakter Nachweis einer solchen ist natürlich nicht erbracht worden. Neben der Gruppe der „Astheniker" gibt es noch eine andere, bei welcher sich zuerst und vornehmlich psychische Schwächen einstellen. Dieselben bestehen darin, daß diese Flieger sich aus einem Gefühl der Unsicherheit heraus zwingen müssen, aufzusteigen. Die Ursache ist in den meisten Fällen ein Unfall leichter oder schwerer Natur; es genügt ein Flug in schwerem Wetter oder eine Bruchlandung, in anderen Fällen lösen erst eine schwere Bruchlandung, Brüche in der Luft oder — wie im Kriege — wiederholter Abschuß oder Brandunfälle die psychische Unsicherheit aus. Auch diese Zustände können vorübergehend sein; es genügt, den Betreffenden vom Flugdienst fernzuhalten und ihn durch Sportbetätigung abzulenken. Derartige Fälle bilden den Übergang zu neurotischen Zuständen. Es kann in Zeiten der Überanstrengung nach wiederholten schweren Unfällen der Gedanke an die Lebensgefahr wach werden, also Angst sich einstellen; kommt der Betreffende nicht wieder ins seelische Gleichgewicht, dann wird die Angstneurose manifest. Diese ist, wenn man das Vertrauen der Leute besitzt, ohne weiteres aus den Gesprächen zu erkennen. Wenn Worte fallen wie: „Das Fliegen mit dieser Maschine ist der reinste Selbstmord" oder „einmal erwischt es einen doch" usw. ist höchste Vorsicht am Platze. Dabei klagen die Betreffenden über Schlaflosigkeit und Reizbarkeit. Interesselosigkeit und mangelhaftes Konzentrationsvermögen kennzeichnen das Bild. Gesteigerte Reflexerregbarkeit, Tremor sind jedoch nicht immer vorhanden. Die Symptome sind die gleichen, wie sie für Angstzustände auch auf anderen Gebieten charakteristisch sind. Die Fliegerneurose ist genau so aufgebaut, wie andere Neurosen. Sie kann offenkundig sein, kann aber auch erst dann zum Vorschein kommen, wenn ein Teil des Unfallkomplexes anklingt, d. h. wenn Worte fallen, die den überstandenen Unfall charakterisieren. Das VERAGUTH-Phänomen eignet sich in diesem Falle sehr gut zum Nachweis (ČAPEK). Ist aber einmal die Angstneurose manifest, dann besteht kaum mehr die Aussicht, den Flieger seinem Berufe zu erhalten.

Was die Nichtflieger betrifft, so lassen sich diese in zwei Gruppen trennen. Während die einen sehr rasch das Gefühl des Unbehaglichen in der Luft verlieren und am Fluge volles Vergnügen finden, werden die anderen auch bei oftmaligen Flügen nie das Gefühl der Unsicherheit los. Damit sind meist ganz bestimmte Angstvorstellungen verknüpft. Zu dieser zweiten Gruppe gehören Individuen, die auch im gewöhnlichen Leben Angstneurotiker sind. Die Angstneurose kann aber auch durch den ersten, in jeder Hinsicht normal verlaufenden Flug ausgelöst werden. Flieger werden erst — wie bemerkt — durch einen erlittenen Unfall Angehörige dieser Gruppe.

Was die rechtzeitige Aufdeckung von neuro- und psychopathischen Symptomen betrifft, so muß betont werden, daß hierzu eine ständige Überwachung des allgemeinen nervösen Status Voraussetzung ist. Die behördlich angeordnete zeitweise ärztliche „Überholung" genügt keineswegs, um so weniger, je mehr dieselbe nach einem Schema oder nach „Tests" vorgenommen wird. Hierzu ist vielmehr notwendig, daß die neurologisch und fliegerisch vorgeschulten Ärzte mit den Fliegern in persönlich gutem Einvernehmen stehen und sich lediglich des öfteren mit ihnen unterhalten. Damit wird erreicht, daß die Piloten in dem Arzt nicht lediglich das behördliche Kontrollorgan und damit das notwendige Übel erblicken, das ihnen „Flugverbot" oder Berufsausscheidung bringen kann. Persönliches, gegenseitiges Vertrauen ist Haupterfordernis für eine wirklich ersprießliche flugärztliche Tätigkeit. Der gegenwärtige Stand der Dinge läßt viel zu wünschen übrig. Schon der Altmeister der Fliegerärzte, FLACK, betont, daß sich durch eine persönliche Aussprache mehr erreichen läßt als durch psychologische Untersuchungen. Nur auf diesem Wege wird es möglich sein, die für den Flieger so wichtigen Störungen des nervösen wie seelischen Gleichgewichtes rechtzeitig zu erkennen und die gerade auf fliegerischem Gebiete so schwierige und heikle Frage der Dissimulation gerecht zu lösen.

Literatur zum Abschnitt V.

1) SPATZ, K.: Handbuch der normalen und pathologischen Physiologie, Bd. 10, S. 318. 1927.
2) GOLDSTEIN: Handbuch der normalen und pathologischen Physiologie, Bd. 10, S. 222. 1927.
3) RIJNBERK, VAN: Arch. néerl. Physiol. 156, 182 (1925).
4) WIRTH, W.: Handbuch der normalen und pathologischen Physiologie, Bd. 2, 10, S. 525. 1927.
5) BAUER, H.: Aviation medicine. Baltimore: William and Wilkins 1926.
6) MASHBURN, N. C.: J. of Aviation Med. 5, 145 (1934).
7) HERLITZKA, A.: ABDERHALDENS Handbuch der biologischen Arbeitsmethoden, Teil C 1, S. 813. 1928.
8) GEMELLI, A.: Arch. de Sci. biol. 12, 700 (1928).
9) ČAPEK, D.: Verh. 5. internat. Kongr. Luftfahrt. Haag 2 (1931).
10) TALENTI, C.: Boll. Soc. Biol. sper. 4, 714 (1929).
11) GEMELLI, A.: Contributi del laboratorio di psicologia; publicatione della Universita cattolica del Sacro Cuore, Serie 6, Vol. 6, p. 541. Milano 1931 (mit reichhaltiger Literatur). — Le travail humain, Tome 1, p. 3. 1933.
12) SCHULTZ: Ber. 12. Kongr. dtsch. Ges. Psych. Hamburg 1932, 418.
13) GORE, TH. L.: J. of Aviation Med. 5, 80 (1934).
14) FLACK, M.: Handbuch der normalen und pathologischen Physiologie, Bd. 15 (1), S. 362. 1930.
15) FERRY, G.: C. r. Soc. Biol. Paris 82, 637 (1919).

Zweiter Teil.

Der Höhenflug.

A. Definition des Höhenfluges.

Vom physiologischen Standpunkte kann dann von einem Höhenfluge gesprochen werden, wenn der Flug Reaktionen von seiten des Organismus auslöst, welche dem Höhenaufenthalte an sich zugeschrieben werden müssen. Die praktische Erfahrung zeigt, daß in unseren Breiten bei mehr oder minder raschen Flugzeugaufstiegen die Höhe von 4000 m hinsichtlich physiologischer Verhältnisse eine scharfe Grenze bildet. Von dieser Höhe ab ist schon beim Geradeausfluge und bei Fehlen nennenswerter Muskeltätigkeit nicht nur die Lungendurchlüftung erhöht, sondern es bestehen bereits Anzeichen einer Störung der Funktionen, welche dem Gaswechsel dienen. Auch die von seiten des Kreislaufes auftretenden Reaktionen wie Pulsfrequenz- und Blutdrucksteigerung, sowie der Anstieg des Herzminutenvolumens zeigen, daß die Zirkulationsgröße erhöht ist, daß also erhöhte nutritive Ansprüche an dieses System schon bei Körperruhe gestellt werden.

Die heute in praktischem Betriebe stehenden hochwertigen Flugzeuge gestatten es, Höhen von 5000 m binnen 5 Minuten zu erreichen, sowie in Höhen von 10 km binnen $1/_2$ Stunde aufzusteigen. Gerade der Flug über 4000 m rückt in letzter Zeit immer mehr in den Mittelpunkt praktischen Interesses. Dementsprechend gewinnt die Frage der Leistungsfähigkeit des menschlichen Organismus in diesen Höhen große praktische Bedeutung. Kann doch der technische Fortschritt nur dann voll ausgenützt werden, wenn der das Flugzeug steuernde Mensch ebenso leistungsfähig ist wie beim Fluge in niederen Höhen. Die eben kurz angeführten Organreaktionen deuten schon an, daß von 4000 m Höhe an die veränderten atmosphärischen Verhältnisse eine besondere Belastung bedingen. Die Frage, welche Faktoren hierbei die ausschlaggebende Rolle spielen, kann nur auf Grund einer genauen Analyse der auftretenden Reaktionen beantwortet werden.

B. Die Organreaktionen beim Höhenfluge und die sog. Höhenkrankheit.

Untersuchungen im Flugzeuge begegnen besonders in großen Höhen naturgemäß Schwierigkeiten. Sie sind bis jetzt auch nicht in wünschenswerter Zahl und mit notwendiger Exaktheit durchgeführt worden. Selbstbeobachtung erfahrener Höhenflieger sowie Unterdruckversuche waren es, welche Aufklärung brachten. Dabei ist das Problem der Wirkung großer Höhen auf den Menschen, das ist der starken Luftdruckherabsetzung, schon alt; es wurde bereits zu einer Zeit bearbeitet, in welcher die praktische Fliegerei noch in weiter Ferne lag. Es waren spezielle, rein physiologische Fragestellungen, die dazu führten, Tiere erniedrigtem Luftdrucke auszusetzen. Die Entwicklung der Hochtouristik leitete die rein theoretische Forschung in praktische Bahnen, indem die Höhenkrankheit als sog. Bergkrankheit allgemeines Interesse beanspruchte. Dementsprechend beruht der gegenwärtige Stand der Höhenphysiologie zum Teile auf Erkenntnissen, welche physiologische Studien am Menschen bei Aufenthalt im Höhenklima brachten. Eine direkte Anwendung derselben auf den Höhenflug ist jedoch nicht angängig. Während der Bergsteiger unter Muskelarbeit langsam in große Höhen vordringt und oft wochenlang in diesen verweilt, erreicht der Flieger rasch und passiv Höhenlagen, hinter denen die bergsteigerisch in Betracht kommenden weit zurückliegen; dabei werden dieselben rasch wieder verlassen. Um gerade den ausgiebigen und raschen Höhenwechsel in seiner physiologischen Wirkung bequem untersuchen zu können, trat an Stelle des Flugzeuges die Unterdruckkammer. Dieselbe diente aber bereits früher der Höhenklimaforschung, indem man hier die Bedeutung der einzelnen Faktoren des Höhenklimas gesondert untersuchte. Da gerade in letzter Zeit eine zusammenfassende Darstellung über die Physiologie des Höhenklimas von LOEWY erschienen ist, darf es als überflüssig bezeichnet werden, allzu breit auf das Gebiet der physiologischen Höhenwirkung einzugehen. Nur die besonderen Verhältnisse, welche beim Höhenfluge obwalten, sollen eingehend erörtert werden.

Wie bemerkt, brachte die fliegerische Erfahrung eine Reihe von Tatsachen, welche für den Höhenaufenthalt charakteristisch sind. So merkt z. B. jeder bei Überfliegen der 4000-m-Grenze, daß die Atmung nicht mehr unbewußt, sozusagen automatisch vor sich geht, sondern man merkt plötzlich, daß man „anders" atmet. Eine alte Erfahrung ist auch die, daß in 5000 m Höhe eine scharfe

Kurve viel unangenehmer empfunden wird, als es in niedrigeren Höhen der Fall ist. Auch das Ablesen von Bordinstrumenten oder des Thermometers macht Schwierigkeiten; es beansprucht viel längere Zeit als unten. Vorgeschriebene Aufgaben werden leicht vergessen. Kriegserfahrungen lehrten, daß während des Höhenfluges oft sinngemäß dünkende Handlungen sich nach Rückkehr als falsch herausstellten. So berichtet z. B. FLACK (1), daß trotz Beschießung von seiten feindlicher Flieger diesen fröhlich mit der Hand zugewinkt wurde, ohne dabei Gegenmaßregeln zu ergreifen, daß oft Höhenaufnahmen ohne einzigen Plattenwechsel gemacht wurden usw. An Flugkameraden wurden auch Erregungserscheinungen beobachtet, welche einer Alkoholintoxikation ähnlich waren, ohne daß sich der Betreffende nachher an sie erinnerte. Beschrieben wurde auch das Nachlassen der Schärfe des Gehör-, Gesichts- und Tastsinnes, kurz Symptome, die der Höhenkrankheit eigen sind.

Was die Symptomatologie der Höhenkrankheit betrifft, so ist diese in ihren Einzelheiten durch Unterdruckversuche bekanntgeworden [vgl. die zusammenfassende Darstellung von GILLERT (2)]. Nach amerikanischen, anläßlich von Fliegertauglichkeitsprüfungen vorgenommenen Massenuntersuchungen [KELLAS, KENNAWAY und HALDANE (3)] kann man zwei Reaktionstypen unterscheiden. Während bei dem einen zuerst Störungen der psychischen Funktionen auftreten, bestehen bei dem anderen schon frühzeitig auch vegetative Symptome, besonders von seiten des Kreislaufes. Individuen der ersten Gruppe erholen sich sehr rasch, die der zweiten langsamer. Wann die Störungen beginnen, hängt nicht allein von der Höhe, sondern auch von der Geschwindigkeit des Aufstieges und von der Dauer des Aufenthaltes in bestimmter Höhe ab. So führt z. B. schon ein 20 Minuten langes Verweilen in 5000 m bei Körperruhe zur Cyanose der Akren. Die Abnahme der geistigen Fähigkeiten beginnt viel früher. Bei Aufstieg in Höhen von 7000—8000 m und längerem Verweilen daselbst unterliegt jeder auch bei Vermeidung von Muskeltätigkeit der Höhenkrankheit. Dabei treten psychische Störungen besonders hervor: Anfangs das Gefühl erhöhter Leistungsfähigkeit, später Abstumpfen der Perzeption, mangelnde Initiative, refraktäres Verhalten äußeren Einflüssen gegenüber charakterisieren in der Hauptsache diese Störungen. Dabei besteht Neigung zu sinnlosen Wiederholungen von Handlungen (Perseveration); dies zeigt sich besonders bei Vornahme von Schriftproben, welche auch Störung der Koordination deutlich erkennen lassen; die fahrigen, schleudernden Bewegungen spiegeln sich in der verzitterten, kaum lesbaren Schrift wieder. Dabei ist sich der Höhenkranke seines Zustandes nicht bewußt [über psychische Wirkungen des O_2-Mangels s. bei McFARLAND (4)]. Im späteren Stadium der Höhenkrankheit findet sich neben Akrencyanose allgemeine Blässe der Haut, frequenter Puls, Abflachung der Atmung bei hochgradiger Muskelschwäche. Die Durchführung einer einfachen Handlung, wie z. B. das Heben einer photographischen Kamera, kann zum sofortigen Kollaps führen. Ja, es genügt auch z. B. nur tiefes Atemholen, wie ich und GOLDMANN (5) an uns selbst wiederholt beobachten konnten, um eine rapide Verdunkelung des Gesichtsfeldes auszulösen, weil die für gewöhnlich so gering geachtete Arbeit der Atmungsmuskulatur die Durchblutung der übrigen Organe herabsetzt und damit auch der Retina Sauerstoff entzieht. Eine dauernde Einschränkung des Gesichtsfeldes, und zwar im nasalen Anteile beginnend, tritt schon früher auf [GOLDMANN und SCHUBERT (5)]. In diesem Stadium ist bereits der Ausbruch von tonisch-klonischen Krämpfen, der sog. Höhenkrämpfe, zu erwarten, welche besonders frühzeitig im Facialisgebiete (Trismus) auftreten. Der Kollaps geht mit einer plötzlichen, völligen Blässe, also unter Schwinden der Cyanose, Schweißausbruch und oft — wie Röntgenuntersuchungen [SPYCHER (6)] ergeben — mit Herzdilatation einher. Nach Erholung besteht retrograde Amnesie. Daß die Höhentoleranz individuell stark schwankt, ist bekannt. So gibt es Personen, welche in der Unterdruckkammer Höhen von über 9000 m noch ertragen, während andere unter den gleichen Versuchsbedingungen bereits in 7000 m Kollaps zeigen. Ebenso schwankt individuell die O_2-Konzentration der Atemluft, bei der Bewußtlosigkeit auftritt; sie liegt bei O_2-Drosselungsversuchen zwischen 11,12% und 5,2% [SCHNEIDER und TRUESDALL (7)].

Die tägliche Erfahrung — sei es in der Unterdruckkammer, sei es im Flugzeuge — zeigt, daß eine entsprechende O_2-Zusatzatmung den Ausbruch der Höhenkrankheit bis in Höhen zu verhindern vermag, welche ohne dieses Hilfsmittel absolut tödlich wirken, ferner, daß bestehende Symptome dadurch sofort beseitigt werden. Dies im Verein mit den im Unterdruck möglichen genaueren Untersuchungen erlaubt den Schluß, daß die in der Höhe auftretenden Organreaktionen im wesentlichen durch die erniedrigte O_2-Spannung der Atmungsluft ausgelöst sind, daß es sich also um Folgen von Anoxämie handelt. (In Abb. 25 bzw. Tabelle 8

Die Organreaktionen beim Höhenfluge und die sog. Höhenkrankheit. 169

finden sich die physiologisch maßgebenden O_2-Spannungen der Alveolarluft bei Höhenaufstieg verzeichnet. Den Höhenangaben liegen die Jahresmittel des Luftdruckes zugrunde, wie sie durch Pilotballons der meteorologischen Anstalten Lindenberg und München ermittelt wurden.) Auf diese Folgen, besonders auf jene regulatorischen Charakters, sei kurz eingegangen; anschließend möge dann die Frage erörtert werden, ob beim Höhenfluge außer

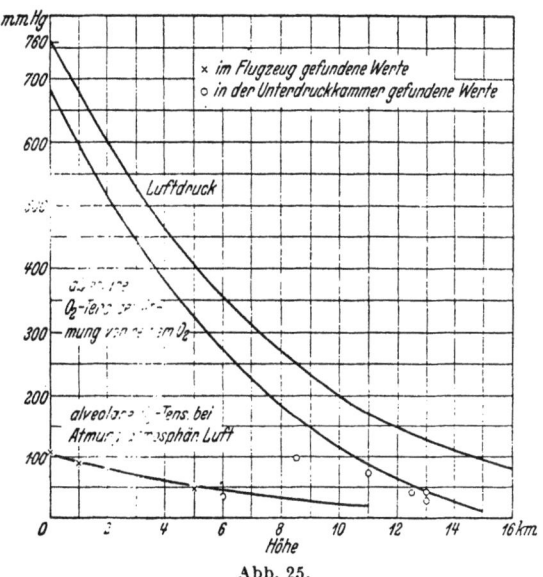

Abb. 25.

dem O_2-Mangel nicht noch andere Momente eine bedeutsame Rolle spielen können.

Als Regulation gegen O_2-Mangel tritt schon in geringen Höhen *Ventilationssteigerung* auf. Im Vergleich zum Aufenthalt im Unterdruck ist jedoch im Flugzeug die Lungendurchlüftung bei gleicher Höhe gesteigert. Die Ursache liegt in der die Durchlüftung fördernden turbulenten Luftströmung am offenen Führersitz (s. oben S. 12, 16). Daher tritt im offenen Flugzeuge die Höhenkrankheit erst in größeren Höhen auf als bei Aufstiegen im Ballon, in dem praktisch Windstille herrscht. Die Folge der gesteigerten Lungendurchlüftung ist eine Abnahme der alveolaren CO_2-Spannung (mit konsekutiver relativer Erhöhung der O_2-Spannung), wie die Versuche von SCHNEIDER und CLARKE (8) zeigen (s. Abb. 26,

Tabelle 8.

Höhe in Meter	Luftdruck mm Hg	Alveolare O_2-Tension bei Atmung atmosphärischer Luft mm Hg		Alveolare O_2-Tension bei Atmung von reinem O_2 mm Hg		Alveolare CO_2-Tension mm Hg gefunden	Anmerkung
		berechnet	gefunden	berechnet	gefunden		
0	762	104	100,5	681		40,9	Flugzeug Durchschn. 4 Vp. — atmosph. Luft
1000	675	91	90,5	593		35,3	desgl.
2000	596	80	78,1	514		36,6	desgl.
3000	525	69	61,4	443		35,7	desgl.
			61,4			36,9	Unterdruck, Durchschn. 10 Vp. (nach JONGBLOED)
4000	462	60	49,8	380		29,2	Flugzeug, 4 Vp. — Atmung
5000	405	52		323			
6000	354	45	34,8	272		31,5	Unterdruck, 10 Vp. — obere Grenze der Leistungsfähigkeit ohne O_2-Atmung
7000	309	38		227			
8000	267	32		185			
8500	250	29		168	99	35	desgl.
9000	230	27		148			
10000	198	22		116			desgl. — untere Grenze der Leistungsfähigkeit mit O_2-Atmung
11000	170	18		88	71,3	31,3	
12000	145			63	42		desgl. 1 Vp. bei 130 mm Hg (nach TALENTI) — O_2-Atmung
13000	124			42	41,6	29,9	desgl. 1 Vp.
14000	106			24	27,5	27,7	desgl. 1 Vp. (nach JONGBLOED) — Sicherheitsgrenze
15000	91			9			

Tabelle 8, Werte im Flugzeug). Ob es neben dieser dynamischen Regulation auch eine statische im Sinne einer Erhöhung des Lungenvolumens gibt, wie sie nach VERZÁR (9) bei Übergang ins Höhenklima eintritt, muß vorläufig dahingestellt bleiben. Bemerkenswert ist, daß sich schon in einer Flughöhe von 4000 m Störungen der Regulation zeigen, indem sich hier die Atmung deutlich dem CHEYNE-STOKESschen Atemtypus nähert [v. DIRINGSHOFEN (10)].

Neben der Atmung tritt als Regulationsfaktor gegen die drohende Anoxämie der Gewebe der *Kreislauf* in Aktion. Es werden die

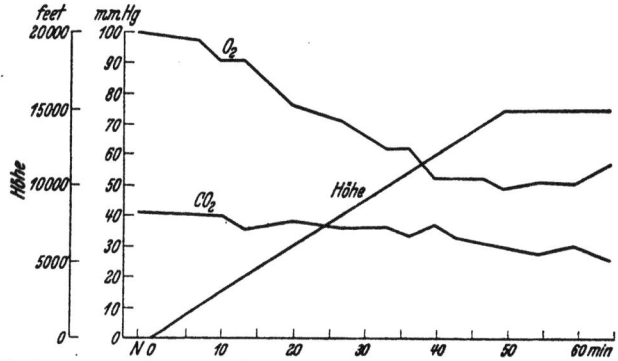

Abb. 26. Größe der alveolaren O_2- und CO_2-Spannung beim Höhenaufstieg im Flugzeug.

Reserven herangezogen, die auch bei plötzlich erhöhtem O_2-Bedarf der Gewebe, z. B. bei Muskelarbeit, zur Verfügung stehen. Das drohende O_2-Defizit löst Nutritionsreflexe aus. Hierbei wird dasselbe in erster Linie durch erhöhten Zustrom von Blut in die Organe auszugleichen versucht. Die dazu notwendige Erweiterung oder Eröffnung verschlossener Capillaren erfolgt wohl durch direkte Wirkung von in abnormer Menge angehäuften sauren Stoffwechselprodukten, die Erweiterung der zuführenden Arterien und abführenden Venen auf dem Reflexwege. In welchen Organen die Gefäßerweiterung auftritt, hängt vom Ausmaße des O_2-Mangels ab. Bei geringen Graden desselben erweitern sich Hirn-, Haut- und Muskelgefäße [KROGH (11)], bei hochgradigem O_2-Mangel steigt die Durchblutungsgröße im Zentralnervensystem und Herzen auf Kosten der Durchblutung von Muskulatur, Haut, ja sogar Niere [GANTER (12)]. Voraussetzung für die Füllung der bei mäßigen Graden von O_2-Mangel erweiterten großen Gefäßgebiete ist eine

Erhöhung der zirkulierenden Blutmenge. Ermöglicht wird dieselbe durch Entleerung der Blutspeicher. Als solche haben sich erwiesen: Milz, Leber [nach REIN (13)], abdominale Venengebiete sowie der subpapillare Plexus der Haut (WOLLHEIM). Nachgewiesen wurde die Erhöhung der zirkulierenden Blutmenge im Unterdruck von WOLLHEIM (14). Dementsprechend ist auch die Förderleistung des Herzens gegenüber der Norm erhöht, das Herzminutenvolum steigt. So fand TALENTI (15) im Unterdruck einen Anstieg von 7,4 Liter bzw. 6,9 Liter auf 10,8 Liter bzw. 9,7 Liter in 5000 m Höhe. Eigene (16) orientierende Vorversuche ergaben unter Anwendung der GROLLMANNschen Acetylenmethode bei unbeschleunigtem Geradeausfluge die in nebenstehender Tabelle zusammengestellten Werte. Eine beträchtliche Erhöhung tritt erst in 4000 m Flughöhe auf.

Tabelle 9.

Höhe in Meter	Minutenvolum in Liter		
Vor Start im Flugzeug	5,06	5,67	5,82
1000			5,62
2000		5,94	
3000	5,41		
4000	7,40	9,43	7,86

Durch Vermehrung der zirkulierenden Blutmenge wird die Ventilationsfläche des Blutes — gegeben in der Gesamtoberfläche der Erythrocyten — vergrößert, wodurch die O_2-Kapazität sowohl bei Aufnahme in der Lunge wie bei Abgabe in den Geweben gegenüber der Norm erhöht ist. Dabei ist das aus den Blutspeichern abgegebene Blut zellreicher als das zirkulierende [nachgewiesen für Milz, Leber, abdominale Venengebiete, s. SCHUBERT (17)]. Dadurch vergrößert sich die ventilatorische Fläche des Blutes in einem Verhältnis, welches das Herz weniger belastet, als wenn diese Vergrößerung durch Blut mit normaler Erythrocytenzahl erreicht würde (SCHUBERT). Denn die Erhöhung des spezifischen Gewichtes kommt für die Größe der Herzarbeit praktisch nicht in Betracht; auch die Viscositätssteigerung erhöht — innerhalb bestimmter Grenzen — nicht die Stromarbeit [HESS (18)]. Das Eingreifen der Kreislaufreserven geht also mit einer möglichst geringen Herzbelastung einher (SCHUBERT). Daß die Zahl der zirkulierenden Erythrocyten tatsächlich erhöht wird, zeigen Versuche im Unterdruck [FIESSLER (19), GREGG, LUTZ und SCHNEIDER (20), SCHUBERT (17)]. Dem Kreislauf stehen aber noch andere regulatorische Potenzen zur Verfügung. Es zeigte sich bei raschem Übergange ins Höhenklima, daß das Herzminutenvolum stärker ansteigt als es der Erhöhung der zirkulierenden Blutmenge entspricht. Es wird also die Umlaufgeschwindigkeit des Blutes erhöht, wodurch das O_2-Angebot pro Volumeneinheit des Blutes zunimmt. Nachgewiesen und besonders betont wurde diese Regulation von EWIG und HINSBERG (21). Allerdings ist eine erhöhte zeitliche Förderleistung des Herzens nur dann möglich, wenn diesem ein entsprechendes venöses Anbot zur Verfügung steht. Es muß also der Gesamtquerschnitt des Venensystems gegenüber der Norm abnehmen. Diese Abnahme ist auch experimentell sichergestellt: Bei O_2-Mangel kommt es zu einem Druckanstieg im präkardialen Venengebiet, weil periphere

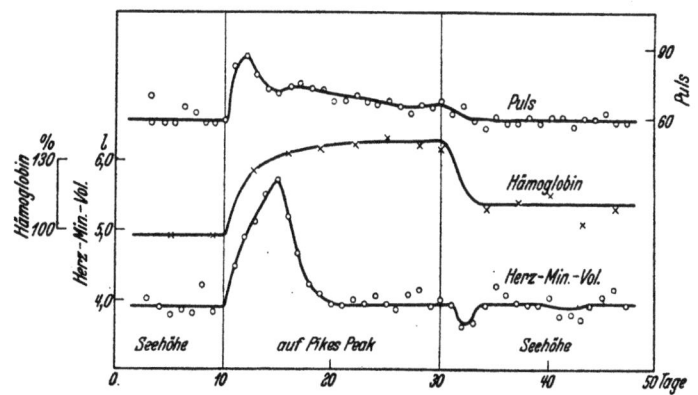

Abb. 27. Verhalten von Pulsfrequenz, Hämoglobingehalt und Herzminutenvolum bei Akklimatisation an das Höhenklima.

Venenabschnitte infolge Konstriktion ihren Inhalt nach dem Herzen zu verschieben [GOLLWITZER-MEYER (22)]; hierbei sind speziell die Mesenterialvenen und das venöse System der Leber mitbeteiligt [JARISCH und LUDWIG (23)]. Die oben angeführten Steigerungen des Herzminutenvolumens weisen darauf hin, daß mit einer Erhöhung der Umlaufgeschwindigkeit schon ab 4000 m Höhe zu rechnen ist.

Bezüglich anoxämischer Kreislaufregulation des Höhenfliegers bestehen typische Unterschiede gegenüber der des Bergsteigers. Die Untersuchungsergebnisse GROLLMANNs (24) auf dem Pikes Peak in 4600 m Höhe (welche mittels Bergbahn erreicht wurde) illustrieren diese Verschiedenheit. Es zeigt sich (s. Abb. 27 nach GROLLMANN), daß sofort das Herzminutenvolum steigt, im Verlauf der ersten Tage noch zunimmt, um dann zur Norm zurückzukehren, was dann der Fall ist, wenn Akklimatisation eingetreten ist, d. h. wenn an Stelle der sofort eingreifenden dynamischen Regulation die statische getreten ist. Letztgenannte besteht darin, daß die

Erythrocytenzahl durch erhöhte Tätigkeit des roten Knochenmarkes eine dieser Höhe entsprechende Dauervermehrung (in Abb. 27 ausgedrückt durch den Hämoglobingehalt) erreicht hat. Gerade die Rückkehr der Zirkulationsgröße auf das normale Niveau beweist, daß die Blutspeicher wieder gefüllt sind, also physiologische Leistungsreserven des Kreislaufes wieder bereit stehen. Hierin erblicke ich das Kriterium vollzogener Höhenakklimatisation. Darnach ergeben sich bezüglich des Höhenfliegers sehr wichtige Schlüsse: Da derselbe große Höhen passiv in wenigen Minuten erreicht und höchstens Stunden in diesen verweilt, ist eine vollkommene Akklimatisation im Sinne einer statischen Regulation ausgeschlossen; er reguliert dynamisch, d. h. unter Heranziehung physiologischer Kreislaufreserven. Diese Erkenntnis ist wichtig, da sich jetzt zusätzliche Kreislaufansprüche beim Höhenfluge durch Beschleunigungen und Temperaturerniedrigung richtig bewerten lassen.

Nach den im Abschnitt II gegebenen Erörterungen besteht die Kreislaufwirkung der in Richtung Kopf → Fuß einwirkenden Zentrifugalbeschleunigung in einer passiven Ausweitung, also in einer Querschnittszunahme der Gefäße besonders im abdominalen Venengebiet. Im gleichen Ausmaße, als diese statthat, muß das venöse Angebot an das Herz sinken. Es wird also der Anteil des Kreislaufsystems erweitert, der beim Höhenfluge regulatorisch zwecks Sicherstellung einer erhöhten Zirkulationsgröße eine Querschnittsabnahme erfahren muß. Daß sich diese gegensinnige Beschleunigungswirkung praktisch sofort, z. B. bei Kurven in großen Höhen, bemerkbar macht, wurde bereits oben erwähnt (s. S. 166).

Welchen Einfluß nehmen thermoregulatorische Kreislaufansprüche bei bestehender anoxämischer Regulation? Wie in Abschnitt III auseinandergesetzt, tritt als Folge des Wärmeentzuges Erhöhung des Herzminutenvolums auf; experimentell zeigt sich [REIN (25)] eine plötzlich erhöhte Durchblutung der Art. carotis communis, des Darmes, ja auch der Niere (vielleicht ist hierin die Ursache für die oft beobachtete Steigerung der Diurese beim Höhenfluge zu suchen). Da es sich bei dieser Kreislaufumstellung um eine rein physikalische Regulation handelt, kommt insbesondere die Freigabe der in der Haut liegenden Blutmengen den infolge O_2-Mangels erhöhten nutritiven Ansprüchen anderer Organe zugute. Anders liegen die Verhältnisse bei tiefgreifenden Kälteeinwirkungen, d. h. bei Temperaturen, die bereits Kältezittern hervorrufen. In diesem Falle tritt eine erhöhte Durchblutung der Muskulatur im Interesse chemischer Wärmeregulation auf. Dabei handelt es sich um Kreislaufumstellungen, welche nach REIN den nutritiven, also auch den im Interesse einer erhöhten O_2-Zufuhr erfolgenden gleichwertig sind. Diesfalls belastet also Wärmeentzug den Kreislauf zusätzlich. (Bezüglich Kreislaufverhältnissen bei Beschleunigung und gleichzeitigem Wärmeentzug vgl. die Ausführungen S. 54.)

C. Die physiologischen Faktoren des Höhenfluges.

a) Das Akapnieproblem.

Die im vorhergehenden Abschnitte geschilderten Organreaktionen wurden als ausschließlich durch die erniedrigte O_2-Spannung der Atemluft ausgelöst betrachtet. Sind noch andere Faktoren mitbeteiligt? Mosso (26) war es, welcher die Ursache der Bergkrankheit nicht auf ein Absinken der O_2-Spannung, sondern auf ein durch den erniedrigten Atmosphärendruck verursachtes stärkeres „Absinken" der CO_2 des Blutes zurückführte. Später änderte Mosso (27) unter Einbeziehung der bei Ballonaufstiegen gegebenen Verhältnisse seine Auffassung dahin, daß neben der Verringerung der O_2-Spannung auch die Verminderung des Teildruckes der auf das Atemzentrum erregend wirkenden CO_2 eine Rolle spiele. Diese sog. Hypokapniehypothese Mossos wurde bis heute nicht nur nicht widerlegt, sondern ihr gerade in jüngster Zeit wieder eine erhöhte Bedeutung zugemessen. Wird doch auch von manchen Autoren mit allem Nachdrucke die Forderung vertreten, daß dem zur Höhenatmung verwendeten O_2 ein gewisser Prozentsatz CO_2 zuzusetzen sei. Es bedarf demnach die Frage der Höhenhypokapnie einer ausführlichen Erörterung.

Daß eine Herabsetzung der alveolaren CO_2-Spannung, die auf eine entsprechende CO_2-Verarmung des Blutes schließen läßt, bei Höhenflug tatsächlich nachweisbar ist, wurde bereits hervorgehoben (s. S. 169). Dieselbe hat ihre Ursache in einer Hyperventilation, hervorgerufen durch mechanische Momente und durch O_2-Verarmung der Atemluft. Es fragt sich nun, ob und inwieweit hierbei die Erniedrigung des Atmosphärendruckes an sich eine Rolle spielt. Daß Mossos Ansicht in der ursprünglichen Fassung nicht richtig sein kann, braucht kaum bewiesen zu werden. Nimmt doch die Ventilationssteigerung mit fortschreitender O_2-Verarmung des

Blutes wieder ab, aber nicht deshalb, weil die CO_2 infolge immer geringer werdenden Atmosphärendruckes immer mehr entweicht, sondern weil allmählich Erstickung aller Organe, also auch des Atemzentrums (A.Z.) eintritt. Daß hierbei der CO_2-Gehalt des Blutes wieder ansteigen muß, ist selbstverständlich. Diesbezüglich sind die Verhältnisse die gleichen wie bei allmählicher O_2-Drosselung bei Atmosphärendruck, wobei ebenso wie bei langsamem Höhenaufstieg alle Stadien der Höhenkrankheit ohne subjektives Erstickungsgefühl bis zur tiefen Bewußtlosigkeit durchlaufen werden, ohne daß ein Grund für ein stärkeres Entweichen der CO_2 gegeben wäre. Die Abnahme der Ventilation findet also in der fortschreitenden Erstickung des A.Z. ihre zwanglose Erklärung. Es erscheint mir angezeigt, gerade auf diesen Punkt kurz einzugehen, da sich unter seiner Berücksichtigung die Bedeutung der CO_2-Spannung im Blute für die Atmungsregulation in großen Höhen ohne weiteres erfassen läßt.

Wie im Zentralnervensystem überhaupt löst eine O_2-Verarmung des Blutes anfangs auch eine Erregbarkeitssteigerung des A.Z. aus, welcher bei stärkerer Anoxämie eine Erregbarkeitsherabsetzung folgt. Da andererseits der durch die cH˙ charakterisierte Säuregehalt des Blutes, also auch die CO_2, einen spezifischen Reiz für dieses Zentrum darstellt, müssen, was Lungenventilation betrifft, bei allmählich steigender O_2-Verarmung verschiedene Stadien durchlaufen werden, und zwar: Stadium I: Gesteigerte Erregbarkeit des A.Z.: Der Säuregehalt des Blutes, auch ein normaler, bewirkt Hyperventilation. Stadium II: Normale Erregbarkeit des A.Z. Der normale Säuregehalt genügt nicht mehr, um Hyperventilation aufrechtzuerhalten. Störungen machen sich bemerkbar (CHEYNE-STOKES-Atmung). Stadium III: Herabgesetzte Erregbarkeit des A.Z. Da infolge abnehmender Hyperventilation der Säuregehalt des Blutes ansteigt, kann normale Atmung bestehen. Stadium IV: Stark herabgesetzte Erregbarkeit des A.Z.: Die Zunahme des Säuregehaltes genügt nicht mehr, um das A.Z. dauernd in Erregung zu halten. Die Ventilation nimmt ab, bis zum Atemstillstand. Der schließlich abnorm hoch gestiegene Säuregehalt ist höchstens noch imstande, terminale Atemzüge auszulösen.

Ob diese Stadien tatsächlich durchlaufen werden, hängt von der Geschwindigkeit der O_2-Verarmung des Blutes ab. Der Höhentod des Fliegers ist ein allmählicher Erstickungstod. Ebenso wie das A.Z. ersticken langsam alle anderen Organe, auch die einzelnen Anteile des Zentralnervensystems. Die allmähliche Erstickung kann daher subjektiv nicht in Erscheinung treten. Der Höhenkranke „schläft" ein. Anders verhält es sich bei plötzlicher starker O_2-Drosselung in der Atemluft, also bei plötzlichem Übergange in überkritische Höhen, ein Fall, der — vorläufig wenigstens — in der Flugpraxis noch keine Rolle spielt.

Nach Vorstehendem können also die durch Übergang in große Höhen auftretenden Organreaktionen auch ohne die Hypokapniehypothese Mossos ihre vollständige Erklärung finden. TALENTI (28) war es, welcher als erster eine Abflachung der Atmung im Unterdrucke nachwies, wobei derselbe nicht durch O_2-Mangel kompliziert war. Dabei geht allerdings aus dem mir zur Verfügung stehenden Referate weder das Ausmaß der Abflachung im Vergleich zur Ventilationssteigerung bei Atmung von Kammerluft noch deren genauer Zusammenhang mit der „Höhe" klar hervor. Ferner scheinen mir die Versuche dadurch kompliziert zu sein, daß bei einer gegebenen Unterdruckstufe einmal Kammerluft, dann reiner O_2, dann O_2 mit CO_2-Zusatz geatmet wurde. WINTERSTEIN (29) untersuchte diese unklaren Verhältnisse eingehender, wobei besonders dem Zusammenhange zwischen Abflachen der Atmung und Verhalten der alveolaren CO_2-Spannung nachgegangen wurde. Er fand, daß bei einer Druckstufe von 260—270 mm Hg (ungefähr 7500 m entsprechend) das Minutenvolum bei 3 Versuchspersonen (Vp.) um 8%, 14% und 12%, die alveolare CO_2-Spannung um 3,5, 6,6 und 4,4 mm Hg im Vergleich zur Atmung atmosphärischer Luft bei normalem Barometerdruck herabgesetzt war. Auf Grund dieser Versuchsergebnisse an 3 Vp. (nur bei diesen liegen beide Bestimmungen vor) neigt WINTERSTEIN der Ansicht zu, daß die im Unterdruck bei Ausschluß von O_2-Mangel bestehende Atmungsabflachung auf eine im Sinne der Mossoschen Hypokapniehypothese gesteigerte CO_2-Abgabe zurückzuführen ist. Ich vermag in diesen Versuchsergebnissen allerdings noch keinen Beweis hierfür zu erblicken, da — abgesehen von der geringen Zahl der Vp. — die gefundenen Differenzen doch sehr bescheiden sind, besonders, wenn man bedenkt, daß die Bestimmungen bzw. Analysen mittels Gasuhr bzw. HALDANE-Apparat in der Unterdruckkammer mit einer 10-ccm- (!) Meßbürette vorgenommen wurden, wobei der Unterdruck — wie WINTERSTEIN selbst anführt — nicht konstant gehalten werden konnte (!). Andererseits betont JONGBLOED (30), daß die alveolare CO_2-Spannung so lange konstant bleibt, so lange der alveolare O_2-Druck nicht unter den Wert von 100 mm Hg sinkt (10 Vp., s. Tabelle 8); ein deutliches Absinken unter diesen Wert tritt erst bei 12000 m auf (Bestimmungen der alveolaren O_2-Spannungen fehlen bei den 3 Vp. WINTERSTEINs). In letzter Zeit wurden von RÜHL (31) nach 15 Minuten Aufenthalt im Unterdruck entsprechend einer Höhe von 10000 m bei Atmung von reinem O_2 die arteriellen CO_2-Spannungen bestimmt. Diese nahmen bei der Mehrzahl der Vp. um geringe Beträge ab. Wurde die Bestimmung in Ruhe, aber nicht bei Nüchternheit durchgeführt, so sanken die CO_2-Spannungen nicht unter die Norm. Dabei bestand keine Hyperventilation, die arteriellen O_2-Spannungen waren normal. RÜHL zweifelt daher, ob die gefundene Herabsetzung der CO_2-Spannung eines therapeutischen Vorgehens bedürfe. *Ein einwandfreier Beweis, daß bei normaler O_2-Versorgung des Organismus in der Höhe eine derartige CO_2-Verarmung des Blutes eintritt, daß — im Sinne der Akapniehypothese — die Erregung des Atemzentrums sinkt, ist also bis jetzt nicht erbracht worden.*

Angaben betreffs Verschiedenheit der bei Aufenthalt im Unterdruck und bei O_2-Drosselung unter Atmosphärendruck auftretenden Symptome stammen von KAISER (32). Er schreibt: ,,Mache ich während der Versuche Schriftproben, so merke ich in der Höhe ein Eintreten von Krämpfen an mir selbst und werde dann bewußtlos. Bei O_2-Drosselung werde ich erst bewußtlos und dann treten Krämpfe auf." Ich glaube jedoch nicht, daß man aus motorischen Störungen, welche beim Schreiben auftreten, auf typische Höhenkrämpfe schließen kann, d. h. erstere mit letzteren identifizieren kann. Ich selbst wagte diesbezüglich bei meinen Versuchen keine derartige Entscheidung zu treffen. Zudem handelte es sich bei den Drosselungsversuchen KAISERs um plötzliche solche (Atmung von Fertiggemischen mit 6—7% O_2, Versuchsdauer 3—7 Minuten). Ferner gibt KAISER an, daß bei zwei kurz aufeinanderfolgenden Versuchen die Widerstandsfähigkeit gegen Luftdruckerniedrigung gesteigert sei, bei O_2-Drosselung dagegen außerordentlich herabgesetzt. Ich fand bei langsamer Drosselung hingegen keinen Unterschied. Andererseits soll der kritische O_2-Teildruck der Atemluft bei normalem Gesamtdruck — in Nennhöhe umgerechnet — 2 km über der tatsächlich erreichbaren liegen (s. S. 180). Diese Verschiedenheiten führt KAISER auf mechanisch bedingte Kreislaufänderungen im Unterdruck zurück, ohne sich hierüber genauer zu äußern. (Daß die von ihm gefundenen Differenzen der Pulskurven im Unterdruck und bei O_2-Drosselung auf methodische Mängel zurückzuführen sind, erwähnt bereits WINTERSTEIN.)

Daß unter bestimmten Umständen Zusatz von CO_2 zum O_2 eine sehr günstige Wirkung — sowohl in subjektiver wie objektiver Hinsicht — zu entfalten vermag, ist ebenfalls kein direkter Beweis für die Hypokapniehypothese. Nach den oben S. 176 gegebenen Ausführungen wird ein solcher besonders dann wirksam sein, wenn die Erregbarkeit des A.Z. bereits gelitten hat. Ganz besonders wirksam wird sich ein derartiger Zusatz also in Höhen erweisen, in welchen trotz reiner O_2-Atmung die alveolare O_2-Spannung und damit die O_2-Versorgung der Gewebe und des A.Z. infolge starken Absinkens des Außendruckes kritisch wird (Höhen über 12000 m). Die Versuche TALENTIs bestätigen dies: Bei Zumischung von 7—10% CO_2 zum O_2 konnte eine Luftverdünnung bis zu 106—110 mm Hg (14000 m), bei Atmung von reinem O_2 hingegen nur 115 mm Hg (13500 m) ertragen werden, obgleich die alveolare O_2-Spannung im erstgenannten Falle um 2—3 mm niedriger war. Vom fliegerischen Standpunkte imponiert die Größe des günstigen Effektes natürlich nicht. Die Ursache kann entweder in der Steigerung der Ventilation durch verstärkten Reiz auf das A.Z. oder auch in der Verbesserung der O_2-Versorgung der Gewebe durch erhöhte CO_2-Spannung im Blut oder in beiden Momenten zusammen gesehen werden. Erhöht doch der Anstieg des CO_2-Gehaltes im Blute die Dissoziation des Hämoglobins, wodurch die O_2-Spannung und damit das O_2-Gefälle gegen die Gewebe hin steigt. Die CO_2 wirkt aber auch spezifisch auf die Vagusendigungen in der Lunge und regt auf dem Wege eines Chemoreflexes die Atmung an, ähnlich, wie sie eine erregende Wirkung auf das Herz entfaltet. Dabei kommt wohl nicht allein dem Kation, sondern auch dem Anion eine spezifische Wirkung zu, indem das letztere von Bedeutung ist für die Permeabilitätsverhältnisse der Gewebszellen [WEHRLI-HEGNER und WYSS (33)]. Daß also eine CO_2-Verarmung die Höhentoleranz steigern kann, ist erklärlich. Die unentschiedene Frage ist nur die, ob bei genügender O_2-Versorgung der Gewebe die Luftdruckerniedrigung an sich rein physikalisch eine Verarmung des Blutes an CO_2 hervorruft. Für ein rationelles Vorgehen bezüglich CO_2-Zusatz zum Atmungs-O_2 in der Höhenflugpraxis fehlen also die Unterlagen. Gerade hinsichtlich der O_2-Versorgung ist es nicht unwichtig hervorzuheben, daß bei gleichem O_2-Gehalt der Atemluft die alveolare O_2-Spannung bei Atmung von atmosphärischer Luft und von reinem O_2 verschieden sein muß, worauf WINTERSTEIN hinwies. Wird nämlich die alveolare Wasserdampfspannung als konstant mit 47 mm Hg angenommen, die der Außenluft z. B. mit 10 mm Hg, so würde, wenn man von einem O_2-Verbrauch absieht, einem Außendruck von 760 mm ein O_2-Teildruck von 157 mm Hg in der Außenluft und 150 mm in der Alveolarluft entsprechen. Beträgt hingegen bei Atmung von reinem O_2 der Gesamtdruck z. B. 167 mm, so wäre der O_2-Teildruck der Außenluft wieder 157 mm, der der Alveolarluft hingegen nur 120 mm Hg. Diese Umstände erklären an sich eine geringere Widerstandsfähigkeit gegen Herabsetzung des O_2-Druckes bei Erniedrigung des Gesamtdruckes. Allerdings kann — wie HILL (34) nachwies — eine erhöhte Ventilation die alveolare Wasserdampfspannung von 47 mm auf 37 mm herabdrücken, wodurch sich — da auch eine vermehrte CO_2-Ausscheidung parallel geht — auch die alveolare O_2-Tension um entsprechende Werte erhöht, Atmung von reinem O_2 vorausgesetzt. Diese Verhältnisse spielen natürlich eine um so bedeutendere Rolle, je kritischer die Höhe ist; Verschiebung der Erträglichkeitsgrenze um $\pm$ 500 m und mehr sind schon dadurch ohne weiteres erklärlich.

Da nicht einmal die Frage der Hypokapnie bzw. Akapnie geklärt ist, scheint es mir müßig, Überlegungen über das Verhalten der cH im Blute anzustellen; über eine Gesetzmäßigkeit dieses Verhaltens ist weder im Höhenklima [s. bei LOEWY (35)] noch im Unterdruck etwas bekannt. Wie oben S. 176 auseinandergesetzt, spielt nicht allein die cH, sondern auch der Zustand des A.Z. bezüglich Ventilationsgröße eine wesentliche Rolle. Eine Abnahme der CO_2 im Blute, wie sie bei raschem Aufstiege aus den Versuchsergebnissen von SCHNEIDER und CLARK gefolgert werden muß, braucht durchaus nicht von einer Verschiebung der cH nach der alkalischen Seite gefolgt zu sein, da andere Säuren (Milchsäure) vermehrt im Blute erscheinen können, welche die Puffer besetzen. SINGER (36) findet allerdings bei akuten Unterdruckversuchen eine Mehrausscheidung von Alkali im Harn; dies kann — nach DURIG (37) — als Zeichen einer groben Regulation im Sinne eines vorhanden gewesenen Alkaliüberschusses gedeutet werden. Mit der Möglichkeit eines solchen bei raschen Höhenaufstiegen im Flugzeug muß gerechnet werden, wenn auch Muskeltätigkeit sofort kompensierend wirken kann. Hieraus ergibt sich die dringende Notwendigkeit von systematischen Untersuchungen im Flugzeug selbst. Solange diese fehlen, ist es sinnlos, eingehendere Betrachtungen über den Chemismus des Gaswechsels anzustellen. Liegt doch der Aufrechterhaltung der äußeren und inneren Atmung ein derart verwickeltes physikalisch-chemisches Geschehen zugrunde, daß wir heute noch weit davon entfernt sind, dieses selbst bei normalen Bedingungen vollständig zu überblicken.

Da über die physiologischen Wirkungen der beim Höhenflug auftretenden Wärme- und Wasseransprüche schon im Abschnitte III eingehend berichtet wurde, sollen anschließend die übrigen Faktoren des Höhenaufenthaltes, nämlich die besonderen Strahlungs- und luftelektrischen Verhältnisse, sowie die mechanischen Wirkungen plötzlicher Luftdruckschwankungen in ihrer physiologischen Wirkung erörtert werden.

b) Strahlungen und Luftelektrizität als Höhenfaktor.

Die Wirkung der in höheren Schichten der Atmosphäre bestehenden besonderen Strahlungen und elektrischen Ladungen auf den menschlichen Organismus ist eine Frage, über welche sehr viele Vermutungen geäußert worden sind, aber um so weniger sichere Tatsachen vorliegen. Als physiologisch wichtige Strahlungen kommen in Betracht: Der ultraviolette Anteil der direkten Sonnenstrahlung sowie der diffusen Himmelsstrahlung, welche durch atmosphärische Zerstreuung der direkten Sonnenstrahlung entsteht. Über die Zunahme der Intensität der physiologisch besonders wirksamen kurzwelligen Ultraviolettstrahlung (0,32—0,29 μ), sowie der langwelligen (0,40—0,32 μ) beim Höhenfluge bis 5000 m liegen Überschlagsrechnungen von DORNO (38) vor. Nach diesen verhalten sich die Extremwerte (20° Sonnenhöhe in 500 m gegenüber 90° Sonnenhöhe in 5000 m) der langwelligen UV-Strahlung wie 1:10,7. Die kurzwellige UV-Strahlung tritt merklich nur bei größeren Sonnenhöhen auf; beim Aufstiege wächst ihre Intensität sehr stark (bis 5000 m bei 20° Sonnenhöhe auf den 10fachen Wert). Die diffuse Himmelsstrahlung nimmt dagegen beim Aufstiege in allen Spektralteilen ab. Außerdem zeigt sich in der Höhe ein größerer Reichtum einer anderen Art von Strahlung, nämlich der „durchdringenden Höhenstrahlung", welche kosmischen Ursprungs ist. Ihre Durchdringungsfähigkeit übertrifft weit die der Röntgen- und radioaktiven Strahlen. Nach DORNO nimmt ihre Intensität zunächst bis 400 m Höhe ein wenig ab, um in 2000 m wieder die gleiche zu sein wie am Erdboden, dann nimmt sie anfangs langsamer, dann rasch zu. Ihre große Härte läßt, wie DORNO hervorhebt, an die Möglichkeit einer Beeinflussung biologischer Vorgänge denken, ohne daß aber für die bis jetzt erreichten Höhen etwas Sicheres bekannt ist. Die photochemischen Wirkungen der Ultraviolettstrahlung insbesondere auf die Haut sind allgemein geläufig (s. bei LOEWY). Für den Höhenflieger kommen solche infolge der Kälteschutzkleidung nicht in Frage. Was das Auge betrifft, werden Strahlungen von 0,4—0,375 μ in der Linse zum Teile absorbiert, zum Teile in Fluorescenzlicht umgewandelt; sie gelangen auch zur Netzhaut (als lavendelgrau wahrgenommen). Strahlungen von 0,375—0,320 μ Wellenlänge hingegen werden von der Linse intensiv absorbiert; nur im jugendlichen menschlichen Alter gelangen sie unverändert zur Netzhaut. Die kurzwellige Ultraviolettstrahlung hingegen (von 0,320 μ abwärts) durchdringt die Hornhaut nicht, verursacht aber Entzündungen am äußeren Auge [SCHANZ und STOCKHAUSEN (39)]. Aber ebenso wie der Kälteschutz zugleich Strahlungsschutz der Haut bedeutet, kommt das Tragen der unumgänglich notwendigen Schutzbrille gleich einem genügenden Strahlungsschutz des Auges. Unter den verschiedenen Gläsern zeichnet sich besonders das Neophanglas (s. oben S. 111) durch stärkste Auslöschung im Ultraviolett ab 0,335 μ abwärts aus. Bezüglich der Wärmewirkung der verschiedenen Strahlungen ist zu bemerken, daß dem Höhenflieger im offenen Flugzeug viel mehr Wärme durch Konvektion entzogen als durch Strahlung zugeführt wird. Anders liegen die Verhältnisse beim Höhenaufstiege im Ballon, welcher sozusagen in Richtung der Luftversetzung schwimmt, so daß praktisch in der offenen Gondel Windstille herrscht.

In engem Zusammenhang mit den Strahlungsverhältnissen steht das luftelektrische Verhalten. Neben dem Auftreten besonderer Verbindungen in der Atmosphäre — ich erinnere nur an die von KESTNER vertretene Anschauung über die Wirkung von Stickoxydulverbindungen, welche heute wohl als erledigt betrachtet werden kann — war es die Luftelektrizität, der man bei Entstehung der Bergkrankheit eine gewisse Bedeutung zuschrieb. CASPARI (40) wies als erster auf diesen Zusammenhang hin und konnte auch an einer bezüglich Ausbrechen dieser Krankheit gefürchteten Stelle, dem Lyßjoch, eine außerordentlich hohe Ionisation der Luft im Sinne eines Überwiegens der positiven Ionen feststellen. KNOCHE (41) führt an, daß er in den Anden an Orten hoher Radioaktivität in

4500 m Höhe erkrankte, während er sonst 5600 m ohne Beschwerden ertrug. Andere Autoren leugnen einen derartigen Zusammenhang [DURIG, REICHEL, KOLMER (42) und DUCCESCHI (43), auch MÖRIKOFER (43a)]. Die vorliegenden experimentellen Untersuchungsergebnisse über die Wirkung von Luftelektrizität auf den Organismus von Tieren und Mensch unterzog LOEWY in bezug auf Höhentoleranz im Hochgebirge einer Kritik, deren Ergebnis dahin lautet, daß im Einzelfalle die Entscheidung, ob tatsächlich die veränderte Toleranz auf diese Faktoren zurückzuführen ist, sehr schwer sei. Neuere Untersuchungen über die Wirkungen ionisierter Luft stammen von HAPPEL (44), wobei die Ionenanreicherung der Atemluft ohne Anwesenheit von Ozon und nitrosen Gasen erzielt wurde. Bei einer Ionenkonzentration von etwa 10^{-9} Elementarladungen pro Liter Atemluft verursachte negativ beladene Luft ruhige Atmung mit größeren Pausen, Blutdrucksenkung sowie Herabsetzung des O_2-Verbrauches; unter Einwirkung positiver Ionen trat demgegenüber Atmungsbeschleunigung, Blutdrucksteigerung sowie Steigerung des O_2-Verbrauches ein. Auf Grund dieser Ergebnisse schreibt HAPPEL der Ionisation der Luft eine besondere Bedeutung bei Entstehung der Berg- und der Höhenkrankheit zu. Daß plötzlich auftretende klimatische Schwankungen und im Zusammenhange damit vielleicht auch Störungen der normalen Ionisation der Luft die Organfunktionen des Menschen beeinflussen, ist in Anbetracht der Wetterfühligkeit gewisser Menschen nicht zu leugnen. Dieses Problem steht jedoch nicht zur Diskussion. Hier ist lediglich die Frage zu beantworten, ob beim Flieger, welcher sich in die freie Atmosphäre begibt, die luftelektrischen Verhältnisse in derselben praktische Bedeutung besitzen oder nicht. Meines Erachtens wäre auf Grund der in physiologischer Hinsicht allerdings nicht sehr befriedigenden Versuche HAPPELs der Ionisation dann eine gewisse Bedeutung zuzuschreiben, wenn sich diese mit zunehmender Höhe einsinnig ändern würde. Das ist bei Schönwetterverhältnissen bestimmt nicht der Fall. Sicher ist nur, daß mit wachsender Höhe die Zahl der Ionen im allgemeinen infolge der steigenden Wirkung der durchdringenden Höhenstrahlung zunimmt. Damit etwa die Höhenkrankheit in ursächlichen Zusammenhang zu bringen, wäre eine laienhafte Anschauung. Dagegen ist die Möglichkeit nicht auszuschließen, daß bei plötzlich auftretenden Störungen der Ionisation, hervorgerufen durch lokale Wettereinflüsse, das infolge O_2-Mangels labile Gleichgewicht der Organfunktionen kritisch belastet wird, also Höhenkrankheit plötzlich zum Ausbruch kommen läßt, ebenso, wie dies andere zusätzliche Belastungen, z. B. Muskeltätigkeit usw., imstande sind. Es sind ja erfahrungsgemäß gerade die atmosphärischen Störungen, die auch mit Schwankungen der Ionisation einhergehen, welche physiologisch wirksam sind. Wie sich letztere aber bei gestörten Zuständen in der Atmosphäre gestaltet, darüber liegen noch keine ausreichenden Angaben vor [MÖRIKOFER (45)]. Für den normalen Organismus, wie es der des Höhenfliegers bei normaler O_2-Versorgung ist, sind derartige Störungen bedeutungslos. Ohne also einen Einfluß der elektrischen Ladung der Luft auf den menschlichen Organismus leugnen zu wollen, lehne ich doch die Anschauung ab, daß derselbe einen wesentlichen Faktor beim Höhenflug darstellt.

c) **Mechanische Wirkungen der Luftdruckschwankungen.**

Die Abnahme des auf den menschlichen Körper lastenden Atmosphärendruckes ist in ihrer mechanischen Wirkung schon frühzeitig in den Kreis physiologischer Betrachtung gezogen worden. Insbesondere war es KRONECKER (46), welcher die Meinung vertrat, daß es beim Aufstiege in größere Höhen zu einer Blutüberfüllung der Lunge kommen müsse, ,,da unter dem in der Lunge verminderten Luftdrucke die Blutgefäße derselben aufschwellen und hierdurch Stauungen im kleinen Kreislauf entstehen". Demgegenüber wurde von späteren Autoren mit Recht hervorgehoben, daß die Erniedrigung des Druckes allseitig stattfinde, also eine Gefäßerweiterung, welche nur die Lunge betreffe, ausgeschlossen sei. Die Frage der passiven Hyperämie der Lunge bei Luftdruckherabsetzung wurde dann von JACOBJ (47) eingehend behandelt mit dem Ergebnis, daß eine ,,Blutanhäufung" in der Lunge eintreten müsse, wenn nicht nervös-regulatorische Maßnahmen erfolgen; er weist darauf hin, daß im Lungenkreislauf die Verhältnisse insofern anders sind als im Körperkreislauf, als der Luftdruck hier auf alle tief in den Geweben liegenden Gefäße erst dann zur Wirkung gelange, nachdem die elastischen Widerstände der übergelagerten Gewebe überwunden sind, wobei von den elastischen Massen derselben ein Teil der Energie als Spannung aufgenommen wird. Die Lungengefäße bilden eben denjenigen Abschnitt im Zirkulationssystem, der bei Luftdruckschwankungen am raschesten und ausgiebigsten reagiere. Hierauf ist zu erwidern, daß die Verschiedenheiten (nur zum Teil, da auch in der Lunge elastische

Widerstände überwunden werden müssen) doch auch bei normalem Drucke bestehen, demnach bei plötzlicher Herabsetzung desselben höchstens nur momentane, auf keinen Fall aber dauernde Differenzen der Blutverteilung auftreten können. Die Modelle, an denen JACOBJ das Zustandekommen der passiven Blutüberfüllung der Lunge erläuterte, geben die tatsächlich im Lungengewebe bestehenden Verhältnisse nicht wieder [SCHUBERT (48)]. Andererseits sind von einer Reihe anderer Autoren (Literatur s. bei LOEWY, SCHUBERT) Befunde an Tieren erhoben, welche eine Hyperämie der Lunge bei Herabsetzung des Luftdruckes beweisen. Beim Menschen wurde von MARGARIA und TALENTI (49) aus der von ihnen gefundenen Temperatursteigerung der Ausatmungsluft bei Unterdruck auf eine stärkere Durchblutung der Lunge geschlossen. Eine solche braucht natürlich nicht Folge einer mechanischen Wirkung zu sein, sondern kann durch O_2-Mangel und der dadurch hervorgerufenen Ventilationssteigerung erklärt werden, wobei die Lunge eine stärkere Durchblutung erfährt. Hierdurch sind auch histologische Befunde an Lungen von wochenlang in starker Luftverdünnung gehaltenen Tieren, wie Verbreiterung der Alveolarsepten, Hypertrophie der Tunica muscularis an Zweigen der Lungenarterie, Zunahme der glatten Muskulatur der interalveolaren Septa erklärlich (s. bei LOEWY). Ich selbst habe die Frage der rein mechanischen Gefäßerweiterung in der Lunge sowohl vom theoretischen wie vom praktischen Standpunkte untersucht und kam — kurz zusammengefaßt — zu folgenden Ergebnissen:

Das Lungengewebe unterliegt bei ruhiggestellter Atmung — von Kraftwirkungen des Kreislaufes und der Gravitation abgesehen — folgenden Kräften: 1. dem Luftdrucke, welcher an der Lungeninnenfläche senkrecht in jedem Flächenelemente angreift; 2. den Dehnungskräften der Brustwandungen, welche an der Lungenoberfläche senkrecht auf jedes Flächenelement wirken. Da diese beiden Angriffsflächen verschieden groß und verschieden orientiert sind, muß es im Lungengewebskörper zu Resultierenden der genannten Kräfte kommen. Diese Resultierenden bedingen auf dem Wege des elastischen und pneumatischen Druckausgleiches den Gleichgewichtszustand im Gewebe sowie in jedem Bauelemente desselben. Daraus ergibt sich, daß, wenn die eine Kraft ihre Größe ändert (z. B. bei Erniedrigung des Atmosphärendruckes), auch die Resultierende sich ändern, also ein neuer Gleichgewichtszustand eintreten muß. Dieser hat eine Form- und Volumänderung der Bauelemente, das ist der Alveolen, zur Folge; mit dieser ist zwangläufig eine Erweiterung der zwischen diesen befindlichen Capillaren verbunden. Damit sind die statischen Voraussetzungen für eine passive Hyperämie der Lunge gegeben. Stichhaltige Einwände gegen diese Deduktionen wurden bisher nicht gemacht [SCHUBERT (50)]. Diese passive Hyperämie der Lunge wurde auch makroskopisch an Kaninchen nachgewiesen, welche einem nicht durch O_2-Mangel komplizierten Unterdrucke (entsprechend 8000 m Höhe) ausgesetzt und in diesem getötet wurden.

Welche praktischen Rückschlüsse können aus diesen Ergebnissen für den Lungenkreislauf des Menschen gezogen werden? Vorläufig keine, da die Verhältnisse beim Kaninchen doch andere sind. Die passive Hyperämie der Lunge bei diesem Tiere kann auch dadurch zustande kommen, daß die im Unterdruck erhöhte Gasspannung und damit die Druckerhöhung im Abdomen die Venen daselbst komprimiert, wodurch eine erhöhte Durchblutung auch der Lunge erklärbar ist. Daß beim Kaninchen der Darm auch durch langes Hungern nicht leer wird, ist eine Tatsache. Ein erschöpftes Tier oder ein solches mit geöffnetem Abdomen ist aber kein normales mehr. Weitere Untersuchungen sind also zwecks endgültiger Klärung der Frage einer passiven Hyperämie der Lunge bei Aufenthalt in verdünnter Luft wünschenswert. Mir selbst waren dieselben in Ermangelung einer Unterdruckkammer an geeigneteren Tieren bis jetzt nicht möglich.

Was die erhöhte Gasspannung im Abdomen des Menschen betrifft, so haben Unterdruckversuche und Aufstiege im Flugzeuge die Erfahrung gebracht, daß bis 7000 m Höhe die Zunahme der Gasspannung gering ist bzw. durch Flatus und Ructus ausgeglichen wird. Bei raschem Übergang in Höhen über 10000 m (Kammerversuche) können jedoch die Darmgase arge Beschwerden verursachen, indem hier auch örtliche Spasmen der Darmmuskulatur bestehen können, die Schmerzen besonders in der Gegend des Nabels, sowie im rechten und linken Abdomen (Colon ascendens bzw. descendens) verursachen und auch die Atmung beeinträchtigen [JONGBLOED (29)]. Andererseits ist aber zu betonen, daß dies nicht die Regel ist und auch nicht sein kann, sondern daß Grad und Art der Darmfüllung bestimmend ist. Dieser wird aber — ebenso wie der Blasenfüllung — in Fliegerkreisen vor Antritt eines Höhenfluges besondere Aufmerksamkeit zugewendet.

In der kommenden Höhenfliegerei ist auch ein anderes mechanisches Moment, nämlich die Gasentbindung im Blute und in den Geweben bei plötzlicher, ausgedehnter Erniedrigung des Luftdruckes (bei Undichtwerden der Überdruckkammer oder des Überdruckanzuges in großen Höhen) praktisch in Betracht zu ziehen. Es sei vorausgeschickt, daß bei der maximal möglichen Aufstiegsgeschwindigkeit der heutigen Flugzeuge eine derartige Gefahr nicht besteht. Das beweisen zur Genüge Versuche an Tieren und Menschen [STROHL (51)]. Hunde in 7 Sekunden auf eine Nennhöhe von 12000 m gebracht und hier 15 Minuten lang gehalten zeigen keine Anzeichen von Gasembolie. Desgleichen Menschen, welche binnen 4 Minuten auf 6800 m Höhe gebracht wurden; der Aufstieg kann noch rascher erfolgen [z. B. Einschleusen auf 5000 m Höhe (eigene Erfahrung)]. Es kommt nur — wenn O_2-Mangel vermieden wird — zu vorübergehenden Steigerungen des Blutdruckes und der Pulsfrequenz, welche zum größten Teile emotionell bedingt sind. Auch die Atmung ist nur für kurze Zeit gestört. Hingegen beobachtete JONGBLOED bei seinen Versuchen in hohem Unterdrucke bei der Mehrzahl seiner Vp. das Auftreten von Schmerzen, besonders in den Gelenken der Extremitäten. Dieselben begannen ab 13000 m Höhe, um bei Rückkehr auf eine niedere Unterdruckstufe wieder vollkommen zu schwinden. JONGBLOED ist geneigt, dieselben als durch Freiwerden von N_2 in Gasform verursacht anzusehen. Ein direkter Beweis hiefür ist natürlich nicht gegeben. Schmerzen können auch durch Anoxämie (eine solche besteht natürlich in der genannten Höhe auf jeden Fall) bedingt sein, wie ja bekanntlich auch die Anämie (in klinischem Sinne) durch O_2-Mangel mit Schmerzen und Parästhesien einhergehen kann. Dabei brauchen dieselben durchaus nicht am Orte der peripheren Auslösung wahrgenommen zu werden. Gelenkschmerzen treten auch bei Aufenthalt in kritischen Höhen (7000—8000 m ohne O_2-Atmung) auf.

Was die Gasentbindung im Blute betrifft, so ist das in den geschlossenen Gefäßen kreisende Blut nicht mit defibriniertem oder mit gerinnungshemmenden Mitteln versehenem und in der freien Atmosphäre befindlichem zu vergleichen. Auf Grund eigener Versuche an lebenden Tieren und an in offenen Gefäßen oder in geeigneten Präparaten (Herz mit langen Venenstümpfen, welche bei geeigneter Beleuchtung durchscheinend sind) eingeschlossenem Blute konnte ich mich überzeugen, daß bei plötzlicher Druckherabsetzung um $\frac{6}{7}$ at. durchaus keine Gefahr einer Gasembolie auch bei genügend langem Aufenthalte besteht. Wie die Verhältnisse bei stärkerer Druckherabsetzung liegen, muß ich, da die Versuche noch nicht abgeschlossen sind, dahingestellt sein lassen.

Klar liegen die Verhältnisse bei rascher Druckerhöhung. Diese ist in mechanischer Beziehung unter gewissen Voraussetzungen harmlos. Wurden doch Sturzflüge durchgeführt, bei welchen aus 10000 m Höhe die Meereshöhe in 1 Minute erreicht wurde. Voraussetzung ist nur, daß die Tuben frei sind oder durch Gähnen, Schlucken offen gehalten werden. Sind sie durch katarrhalische Affektionen verlegt, dann können infolge mangelhaften Druckausgleiches Schmerzen auftreten, welche zu einer überlegten Handlung unfähig machen. Auch Blutungen, ja sogar Ruptur des Trommelfelles wurde beobachtet. Beträgt doch die maximal erträgliche Druckdifferenz desselben nur 160 mm Hg (an der Leiche, s. S. 137). Einseitige Störungen des Druckausgleiches können zu labyrinthären Reizerscheinungen, das ist zu Nauseaanfällen mit Koordinationsstörungen, führen, worauf WULFFTEN-PALTHE (52) hinwies.

Sturzflüge aus großen Höhen sind weniger vom physiologischen als vom fliegerischen Standpunkte eine heikle Angelegenheit. Da klare Überlegung und zielbewußtes Handeln unbedingte Voraussetzung sind, sind derartige Manöver nur dann mit genügender Sicherheit durchführbar, wenn in der Höhe keine anoxämischen bzw. hypoxämischen Störungen bestehen. Erfolgt der Sturzflug in einem bestimmten Stadium der Höhenkrankheit, so löst die rasche Rückkehr in normales Druckniveau typische Reaktionen aus, wie Versuche an Tieren und Mensch zeigten. Wird z. B. bei jenen der Unterdruck soweit getrieben, daß zentrale Lähmungssymptome eintreten, der Kreislauf also vollkommen darniederliegt, dann kommt es bei plötzlicher Rückkehr in Normaldruck zu zentralen Erregungssymptomen, das ist zum Ausbrechen von sog. Rekompressionskrämpfen [RICHET, GARSAUX, BEHAGUE (53), SCHUBERT (54)]. Dieselben können spontan ausbrechen oder durch einen taktilen Reiz, und zwar wiederholt ausgelöst werden. Durch eingehende Versuche ergab sich, daß die Ursache dieser Erregbarkeitssteigerung nicht etwa eine durch plötzliche O_2-Aufsättigung des Blutes bedingte Vasokonstriktion der Hirngefäße, sondern lediglich die rasche Wiederherstellung der normalen O_2-Versorgung des nervösen Gewebes die Ursache ist. Es liegt diesbezüglich nur ein besonderer Fall des Gesetzes der Erregung nervöser Organe vor, welches S. MAYER (55) formuliert hat: „Wenn die terminalen Nervensubstanzen einer Störung ihrer normalen Ernährung ausgesetzt werden, so beantworten sie den Wiederbeginn der normalen Ernährungsvorgänge mit der Auslösung eines mehr oder minder intensiven Erregungsvorganges." Derartige Erregbarkeitssteigerungen sind auch am Menschen nachzuweisen. Es treten bei rascher Erhöhung (O_2-Zufuhr oder rascher Übergang auf eine niedrige Druckstufe) nicht nur Photismen, sondern auch eine hochgradige Steigerung der Licht- und Kontrastempfindlichkeit sowie der Helligkeitsunterschiedsempfindlichkeit auf (SCHUBERT). JONGBLOED (56), welcher das Verhalten verschiedener Versuchstiere bei Dekompression und Rekompression verfolgte, wies darauf hin, daß dieselben hierbei den gesamten Symptomenkomplex der experimentellen Katatonie zeigen. Nach diesem Autor besteht ein vollkommener Parallelismus in Art und Grad der Symptome zwischen zunehmender Dosis von Bulbocapnin und zunehmender Anoxämie im Unterdruck; nach seiner Ansicht entsteht auch die toxische wie auch die elektrische Katatonie durch Anoxämie des Zentralnervensystems. BORGARD (57) kommt in seinem ,,Beitrag zur Pathophysiologie des Sturzfluges" (!) durch Kammerversuche an Kaninchen (!) zu dem Ergebnis, daß plötzliche Rückkehr in Normaldruck sich zunächst in gleicher Weise auf Herzfrequenz und Blutdruck auswirkt wie eine weitere Druckherabsetzung; da die anoxämische Endphase unter anderem in einer direkten Herzwirkung (Auftreten von Herzblock) besteht, so kann dieselbe auch bei rascher Rückkehr aus einer weniger kritischen Höhe auftreten, Befunde, welche den oben genannten analog sind. Diese spielen — wenn man sie ohne Vorbehalt auf den Menschen anwendet — praktisch keine besondere Rolle, da sie das Bestehen von Höhenkrankheit zur Voraussetzung haben. In diesem Falle bleibt dem Flieger keine andere Rettung als rasch niederzugehen. Die heutigen Flugzeuge sind auch so eingerichtet, daß sie in dem Momente, in dem sie führerlos werden, automatisch in steilen Gleitflug übergehen. (Gefährlicher sind Aufstiege im Ballon, weil dieser bei Bewußtlosigkeit des Führers weiter steigt.) Das Wesentlichste ist in einem solchen Falle, ob der Führer sich rechtzeitig erholt, d. h. in Bodennähe die Maschine wieder in die Hand bekommt. Ob er in der Zwischenzeit einer Erregbarkeitssteigerung, katatonischen Erscheinungen oder einem zeitweiligen Herzblocke unterliegt, ist in Anbetracht der fliegerischen Situation belanglos. Zur Vermeidung derartiger Unfälle gibt es nur ein Mittel, nämlich den Schutz vor Höhenkrankheit.

D. Höhenschutz des Fliegers.

Wie im vorhergehenden Abschnitte ausführlich erörtert, ist die Erniedrigung der O_2-Spannung der Atmungsluft der physiologisch bedeutsamste Faktor des Höhenfluges. Schutz gegen Höhenkrankheit bedeutet demnach künstliche Erhöhung dieser Spannung in einem derartigen Ausmaß, daß in allen Höhen der normale Wert von rund 160 mm Hg, wie er in Meereshöhe vorhanden ist, erreicht wird. Die zu diesem Zwecke bis heute entwickelten Sauerstoffatemgeräte sind: 1. Offene Geräte ohne Ventile; bei diesen wird der in einer Bombe hochkomprimiert mitgeführte O_2 nach Drosselung auf einen konstanten niederen Druck in die Maske dauernd ein- und an den Atmungsöffnungen vorübergeblasen. Der O_2-Verbrauch ist groß. 2. Halboffene Geräte mit ventilgesteuerter Atmung; die Einatmung erfolgt aus dem Gerät, die Ausatmung in die Außenluft. Hierbei wird ein sog. Lungenautomat verwendet, dessen Prinzip darin besteht, daß O_2 aus einem Beutel eingeatmet wird, dessen zusammenfallende Wandung auf Hebelarme wirkt, welche das Zufuhrventil öffnen. Aus O_2-Ersparnisgründen wird in niederen Höhen atmosphärische Luft zudosiert, was entweder von Hand durch Hebelverstellung oder automatisch durch eine Barometerdose erfolgt. Die Menge des pro Minute notwendigen O_2-Zusatzes hängt vom Luftdruck sowie vom Atemvolum ab; sie errechnet sich nach der Formel:

$$O_2/\min = \frac{v(160 - 0{,}21\,b)}{0{,}79\,b},$$

worin v das Atemvolum in Liter, b den Luftdruck in mm Hg bedeuten. Automatische Geräte sind auf ein Minutenvolum von 20—30 Liter eingestellt. Ab 10000 m wird reiner O_2 geatmet. 3. Geschlossene Geräte mit gesteuerter Atmung; der Flieger ist hierbei unabhängig von der Außenluft. Besonders bei dieser Art versuchte man, O_2 auf chemischem Wege (Peroxydgeräte) zu erzeugen, was bestimmte Vorteile, aber auch Nachteile hat. (Der schon im Weltkriege verwendete flüssige O_2 wird jetzt mit mehr Erfolg wieder bei den Überdruckanzügen verwendet, s. unten S. 197.) Die Zuführung des O_2 zu den Atmungsöffnungen erfolgt durch Masken oder durch das ZUNTZsche Lippenstück; bei Gebrauch des letzteren werden die Nasenöffnungen durch eine Klemme oder besser durch Wattepfropfen verschlossen. Die Forderungen, welche in physiologischer Hinsicht an ein Gerät gestellt werden müssen, sind leicht aufzuzählen, in ihrer Gesamtheit aber praktisch schwer zu verwirklichen; sie finden sich zum Teile bei GILLERT (2) zusammengestellt. Praktisch liegen die Dinge so, daß heute fast jeder Staat in der Entwicklung derartiger Geräte seine eigenen

Wege geht, und daß Bekanntes in kürzester Zeit überholt ist, ohne daß die Fortschritte — aus naheliegenden Gründen — in die breite Öffentlichkeit dringen. Ich sehe daher von einer Beschreibung einiger heute gebräuchlicher Typen als praktisch zwecklos ab.

Was die Frage der Schädlichkeit lange dauernder Atmung von reinem O_2 betrifft, so muß ich mit FLURY und ZERNIK (58) hervorheben, daß aus zahllosen Erfahrungen in Laboratorien wie am Krankenbette hervorgeht, daß auch unverdünnter O_2 selbst bei Atmosphärendruck (nicht Überdruck!) mehrere Stunden lang geatmet werden kann, ohne daß irgendwelche Schädigungen auftreten. Voraussetzung ist allerdings, daß derselbe rein ist, also keine Reizgase wie Ozon oder nitrose Gase enthält. Dem Zustand der Bomben muß daher besondere Aufmerksamkeit zugewendet werden. Schwieriger ist die beim Höhenflieger gegebene Frage der tiefen Temperatur und der Trockenheit des O_2 zu lösen. Jene kann bei lang dauernder Atmung zu krampfhaften Inspirationen [MÜNCH und STRUGHOLD (59)], diese zur Austrocknung der Atemwege bis zur Stimmlosigkeit führen. Durch künstliche Vorwärmung sucht man dieser Schwierigkeiten Herr zu werden. Daß ein Atemgerät auch weitgehend beschleunigungsunempfindlich sein muß, ist ebenfalls eine praktisch wichtige Forderung.

Bezüglich der Frage eines CO_2-Zusatzes stehe ich auf folgendem Standpunkte: Da bei Höhenaufenthalt bis über 10000 m (s. S. 178) eine Hypokapnie praktisch nicht nachgewiesen ist, jeder Zusatz aber die alveolare O_2-Spannung in bis heute beim Fluge unkontrollierbarem Ausmaße herabsetzt, ist ein derartiges Vorgehen beim Höhenschutz nicht gerechtfertigt. Anders liegen die Verhältnisse, wenn reine Rekordleistungen beabsichtigt sind, d. h. Höhen in Betracht gezogen werden, in welchen trotz reiner O_2-Atmung die O_2-Spannung auf kritische Werte absinkt (allgemein über 10000 m). In diesem Falle wird CO_2-Zusatz sicher, wenn auch nur für kurze Zeit, die Höhentoleranz steigern (s. oben S. 179). Hierbei handelt es sich aber, wie ich besonders hervorheben muß, nicht mehr um physiologische Regulationen, sondern um pathologische Zustände. Praktisch gleich zu bewerten sind andere Zusätze sowie eine künstliche Säuerung des Blutes, z. B. durch saures Ammonphosphat usw. Da es sich auf jeden Fall um einen erstickenden Organismus handelt, lehne ich jede Diskussion über die Wirksamkeit pharmakologischer Reizmittel auf den Blutkreislauf ab. Höhen wird man auf diese Weise nicht erobern; hierzu stehen viel vernünftigere und physiologisch einwandfreie Mittel zur Verfügung.

Da die Frage der Steigerung der Höhentoleranz durch Zufuhr von Kohlehydraten im Abschnitte III erörtert wurde, sei nur noch kurz auf die dringende Notwendigkeit eines praktisch wirksamen Kälteschutzes hingewiesen. Die gewöhnlich gebräuchliche schwere Schutzkleidung, welche in offenen Flugzeugen getragen wird (s. oben S. 53), genügt für lang dauernde Höhenflüge nicht. Die Pelzkleidung muß unbedingt mit elektrischen Heizkissen versehen werden. Neben den Extremitäten bedarf auch das Gesicht besonderen Schutzes. Über der stark mit Kälteschutzsalbe eingefetteten Haut ist eine Maske zu tragen, die zugleich Maske für das Atemgerät ist. Die Gefahr von schweren Erfrierungen ist groß.

Daß in großen Höhen die Gasfüllung des Darmes sich höchst unangenehm bemerkbar machen kann, weiß jeder Höhenflieger. Neben der Vermeidung reichlicher, Gasentwicklung verursachender Mahlzeiten vor Antritt eines Höhenfluges gehört es zur persönlichen Hygiene, auch der Füllung der Blase genügende Aufmerksamkeit zu schenken. Nüchtern zu fliegen ist hingegen nicht angezeigt.

E. Die physiologischen Höhengrenzen.

Die Frage, bis in welche Höhen der Mensch ohne und mit O_2-Hilfsatmung aufsteigen kann, ist heute mit genügender Sicherheit zu beantworten. Die oben S. 171 ausführlich geschilderten Organreaktionen, welchen im wesentlichen Nutritionsreflexe des Kreislaufes zugrunde liegen, lassen klar und deutlich in unseren Breiten die 4000-m-Grenze als physiologische Grenze der Leistungsfähigkeit des Organismus ohne O_2-Atmung erkennen. Praktisch fliegerisch spielt nur diese Grenze, nicht die mit dem Leben eben noch vereinbare „Sicherheitsgrenze" eine Rolle. Sicher ist der Flieger eben nur dann, wenn er über volle geistige und körperliche Leistungsfähigkeit verfügt und dies besonders dann, wenn er in der Höhe andere Aufgaben erfüllen muß als eben nur „spazieren zu fliegen". Wie verschieden sind doch schon — Geradeausflug in der Höhe vorausgesetzt — die Ansprüche an den Führer des Flugzeuges, welcher seine Maschine nur zu ziehen oder zu drücken hat und an den Beobachter, welcher bestimmte Aufgaben durchzuführen hat! Daß bei länger dauerndem Fluge über 4000 m die

Die physiologischen Höhengrenzen.

Reserven des Kreislaufes schon bei Körperruhe erschöpft sind, daß die Atmungsregulation bereits mangelhaft wird, wurde oben S. 171 angeführt, ebenso die Tatsache, daß ein länger dauernder Flug in 5000 m Höhe deutlich die Insuffizienz der Regulationsmechanismen zutage treten läßt (Auftreten von Cyanose der Akren), wobei die Abnahme der geistigen Fähigkeiten schon viel früher beginnt. Sollen also Leistungsflüge längerer Dauer, nicht reine Rekordflüge durchgeführt werden, so ist mit der O_2-Hilfsatmung schon ab 4000 m Höhe zu beginnen. Eine Reihe von Autoren steht auf gleichem Standpunkte [JONGBLOED 4500 m; HERLITZKA 4000—5000 m; BAUER 4000 m; TANAKE 4500 m (60—63)].

Daß es möglich ist, ohne O_2-Hilfsatmung rasch auf 8000 m zu steigen, weiß jeder erfahrene Flieger, unter der Voraussetzung, daß diese Höhe schleunigst wieder verlassen wird. Wenn von ehemaligen Kriegsfliegern heute behauptet wird, sie hätten in 6000 m Höhe und darüber Luftkämpfe durchgeführt, so sind diese Aussagen sehr skeptisch zu bewerten; es ist nur — in Anbetracht der Tatsache, daß der höhenkranke Flieger keine Ahnung von seinem Zustande hat — die Frage: Wie lange in dieser Höhe und wie?

Die Grenze von 4000 m gilt unter allen Umständen als die der vollen Leistungsfähigkeit; sie kann durch „Training" nicht erhöht werden. Dasselbe bewirkt höchstens ein rascheres und mehr ökonomisches Einsetzen der regulativen Mechanismen mit der Folge einer geringen Steigerung der Höhenerträglichkeit bei raschen Aufstiegen und kurzfristigem Verweilen in Höhen über 4000 m. Ein Höhentraining, das darin besteht, daß die individuelle Toleranz unter Wahrung der vollen Leistungsfähigkeit bei lang dauernden Flügen in Höhen weit über 4000 m gewahrt bleibt, gibt es nicht. Jahrzehntelange Erfahrungen beweisen dies [vgl. auch FLACK (64)]. Zeitlich gehäufte Aufstiege in große Höhen führen nur zu schwerer körperlicher und geistiger Ermüdung. Daß jedoch die individuelle Höhentoleranz verschieden ist, wurde bereits erwähnt (S. 168). Es gibt Individuen, welche in der Unterdruckkammer Höhen von über 9000 m ohne O_2-Atmung noch ertragen, während andere unter den gleichen Versuchsbedingungen bereits bei 7000 m schwere Kollapserscheinungen zeigen. Erstere sind es, welche für Rekordleistungen auszuwählen sind. Sie können durch einen der gebräuchlichen Höhentests [vgl. die zusammenfassende Darstellung von BAUER (62) HUBACH (65)], bei O_2-Drosselung oder im Unterdrucke sicher erfaßt werden. Die hohe Resistenz einzelner Individuen ist wohl durch eine hohe Wirksamkeit der regulatorischen Mechanismen allein nicht erklärlich; es scheinen doch besondere Verhältnisse im Sinne einer Erniedrigung des O_2-Bedarfes oder einer erhöhten Ausnützung vorzuliegen, vielleicht bedingt durch einen besonderen Bestand an Katalysatoren, welche die Gewebeatmung regulieren.

In einer kürzlich erschienenen Mitteilung führen MATEEFF und SCHWARZ (66) an, daß orthostatische Kreislaufänderungen, wie sie bei Aufrechtstehen gegenüber Liegen eintreten, eine besonders zweckmäßige Eignungsprüfmethode für die Auswahl von Individuen darstelle, die zum Aufenthalte in großen Höhen geeignet sind. Nach den Ausführungen auf S. 21 führt die veränderte hydrostatische Belastung des Kreislaufes bei aufrechtem Stande zu Änderungen der Blutverteilung sowie zur Abnahme der zirkulierenden Blutmenge. Diese zusätzliche Kreislaufbelastung wird sich — ebenso wie eine solche durch Zentrifugalbeschleunigung — um so schwerwiegender auswirken, je mehr der Kreislauf schon durch anoxämische Regulationen beansprucht ist, d. h. je geringer seine Leistungsreserven sind (s. oben S. 174). Die genannten Autoren bezeichnen diese zusätzliche Belastung, wenn sie im Unterdruck zum Kreislaufkollaps führt, als „Gravitationsshock". Mit gleicher Berechtigung könnte man auch von einem „Arbeitsshock", ja auch „Atmungsshock" usw. sprechen, da Muskelarbeit, ja sogar verstärkte Inanspruchnahme der Atmungsmuskulatur (s. S. 168) zu einer plötzlichen Kreislaufinsuffizienz in bestimmten Höhen führt. Im Hinblick auf den Kreislaufeinfluß des Aufrechtstehens die Höhenkrankheit aber als ein gegenseitiges Wechselspiel von Gehirnhypämie und Hypoxämie aufzufassen, wie es die genannten Autoren tun, ist mehr als irreführend. Mit gleicher Berechtigung könnten eine ganze Reihe pathologischer Zustände, bei welchen ein bloßes Aufrichten des Patienten zum Kollaps führt, als Fälle eines derartigen „Wechselspiels" aufgefaßt werden. Als Eignungsprüfmethode für Höhenflieger ist die Methode der Autoren, die in der vergleichsweisen Bestimmung der Puls- und Blutdruckwerte im Liegen und nach längerem Aufrechtstehen im Unterdruck besteht, nicht geeignet, da das Ergebnis der Untersuchung nicht allein von der individuellen Höhentoleranz, sondern auch von der individuellen Widerstandsfähigkeit gegen hydrostatische Belastung bestimmter Gefäßgebiete abhängig ist.

Die physiologischen Höhengrenzen. 195

Was die Größe der Herzbelastung bei Höhenflügen betrifft, so ist dieselbe — rechtzeitigen Gebrauch des O_2-Gerätes vorausgesetzt — bestimmt nicht derartig, daß auch zeitlich noch so gehäufte Höhenaufstiege zu einer Hypertrophie des Herzmuskels führen. Eine solche tritt bekanntlich auf, wenn das Herz dauernd in der Nähe der Akkommodationsgrenze tätig ist. Erst wenn das reaktionsfähige Herz überlastet wird, tritt Dilatation und bei länger bestehender solcher Hypertrophie auf. Die Gefahr der Dilatation besteht aber beim Höhenflieger — wie Untersuchungen von SPYCHER (6) im Unterdruck zeigen — nur kurz vor dem Kollaps. Der Höhenflieger erleidet aber nur dann einen Kollaps, wenn er einen Unfall erleidet, d. h. nicht rechtzeitig oder nur ungenügend O_2 atmet. Da er nicht andauernd kollabieren kann, kommt er also im Gegensatz zum Muskelarbeit leistenden Bergsteiger nicht in die Lage, sein Herz dauernd in der Nähe der Akkommodationsgrenze zu beanspruchen.

Über die Höhengrenze, die bei genügender O_2-Atmung die Grenze der Leistungsfähigkeit darstellt, liegen flugpraktische Erfahrungen noch nicht vor, da die heutigen Höhenflüge über 10000 m reine Rekordflüge ohne jede besondere Leistung von seiten des Fliegers darstellen. Aus Unterdruckversuchen lassen sich höchstens negative Schlüsse ziehen. Fast sämtliche Versuchspersonen JONGBLOEDs zeigten — von mechanisch bedingten Störungen abgesehen — in einer Höhe von 12000 m Pulsfrequenzsteigerung, sowie Fehler in der Durchführung von Schriftproben, und dies bei vollkommener Körperruhe und Fehlen von Temperaturansprüchen. Da offensichtlich schon unter diesen einfachen Versuchsbedingungen keine volle geistige Leistungsfähigkeit mehr besteht, möchte ich als obere Grenze derselben eine Höhe von rund 10000 m annehmen, wobei die Gültigkeit dieser Annahme erst praktisch im Flugzeuge unter Durchführung fliegerischer Handlungen auch bei lang dauerndem Aufenthalte zu erweisen ist. Gegenteilige Ansichten anderer Autoren, dahin lautend, daß man beliebig lange Zeit in 12000 m Höhe verweilen könne, sind flüchtige Behauptungen, welche die Flugpraxis nicht berücksichtigen. Daß die Sicherheitsgrenze höher liegt, ist allgemein bekannt: Höhen von 14000 m und darüber wurden in Rekord-, nicht in Leistungsflügen erreicht, aber natürlich schleunigst wieder verlassen. Bezüglich der für kurze Zeit maximal im offenen Flugzeuge erreichbaren Höhe sind die im Unterdrucke gewonnenen Daten nur mit größter Vorsicht zu verwerten. Vor allem müssen die Luftdruckwerte in der Kammer nach den tatsächlich in der freien Atmosphäre gefundenen korrigiert werden (so entspricht einem Luftdruck von 124 mm Hg in der Kammer nicht, wie JONGBLOED angibt, eine Höhe von 14000, sondern nur von 13000 m). Errechnung des in gegebener Höhe vorhandenen alveolaren O_2-Druckes auf Grund einer alveolaren Wasserdampfspannung von 47 mm Hg ist ebenfalls ein grobes Schema, aus dem sich ergibt, daß in 14000 m Höhe mit einem Luftdruck von 106 mm Hg die alveolare O_2-Spannung nur mehr 24 mm Hg betragen müßte, also den auf die Dauer eben noch erträglichen Wert von 50 mm weit unterschritte. Die tatsächlichen Verhältnisse können anders sein und sie sind es auch! Wasserdampf- und CO_2-Spannung sind oft viel niedriger (vgl. Tabelle 8 bzw. Abb. 25). Aus den Luftdruckwerten allein, welche bei Höhenrekordflügen erreicht wurden, die alveolare O_2-Tension zu errechnen, ist sinnlos. Daß der längere Zeit erträgliche Minimalwert dieser Spannung individuell sehr schwankt, wurde bereits erwähnt. Unter Berücksichtigung aller dieser Umstände läßt sich die obere, mit dem Leben eben noch verträgliche Höhengrenze nur mit einer Genauigkeit von ± 1000 m errechnen; daß sie durchschnittlich bei 14000 m liegt, ist seit langem bekannt [vgl. SCHRÖTTER 1909 (62)]. Wenn man nach dem gebräuchlichen Schema 82 mm Hg für die alveolare CO_2- und Wasserdampfspannung in Rechnung stellt, ergibt sich, daß bei einem Luftdrucke von 82 mm, das ist in ungefähr 16000 m Höhe, die alveolare O_2-Spannung den Nullwert erreichen würde. Nicht weit oberhalb dieser Höhe treten noch andere, mit dem Leben unvereinbare Bedingungen auf. Bei einer Temperatur von 37° C liegt der Dampfdruck des Wassers bei 47 mm Hg, also bei einem Werte, welcher dem Luftdrucke in 19000 m gleichkommt. Obwohl Gewebsflüssigkeit sowie Blut schon infolge ihres Salzgehaltes mit Wasser nicht identisch sind, zudem der Membranfunktion der Gewebs- wie Endothelzellen der Blutgefäße eine besondere Bedeutung zukommen mag, muß es doch nicht allzu weit oberhalb dieser Höhe dazukommen, daß das im Organismus vorhandene Wasser in Form von Dampf frei wird.

Zusammenfassend ergibt sich, daß in Höhen über 10000 m die Leistungsfähigkeit des menschlichen Organismus auch bei Atmung von reinem O_2 abzunehmen beginnt, eine Abnahme, die in einer Höhe von 14000 m auch bei kurzfristigem Aufenthalte

Die physiologischen Höhengrenzen.

einen lebensgefährlichen Grad erreicht. Für Leistungsflüge, insbesondere für solche, bei denen fliegerische Handlungen durchzuführen sind, ist von 10000 m ab der Aufenthalt in einer Überdruckatmosphäre nicht zu umgehen. Mithin ist der Einschluß der Flugzeugbesatzung in eine geschlossene Kammer oder der des Fliegers in einen Überdruckanzug (Skafander) bereits in den Höhen notwendig, in welchen in unseren Breiten die Stratosphäre beginnt (ab 10—12 km), das ist die Schichte der Atmosphäre, in der Temperaturgleichheit bis zu 40 km Höhe herrschen soll.

Der Gedanke der Überdruckkammer ist alt; SCHRÖTTER (66) brachte meines Wissens bereits 1903 für Ballonaufstiege eine solche in Vorschlag. Praktisch hat man nicht mit einer Kammer, sondern mit Überdruckanzügen bereits beachtenswerte Erfolge erzielt. Die Herstellung derselben erfolgt aus einem gegen einseitigen Druck genügend widerstandsfähigem Material (abwechselnde Lagen von Gummi und Seide usw.), der Kopf wird in eine Art Taucherhelm eingeschlossen. Die Luftzufuhr erfolgt durch Kompressor in den Helm, das Auslaßventil befindet sich in der Hülle der einen unteren Extremität. Für unvorhergesehene Zwischenfälle ist sofortige Zufuhr von reinem O_2 möglich. Die Schwierigkeit, den Widerstand bei Willkürbewegungen der Extremitäten möglichst herabzusetzen, ist technisch bereits weitgehend gelöst. Natürlich werden gegen diese Überdruckschutzkleidung allerlei Einwände erhoben, so z. B. schwere körperliche Behinderung, bei Undichtwerden infolge Durchschuß plötzlicher Tod usw. Demgegenüber möchte ich aber die Frage aufwerfen, ob sich ein Flieger im offenen Flugzeuge in Höhen über 10000 m durch seine schwere Kälteschutzkleidung, durch das Atemgerät, sowie durch seinen labilen Zustand in geistiger und körperlicher Hinsicht etwa in einer angenehmeren Lage befindet. Schußsicherheit ist meines Erachtens die allerletzte Frage, da einem Stratosphärenflieger andere Gefahren drohen und sich ja schließlich auch schußfeste Überdruckanzüge konstruieren lassen. Um möglichst bequem in der Stratosphäre zu fliegen, dazu gehört die geräumige Überdruckkammer. Die Belüftung ist auch kein neues oder besonderes physiologisches oder technisches Problem, und hier leichter als z. B. in U-Booten durchzuführen. Damit kommen wir zum Schluß, daß ein in jeder Hinsicht hygienischer Aufenthalt in den obersten Luftschichten kein biologisches, sondern lediglich ein technisches Problem ist. Physiologische Besonderheiten bieten nur Flüge in Höhen von über 4000 bis höchstens 10000 m in offenen

Flugzeugen, ein überaus bescheidener Höhenbereich, wenn man sich die Entwicklungsmöglichkeiten der Technik vor Augen hält, welche auf dem besten Wege ist, die Schwierigkeiten des Stratosphärenfluges zu überwinden. In Anbetracht der heute bereits möglichen Ausschaltung jeglichen Höheneinflusses auf den Menschen erscheint mir persönlich der Kampf der „Luftfahrtmediziner" um die Höhe als ein Kampf, welcher die aufgewendete Mühe und insbesondere die Kosten hinsichtlich praktisch erreichbarer Ergebnisse in keiner Weise rechtfertigt. Die angewandte Physiologie läßt klar den Weg künftiger Entwicklung wirklicher Leistungsflüge in jeder technisch erreichbaren Höhe erkennen.

Literatur zum Teil II.

1) FLACK, M.: Handbuch der normalen und pathologischen Physiologie, Bd. 15 (1), S. 369. 1930.
2) GILLERT, E.: Luftfahrtforsch. (W.G.L.-Heft) **10**, 87 (1933).
3) HALDANE, J. S., A. M. KELLAS u. D. M. KENNAWAY: J. of Physiol. **53**, 181 (1919).
4) MCFARLAND, R. A.: Arch. of Psychol. **145**, 1 (1932) (mit reichhaltiger Literatur).
5) GOLDMANN, H. u. G. SCHUBERT: Acta aerophysiol. **1**, 78 (1933). — Arch. Augenheilk. **107**, 216 (1933).
6) SPYCHER, C.: Z. Arbeitsphysiol. **4**, 390 (1931).
7) SCHNEIDER, C. E. u. D. TRUESDALL: Amer. J. Physiol. **55**, 223 (1921).
8) SCHNEIDER, C. E. u. R. W. CLARKE: Amer. J. Physiol. **76**, 354 (1926).
9) VERZÁR, F.: Schweiz. med. Klin. **63**, 17 (1933).
10) DIRINGSHOFEN, H. v.: Acta aerophysiol. **1**, 48 (1933).
11) KROGH, A.: Anatomie und Physiologie der Capillaren. Monographien Physiol. **5** (1929).
12) GANTER, G.: Arch. f. exper. Path. **113**, 66 (1926).
13) REIN, H.: Klin. Wschr. **1933** I. 1.
14) WOLLHEIM, E.: Z. klin. Med. **116**, 302 (1931).
15) TALENTI, C.: Arch. di Sci. biol. **10** (1927).
16) SCHUBERT, G.: 47. Kongr. dtsch. Ges. inn. Med. Wiesbaden 1935.
17) SCHUBERT, G.: Pflügers Arch. **235**, 256 (1934).
18) HESS, R. W.: Vjschr. naturforsch. Ges. Zürich **1906**, 226.
19) FIESSLER, A.: Dtsch. Arch. klin. Med. 81 (1904).
20) GREGG, H., B. LUTZ u. E. C. SCHNEIDER: Amer. J. Physiol. **50**, 216 (1919—20).
21) EWIG, H. u. K. HINSBERG: Klin. Wschr. 1930 II. 1812.
22) GOLLWITZER-MEYER, KL.: Pflügers Arch. **220**, 434 (1928).
23) JARISCH, A. u. W. LUDWIG: Arch. f. exper. Path. **124**, 102 (1927).
24) GROLLMANN, A.: Amer. J. Physiol. **93**, 11 (1930).
25) REIN, H.: Erg. Physiol. **32**, 44 (1931).
26) MOSSO, A.: C. r. Soc. Biol. (Paris) **1897**, 223.
27) MOSSO, A.: Arch. ital. de Biol. (Pisa) **43**, 197, 209, 216 (1905).
28) TALENTI, C.: Arch. di Sci. biol. **14**, 125 (1930).

29) WINTERSTEIN, H.: Acta aerophysiol. 1 (2), 1 (1934).
30) JONGBLOED, J.: 5. Congr. internat. de la navig. aérienne. Haag 1930.
31) RÜHL, A.: 47. Kongr. dtsch. Ges. inn. Med. Wiesbaden 1935.
32) KAISER, W.: DVL-Jb. 1929, 114.
33) WEHRLI-HEGNER, J. u. O. A. WYSS: Biochem. Z. 266, 46 (1933).
34) HILL, H. s. bei G. S. MARSHALL: Proc. aeron. Soc. 37, 402f. (1933).
35) LOEWY, A.: Physiologie des Höhenklimas. Monographien Physiol. 26 (1932).
36) SINGER, W.: Z. exper. Med. 66, 45 (1929).
37) DURIG, A.: Verh.ber. 7. Sportärztetagg. München 1930.
38) DORNO, C.: Acta aerophysiol. 1 (1), 29 (1933).
39) SCHANZ, F. u. K. STOCKHAUSEN: Graefes Arch. 71, 175 (1909).
40) CASPARI, W.: Physik. Z. 3, 521 (1902).
41) KNOCHE, W.: Berl. klin. Wschr. 1910.
42) DURIG, A., H. REICHEL u. W. KOLMER: Denkschr. math.-naturwiss. Kl. Akad. Wiss. Wien 86 (1909).
43) DUOCESCHI, V.: Trab. Labor. fisiol. Cordoba 1910.
43a) MÖRIKOFER, W., Verh. schweiz. naturforsch. Ges. (Thun) 1932, 282.
44) HAPPEL, P.: Zehn Jahre Forschung aus den physikalisch-medizinischen Grenzgebieten. Universität Frankfurt a. M., 1931.
45) Siehe bei LOEWY, S. 33.
46) KRONECKER, H.: Beiträge zum Konz. Ges. d. Gesellschaft für die Jungfraubahn. Zürich 1894. Die Bergkrankheit. Berlin-Wien 1903.
47) JACOBJ, C.: Arch. f. exper. Path. 104, 201 (1924).
48) SCHUBERT, G.: Arch. f. exper. Path. 165, 375 (1932).
49) MARGARIA, R. e C. TALENTI: Arch. di Fisiol. 23 (1930).
50) SCHUBERT, G.: Acta aerophysiol. 1 (3), 49 (1934).
51) STROHL, E.: La vitesse d'ascension et de descente en Avion. Lagrande-Paris 1932.
52) WULFFTEN-PALTHE: Handbuch der Neurologie des Ohres, Bd. 3, S. 685. 1926.
53) RICHET, CH., G. GARSAUX et P. BEHAGUE: Revue neur. 34 (1), 1076 (1927).
54) SCHUBERT, G.: Pflügers Arch. 231, 1 (1932).
55) MAYER, S.: Sitzgsber. Akad. Wiss. Wien, Math.-naturwiss. Kl. 3, 121 (1880).
56) JONGBLOED, J.: Arch. néerl. Physiol. 19, 538 (1934).
57) BORGARD, W.: Klin. Wschr. 1935 I, 199.
58) FLURY, F. u. F. ZERNIK: Schädliche Gase. Berlin: Julius Springer 1931.
59) MÜNCH u. STRUGHOLD: Vjschr. Zahnheilk. 44, 472 (1928).
60) JONGBLOED, J.: Bejtrag tot de Physiol. d. Vliegers op groote hoogten. Diss. Utrecht 1929.
61) HERLITZKA, A.: Fisiologia ed aviazione. Bologna 1923.
62) BAUER, H. H.: Aviation medicine. Baltimore 1926.
63) TANAKE, K. J.: Tokyo imp. Univ. 3, 7 (1928).
64) FLACK, M.: Nature (Lond.) 121, 986 (1928).
65) HUBACH, J. CHR.: Vliegerkeuringen op 5000 m hoogte. Vorking-Bandoeng 1935.
66) MATEEFF, D. und W. SCHWARZ: Pflügers Arch. 236, 77 (1935).
67) SCHRÖTTER, H. v.: Denkschr. 1. internat. Luftschiffahrtsausst. Frankfurt a. M. 1909.

Sachverzeichnis.

Abkühlungsgröße 48.
Abweichreaktion 92.
Absacken 126, 136.
Accelerometer 5.
Adaptation und Beleuchtung 104f.
Akapnieproblem 175f.
Akkommodation 79f.
Akkommodationsbreite und Alter 79.
Akkommodationszeiten 80.
Alter der Flieger 160f.
Amnesie, retrograde 168.
Anschnallgurte 64, 76.
Atmung
— beim Höhenflug 169.
— und Lufttemperatur 17.
— als Regulationsfaktor 169f.
— im Unterdruck 177.
— — bei Winddruck 11f.
— und Zentrifugalbeschleunigung 14f.
Atmungsgeräte 190.
Atmungskräfte 12f.
— Versagen der 13.
Atmungsorgane, Gesamtbelastung der 17f.
Atmungsreflexe 13.
Atmungsregulation 176.
Atmungstest 18.
Atmungszentrum, Erregbarkeit des 176f.
Audiometer 146.
Augenreflexe 118, 125, 131.
Auspuff als Lärmquelle 145.
Auspuffgase 14.

Ballonflug 17, 56, 169, 182, 189.
BARKHAUSEN-Einheit 143.
Bauchdeckenmuskulatur und Beschleunigungen 31, 139.
Beschleunigungstest 44.
Beschleunigungstraining 31, 44.

Beschleunigungswerte
— bei Fallschirmabsprung 45f.
— bei Kunstflug 2f.
Bewegungsempfindung 120f.
Bewegungssehen 89f.
Bewegungssinn 62f.
Blendung 107f.
Blindflug 103f., 130.
Blutdruck
— bei Flugzeugaufstieg 20.
— und Luftströmung 19.
— Messungen im Flugzeug 41f.
— und Schwankung des Atmosphärendruckes 189.
— und Startfieber 19.
— bei Zentrifugalbeschleunigung 27.
Blutdruckzügler 24.
— und Zentrifugalbeschleunigung 25f.
Blutmenge, zirkulierende 172.
Blutspeicher 172.
Bogengangsystem
— und CORIOLIS-Beschleunigung 127f.
— und Kreislauf 38.
— und Progressivbeschleunigungen 116.
Bruchlandung 5, 110.

CORIOLIS-Beschleunigungen 5, 38, 127f., 131.

Dämmerungssehen 104.
Decibel 143.
Drehempfindungen, PURKINJEsche 104, 121, 126f., 134.
Drehnachempfindungen 130.
Drehschwindel 130.
Drehstuhlprüfung 104, 132.
Druck, hydrostatischer und Blutdruck 41, 43.

Sachverzeichnis.

Druckempfindungen 122.
Drucksinn 62, 65f., 122, 135.
Drücken 61.
— Beschleunigungswerte bei 11, 122.

Eigenreflexe der Muskeln 67.
— des Kreislaufes 26.
Entfernungsschätzung 80f.
— beim Landungsmanöver 84f.
Entlastungsreflexe des Kreislaufes 24.
— Latenzzeit der 30.
Erdoberfläche, Größe der sichtbaren 101f.
Ermüdung
— allgemeine 162.
— der Atemorgane 17.
— der Muskeln 65f.
— und Steuerkraft 64.
Erschütterungen
— Empfindlichkeit für 71.
— Frequenz der — bei Verkehrsmitteln 70.
— des Gehirnes 33.
— Kreislaufwirkung der 40.
— Schwellenwerte der 70.
— mechanische Wirkungen der 75.
Erythrocyten und Sauerstoffmangel 172.

Fahrtwind als Lärmquelle 141, 143, 145.
Fall, freier 46.
Fallreaktion 104, 126f.
— und Steuerung 129.
Fallschirmabsprung 39.
— Atmung und Kreislauf bei 45f.
Farbensinn 109.
Fesselballon, Beobachten vom 94.
Feuchtigkeit, absolute und relative 50.
— beim Höhenflug 51f.
Fixationsnystagmus 91.
Fläche, ventilatorische des Blutes 172.
Fliegen, gefühlsmäßiges 66.

Fliegerasthenie 162.
„Fliegerherz" 43.
Fliegerneurose 163.
Flughöhe, Schätzung der 102.
Flugzeuglärm
— Lautstärke des 143, 144f.
— Frequenzanalyse des 145.
Flugzeugsteuerung 61f.
— und Alter 160f.
Frequenzspektrum des Flugzeuglärms 145.
Frigorimeter 48.
Führersitz, Sichtfeld im 98.
— Lautstärke im 145.
Fusionsbewegungen 88.

Gasembolie 186f.
Gasfüllung des Darmes 57, 186, 192.
Gefäßreflexe, depressorische 131.
Gefühl, fliegerisches 135.
Gegenrollung, kompensatorische 131.
Gehirn, Gewichtsdruck des 30.
— hydrostatischer Druck des 22.
Gehörsinn 141f.
— Prüfung des 153.
Geräuschmesser 144.
Gesichtsfeld bei Höhenaufenthalt 168.
Gesichtssinn 77f.
Gleichgewichtssinn 133f.
Gleiten, seitliches 7, 124.
Gleitwinkel, Schätzung des 122, 141, 152.
Glissade s. Gleiten, seitliches.
Großflugzeuge 85.

Hämoglobin im Höhenklima 173.
Helligkeitsunterschiedsempfindlichkeit und Beleuchtung 105.
Hemeralopie 107.
Herz, Belastung durch Beschleunigungen 42f.
— beim Höhenflug 195f.
Herzdilatation 168.
Herzfrequenz und Atmosphärendruck 189.

Herzminutenvolum
— beim Höhenflug 172.
— im Höhenklima 173.
— und Thermoregulation 54.
Heterophorie und Fliegerberuf 88.
Heultöne 146.
Himmelsstrahlung, diffuse 48, 181.
Hochleistungsflug
— Definition 1f.
— Training für 44f.
Höhenakklimatisation, Wesen der 173f.
Höhenflug 165f.
— Definition des 165.
— Diurese beim 179.
— Physiologische Faktoren des 175f.
— Organreaktionen beim 166f.
— und akustische Verständigung 150.
Höhengrenzen, physiologische 192f.
Höhenkrämpfe 168.
Höhenkrankheit 166f.
— Symptomatologie der 167f.
Höhenruder, Entlastung des 35.
Höhenschwindel 94.
Höhensteuerung 61.
Höhenstrahlung 181, 183.
Höhentoleranz 168.
— und Kohlehydratzufuhr 58.
— und Kohlensäure 179.
— individuelle Unterschiede der 193.
Höhentraining 193.
Hörbarkeit von Tönen 145.
Hörfläche 142f.
— Verlust an 151.
Hörkappen 149, 153.
Hörlücken 143.
Hörschutz 153f.
Hypakusie der Bordfunker 153.
— der Flieger 150f.
Hyperämie, passive der Lunge bei Luftverdünnung 184f.
Hypokapniehypothese 175.

IMMELMANN-Turn 7.
— Beschleunigungswerte beim 10.
Instrumentenflug s. Blindflug.
Ionisation der Luft 182f.

Kabine
— Lautstärke in 145.
— Schallisolierung der 153.
Kälteschutzkleidung
— des Fliegers 53.
— des Höhenfliegers 53, 192.
Kammer, geschlossene für Höhenflüge 197.
Kanäle, derivatorische 23.
Katapultstart 39.
— Beschleunigungswerte beim 4.
Katatonie, experimentelle 189.
Kimm 102.
Kleinhirn 155f.
Knochenleitung 75.
Körpergröße und Beschleunigung 44.
Körperneigung, Empfindlichkeit für 123.
Kohlenoxydanoxämie 14.
Kohlensäurespannung
— alveolare 16, 169, 175, 177, 196.
— arterielle 178.
Kohlensäurezusatz 179.
Koordination, Störung der 167.
Korrektionsgläser und Flugpraxis 78.
Kraftempfindungen 122.
Krafthöchstleistung an Steuerhebeln 64.
Kraftsinn 63f.
Kreislauf
— bei Beschleunigungseinwirkung 40.
— Gesamtbelastung des 40f.
— bei Höhenaufstieg 171.
— und Temperaturerniedrigung 40.
— wärmeregulatorische Umstellung des 54.
Kreislaufansprüche, thermoregulatorische und Höhenflug 174.
Kreislauforgane, Beanspruchung der
— durch Zentrifugalbeschleunigung 20f.
Kreislaufregulation
— statische und dynamische 173f.
— bei Zentrifugalbeschleunigung 22f.
Kunstflug 90, 130f.
— und Blindflug 103.

Kurven, Beschleunigungswerte beim 3, 11.
Kurvenradius, kritischer 34.

Labyrinth
— Bedeutung des — in der Fliegerei 132f.
— und Bewegungsempfindungen 115f.
— und Eignungsprüfung 132.
— und Lageempfindungen 123f.
— mechanische Reizung des 137, 152.
Lageempfindungen 123f.
Landegeschwindigkeit 81, 85.
Landemanöver 81.
Landung und Gehörsinn 152.
Landungsfühler, mechanischer 148.
Lautstärke des Flugzeuglärms 143.
— Messung der 143.
— und Sprachverständigung 143.
Leistungsflüge 193, 195.
Lichtsinn 104f.
Liftreaktion 126.
Liquordruck 30.
Lokalisation, absolute und relative 95.
Looping nach vorne 9, 34.
— nach rückwärts 103, 121.
— Beschleunigungswerte beim 6, 11.
Luftdruckschwankung, mechanische Wirkung der 184f.
Luftdruckwerte, tatsächliche — und Kammerwerte 196.
Luftelektrizität als Höhenfaktor 181f.
Luftkrankheit 135f.
Lufttemperatur, Verhalten beim Höhenflug 51.
Lunge, Durchblutung der 53, 184f.
Lungenventilation 12, 169.
Lungenvolum im Höhenklima 171.

Minimum perceptibile
— — bei Körperneigung 123.
— — für Lichtempfindung 101.

Minutenvolum
— der Atmung 17, 177.
— des Herzens 19, 54, 172.
Moment, biologischer 68.

Nachtflug 78, 106.
Nachthelle 106.
Nausea 93, 131.
Nebelflug 134.
Nebennieren 24, 40, 162.
Neper 143.
Nervensystem, vegetatives 159.
— zentrales 154f.
Normalbeschleunigung
— Berechnung der 2.
— Messung der 5.
— Wirkungsrichtung der — beim Kunstflug 2f.
Nutritionsreflexe 28, 171.
Nystagmus
— optokinetischer 91, 130.
— postrotatorischer 132.
— vestibularer 125.

Orientierung, optische 94f.
— räumliche 123f.
— Verlust der 93, 97.
Otolithenorgane 117f.
— Erregungsvorgang 119.
— und Kreislauf 39.
— und Liftreaktion 120.
— und Luftkrankheit 136.
— und Winkelbeschleunigungen 120.

Palskala 73.
Parallaxe, binokulare 81.
— und Querdisparation 82.
Phonskala 143.
Photismem 189.
Porrhallaxie 111.
Pressoregulatoren 24.
Progressivbeschleunigungen 126.
— Berechnung der negativen 5.
— Empfänger für 117.
— Größenordnung der 4f., 122.
— Kreislaufeffekt der 39.

Progressivbeschleunigungen
— Messung der 5.
— Schwellenwerte der 121.
Psychische Faktoren 159 f.
Psychotechnische Prüfung 160.
Pulsfrequenz
— — bei Flugzeugaufstieg 20.
— — im Höhenklima 173.
— bei Zentrifugalbeschleunigung 27.

Querdisparation 82.
Quersteuerrung 61.

Radialbeschleunigung 2 f.
Reaktion, psychogalvanische 159, 163.
Reaktionszeiten 157 f.
— — diskriminative 158.
— Wert der Messung der 158.
Reflexe, labyrinthäre 125 f., 133.
— — optokinetische 92.
— statische und dynamische 125 f., 131.
Reflexe coeliaque hypotenseur 32.
— solaire 32.
Refraktion des Auges und Fliegerberuf 78.
— — terrestrische 101.
Regulation, mechanische bei Beschleunigungseinwirkung 31.
— nervöse 23.
Rekompressionskrämpfe 188.
Rekordflüge 193, 195.
Rennflugzeuge, Landung der 86.
Richtungsorientierung 97 f.
Rolle in Normallage 103, 121.
Beschleunigungswerte bei 8, 11.
— gesteuerte 9.
— ungesteuerte 7.
— in Rückenlage 29.
Rückenflug 9, 29.

Sättigungsdefizit der Atemluft 51 f.
Säuerung, künstliche — des Blutes 191.
Sauerstoffdrosselung 168, 176, 178.

Sauerstoffspannung
— alveolare 16, 169, 178.
— Minimalwerte der 196.
— arterielle 178 f.
Sauerstoffzusatz, Berechnung des 190.
Schallrichtung, Wahrnehmung der 148 f.
Schallschädigung 151.
Schallschutz 153.
Schallsignale und Landung 85.
Schaltgeschwindigkeit 63.
Scheinbewegungen 90.
— beim Kurven 92.
— beim Kunstflug 90, 92, 130.
— und Nystagmus 91.
Scheinwerferblendung 108.
— Schutz gegen 112.
Schnellverkehrsflugzeuge 37, 140.
Schutzbrillen 110 f.
Schutzscheiben und Bildverzerrung 100.
Schwellenwerte und Adaptation 105.
— und Dämmerungssehen 101.
Schwindel 93 f.
— beim Blindflug 104.
Schwirrempfindung 70 f.
Segelflug 122, 141.
Sehen, stereoskopisches 81 f.
— Grenzen des 83.
Sehgröße
— Bedeutung der — für Landung 85 f.
— und Bewegungssehen 89.
— und Sehferne 102.
Sehschärfe 77 f.
— und Beleuchtung 78.
— und Adaptation 79.
— für Bewegungen 89.
— und Blendung 108.
Sehstörungen bei Beschleunigungen 29.
— beim Fluge 34.
Seitensteuerung 61.
Sicherheitsgrenze 192, 195.
Sichtfeldverlust im Führersitz 99.
Sichtverhältnisse im Führersitz 98 f.
Sichtweite 100 f.
— Berechnung der 100.
— Messung der 101.

Sachverzeichnis.

Side-Slip s. Gleiten, seitliches.
Signallautstärke 149, 151.
— Optimum der 152.
Silbenverständlichkeit 147f.
Sinnesorgane, Beanspruchung und Leistung der 60f.
Skafander s. Überdruckanzug.
Spinn s. Trudeln.
„Startfieber" 19.
Startmanöver 80f.
Steilspirale 3, 30, 103, 130.
Stellungssinn 62f.
Steuerdruck 61.
Steuergefühl 62, 66, 135.
— bei Temperaturerniedrigung 76.
Steuerhebel als Arbeitsgeräte 65.
Steuerkraft
— und Ermüdung 64.
— Messungen der 64f.
Steuerung
— automatische 65, 104, 135.
— Koordination bei 154f.
— als sinnesphysiologische Leistung 62.
Störspiegel, akustischer 143f.
— Einfluß auf Hörfläche 145f.
Störungen
— nervöse und psychische 161f.
— beim Höhenflug 167.
— motorische 178.
Stöße, Empfindlichkeit für 72.
Stoffwechsel des Fliegers 56f.
— und O_2-Mangel 57.
Strahlungen als Höhenfaktor 181f.
Sturzflug 4f., 31, 34, 61, 63, 87, 121, 125, 130, 188f.
Suchtonverfahren 145.
System, extrapyramidales 155.

Täuschungen, optische 97, 102.
Tagessehen 104.
Telegraphieempfang 147.
Telephonieempfang 148f.
Temperaturschwankung beim Höhenflug 50, 76.
Temperatursinn 76f.
Tiefensehen, einäugiges 84, 86.

Tiefensehschärfe 80f.
— und Dunkeladaptation 83.
— praktische Werte der 83.
— Prüfung der 87.
— und Schutzgläser 111.
Tonneau s. Rolle.
Trommelfell, erträgliche Druckdifferenz 137, 188.
Trudeln 38, 92, 103, 129, 130.
— Beschleunigungswerte beim 9, 11.
— in Rückenlage 29.
Tube, Bedeutung der Wegsamkeit der 46, 188.

Überdruckanzug 197.
Überdruckkammer 197.
Überschlag s. Looping.
Übertäubung 152.
Umlaufgeschwindigkeit des Blutes 173.
Unterdruck
— Atmung im 177f.
— und Körpertemperatur 53, 59.
— Kreislauf im 171f.
— und Reststickstoff 59.
— und Zuckertoleranz 58.
UV-Strahlungen 181f.

Valsalva 31.
— als Atmungstest 18.
Verdeckungseffekt 146.
Verkehrsflug 37, 137f., 161.
Verkehrsmittel, Beanspruchung des Organismus durch 70f.
Verschmelzungsbereich 68f.
Vestibularapparat, Training des 132.
Vibrationen 17, 40, 74f., 137.
Vibrationsempfindungen 68f.
— beim Motorflug 74f.
Vitalkapazität
— und Ermüdung 17.
— als Fliegertest 18.
Vrille s. Trudeln.

Wärmeanspruch
— beim Höhenflieger 50.
— beim Tourenflieger 49.

Wärmehaushalt 48f.
Wärmeregulation 52f.
Wärmeverlust des Höhenfliegers 50.
— des Tourenfliegers 50.
Wasserdampfspannung, alveolare 180.
Wasserhaushalt 48f.
Wasserstoffionenkonzentration des Blutes 180.
Wasserverlust des Höhenfliegers 50.
— des Tourenfliegers 49f.
Wendezeiger, Kopf als 134.
Winddruck und Atmung 11f.
Winkelbeschleunigungen 37.
— Empfänger für 115f.
— Größen- und Zeitwerte 11.

Winkelbeschleunigungen
— Schwellenwerte 120f.
Wolkenflug 134.

Zentralnervensystem 154f.
Zentrifugalbeschleunigung
— Beziehung zur Normalbeschleunigung 20.
— Erträglichkeitsgrenzen der 32f.
— Größenordnung der 3, 11.
— und Höhenflug 174.
— Kreislaufeinfluß der 20f., 22, 174.
— Zeitwerte der 11.
Ziehen 61.
— Beschleunigungswerte bei 4, 122.
Zone, orthoskopische 84.

VERLAG VON JULIUS SPRINGER / BERLIN

Correlationen I. (Handbuch der normalen und pathologischen Physiologie, 15. Band).
I. Teil. Bewegung und Gleichgewicht. Physiologie der körperlichen Arbeit I. Mit 293 Abbildungen. XIII, 832 Seiten. 1930.
RM 77.40; gebunden RM 84.60

Die Correlation (Integration) der Einzelfunktionen des Gesamtorganismus. Von E. H. Starling†-London. — Bewegung und Gleichgewicht. Haltung und Körperstellung: Körperstellung, Gleichgewicht und Bewegung bei Säugern. Haltung und Stellung bei Säugern. Von R. Magnus† und A. de Kleijn-Utrecht. — Körperhaltung und Körperstellungen bei wirbellosen Tieren. Von W. v. Buddenbrock-Kiel. — Körperstellung und Körperhaltung bei Fischen, Amphibien, Reptilien und Vögeln. Von M. H. Fischer-Prag/Tetschen. — Correlation der Bewegungen: 1. Ruhelagen, Gehen, Laufen, Springen: Mechanik des menschlichen Körpers. Von W. Steinhausen-Greifswald. — Ortsbewegung der Säugetiere, Vögel, Reptilien und Amphibien. Von W. v. Buddenbrock-Kiel. — 2. Schwimmen: Vom Schwimmen der Menschen und der Wirbeltiere. Von R. du Bois-Reymond-Berlin. — Das Schwimmen der wirbellosen Tiere. Von W. v. Buddenbrock-Kiel. — 3. Fliegen: Der Flug der Wirbeltiere. Von M. H. Fischer-Prag/Tetschen. — Der Flug der Insekten. Von W. v. Buddenbrock-Kiel. — **Der Mensch im Flugzeug, seine Eignung zum Flugdienst und die funktionellen Störungen, die derselbe mit sich bringen kann.** Von M. Flack-London. — 4. Bewegungsstörungen beim Menschen: Störungen der Haltung und Bewegungen bei Labyrintherkrankungen (Hauptergebnisse der neueren Untersuchungsmethoden, Zeigeversuche usw.). Das Verhalten der Haltungs- und Bewegungsreaktionen (der Vestibularapparate) bei zentralen Erkrankungen (Medulla oblongata, Kleinhirn usw.). Von K. Grahe-Frankfurt a. M. — Der Schwindel. Von M. H. Fischer und A. E. Kornmüller-Prag/Tetschen. — Die Seekrankheit. Von M. H. Fischer-Prag/Tetschen. — Physiologie der körperlichen Arbeit. Arbeitsphysiologie. Von E. Simonson-Frankfurt a. M. — Die Arbeitsfähigkeit des Menschen in ihrer Abhängigkeit von der Funktionsweise des Muskel- und Nervensystems. Von K. Wachholder-Breslau. — Psychologie der körperlichen Arbeit. Von H. v. Bracken-Braunschweig. — Die Dauerwirkung harter Muskelarbeit auf Organe und Funktionen (Trainingswirkungen). Von H. Herxheimer-Berlin. — Der Umsatz bei körperlicher Arbeit. Von E. Simonson-Frankfurt a. M.

II. Teil. Arbeitsphysiologie II. Orientierung. Plastizität. Stimme und Sprache. Mit 188 Abbildungen. XI, 711 Seiten. 1931.
RM 80.—; gebunden RM 88.—

Physiologie der körperlichen Arbeit II: Atmung und Kreislauf bei körperlicher Arbeit. Von E. Hansen-Kopenhagen. — Die Orientierung zu bestimmten Stellen im Raum. Die Orientierung im Raume bei Wirbeltieren und beim Menschen. Von M. H. Fischer-Berlin/Buch. — Die Orientierung zu bestimmten Stellen im Raum (Wirbellose). Von W. v. Buddenbrock-Kiel. — Die Anpassungsfähigkeit (Plastizität) des Nervensystems. Von A. Bethe-Frankfurt a. M., E. Fischer-Frankfurt a. M., K. Goldstein-Berlin. — Stimme und Sprache. Von A. Pick†-Prag, E. Scharrer-München, R. Sokolowsky-Königsberg i. Pr., W. Sulze-Leipzig, R. Thiele-Berlin, O. Weiss-Königsberg i. Pr.

Der Band ist nur vollständig käuflich.

Physiologie des Höhenklimas. Von Professor Dr. A. Loewy, Davos. Mit einem Beitrag: Das Hochgebirgsklima.
Von Dr. W. Mörikofer-Davos. (Monographien aus dem Gesamtgebiet der Physiologie der Pflanzen und der Tiere, 26. Band). Mit 44 Abbildungen. XII, 414 Seiten. 1932. RM 34.—; gebunden RM 35.80

Zu beziehen durch jede Buchhandlung

VERLAG VON JULIUS SPRINGER / BERLIN UND WIEN

Einführung in die Physiologie des Menschen.
Von Professor Dr. **Hermann Rein**, Direktor des Physiologischen Instituts der Universität Göttingen. Mit 367 Abbildungen. Etwa 500 Seiten. 1935. Etwa RM 18.—; gebunden etwa RM 19.50

Inhaltsübersicht: Erster Teil: **Die sog. vegetative Physiologie:** I. Die Physiologie des Blutes, — II. des Blutkreislaufes, — III. der Lungenatmung. — IV. Der Gesamtenergieumsatz des Körpers. — V. Der Wärmehaushalt des Menschen. — VI. Die Physiologie der Ernährung, — VII. der Verdauung, — VIII. der Niere, — IX. der „inneren Sekretion". — Zweiter Teil: **Die sog. animalische Physiologie:** I. Die Physiologie der Muskulatur, — II. Die Physiologie der peripheren Nerven. — III. Über „reflektorische" Erregungen. — IV. Das zentrale Nervensystem: 1. Das Rückenmark. 2. Das periphere „autonome oder vegetative" Nervensystem und seine Zusammenhänge mit dem Zentralnervensystem. 3. Das Rautenhirn und das Gebiet der Hirnnerven. 4. Das Endigungsgebiet des 8. Hirnnerven als Ausgangsort reflektorisch-motorischer Vorgänge (Labyrinth-Stell- und Haltereflexe). 5. Vierhügelgebiet, Kleinhirn und Hirnstammganglien. 6. Das Großhirn. — Dritter Teil: **Die Physiologie der Sinnesorgane:** I. Allgemeine Sinnesphysiologie. — II. Spezielle Sinnesphysiologie: 1. Das Getast. 2. Der Geschmackssinn. 3. Der Geruchssinn. 4. Das Gehör. 5. Der Gesichtssinn. — Sachverzeichnis.

Verhandlungen der Deutschen Gesellschaft für innere Medizin.
Herausgegeben von dem ständigen Schriftführer Chefarzt Dr. **A. Géronne**, Wiesbaden. 47. Kongreß, gehalten zu Wiesbaden vom 25.—28. März 1935. Mit 215 teils farb. Abbildungen und 33 Tabellen im Text. LXII, 584 Seiten. 1935. RM 36.—

Enthält die Referate bezw. Vorträge: 1. **Aeronautisch-Medizinische Fragen.** Die Belastung des menschlichen Körpers beim Hochleistungsflug unter besonderer Berücksichtigung des Höhenfluges. Von G. Schubert-Prag. — Luftfahrtmedizinische Fragen und Aufgaben unter besonderer Berücksichtigung der Beschleunigungswirkungen. Von H. v. Diringshofen-Berlin. — Welche körperlichen und psychischen Eigenschaften sind Voraussetzung für die Fliegertauglichkeit. Von H. Lottig-Hamburg/Eppendorf. — Die Wirkung großer Höhen auf den Organismus vor und nach erfolgter Anpassung. Von H. Hartmann-Berlin. — 2. **Über das Sportherz.** Anatomische Grundlagen des Sportherzens. Von E. Kirch-Erlangen. — Zur Physiologie und Klinik des Sportherzens. Von H. Rautmann-Braunschweig. — 3. Akute Bluterkrankungen des myeloischen Systems. (Akute Leukämie, Granulocytopenie, Agranulocytose, Panmyelophthise usw.) Von T. Hellman-Lund, Werner Schultz-Berlin-Charlottenburg. — 4. Die Bedeutung der Thorakokaustik bei Lungentuberkulose. Von J. Hein-Tönsheide, Maurer-Davos. — 5. Die Bedeutung spezifischer serologischer Reaktionen für Klinik und Praxis. Von H. Schulten-Hamburg (unter Mitarbeit von Gaethgens-Hamburg). — 6. Die Bedeutung der Gastroskopie (unter Berücksichtigung der Gastritis). Von N. Henning-Leipzig, K. Gutzeit-Breslau. — 7. Bioklimatik. Von A. Schittenhelm-München, F. Linke-Frankfurt a. M., A. Schwenkenbecher-Marburg, H. Pfleiderer-Kiel, W. Mörikofer-Davos, A. Bacmeister-St. Blasien, C. Haeberlin-Wyk auf Föhr, Th. Madsen-Kopenhagen.

Die Atmungsfunktion des Blutes.
Von **Joseph Barcroft**, Fellow of Kings College, Cambridge. Ins Deutsche übertragen von Dr. **Wilhelm Feldberg**, Vol.-Assistent am Physiologischen Institut der Universität Berlin.

1. Teil: **Erfahrungen in großen Höhen.** Mit 47 Abbildungen. X, 218 Seiten. 1927. RM 13.50
2. Teil: **Hämoglobin.** Mit 63 Abbildungen. VII, 215 Seiten. 1929. RM 16.74; gebunden RM 17.82

(Monographien aus dem Gesamtgebiet der Physiologie der Pflanzen und der Tiere, Band 13 und 18.)

Zu beziehen durch jede Buchhandlung

MIX
Papier aus verantwortungsvollen Quellen
Paper from responsible sources
FSC® C105338

If you have any concerns about our products,
you can contact us on
ProductSafety@springernature.com

In case Publisher is established outside the EU,
the EU authorized representative is:
**Springer Nature Customer Service Center GmbH
Europaplatz 3, 69115 Heidelberg, Germany**

Printed by Libri Plureos GmbH
in Hamburg, Germany